2016—2020年
国家奖励农业
科技成果汇编

姜 昊 主编

U0306523

中国农业科学技术出版社

图书在版编目（CIP）数据

2016—2020 年国家奖励农业科技成果汇编／姜昊主编 . --北京：中国农业科学技术出版社，2023.9

ISBN 978-7-5116-6417-4

Ⅰ.①2…　Ⅱ.①姜…　Ⅲ.①农业技术-科技成果-汇编-中国-2016-2020
Ⅳ.①S-12

中国国家版本馆 CIP 数据核字（2023）第 169328 号

责任编辑　崔改泵
责任校对　李向荣
责任印制　姜义伟　王思文

出 版 者　中国农业科学技术出版社
　　　　　北京市中关村南大街 12 号　邮编：100081
电　　话　（010）82109194（编辑室）　（010）82109702（发行部）
　　　　　（010）82109709（读者服务部）
网　　址　https：//castp.caas.cn
经 销 者　各地新华书店
印 刷 者　北京建宏印刷有限公司
开　　本　170 mm×240 mm　1/16
印　　张　18
字　　数　332 千字
版　　次　2023 年 9 月第 1 版　2023 年 9 月第 1 次印刷
定　　价　100.00 元

◄━━◆ 版权所有·翻印必究 ◆━━►

《2016—2020年国家奖励农业科技成果汇编》编委会

主　　编：姜　昊

副 主 编：杨晓梅

编写人员：(按姓氏拼音排序)

曹洁洁　陈久文　董学娜　姜　昊

吕昊泉　汪林楠　杨晓梅

前　言

　　"十四五"期间，国家科学技术成果丰硕，赵忠贤院士、诺贝尔奖获得者屠呦呦等 10 名知名专家被授予最高科学技术奖，"大亚湾反应堆微子实验发现的中微子震荡新模式"等 207 项成果获得国家自然科学奖，"良种牛羊高效克隆技术"等 322 项成果获得国家技术发明奖，"第四代移动通信系统（TD-LTE）关键技术与应用"等 856 项成果获得国家科学技术进步奖，德国科学院院士凯瑟琳娜·科瑟·赫英郝斯、国际玉米小麦改良中心等 37 个外籍专家和组织获得国家科学技术合作奖。这些国家科学技术奖励项目的特点主要有：

　　一是产生一批重大标志性成果。我国在主要科技领域和方向上正在从"跟跑者"向"并行者""领跑者"转变。以移动 4G、北斗导航为代表的一批重大科技成果，扭转了我国核心技术和知识产权受制于人的被动局面，是我国创新驱动发展的成功范例。

　　二是持续激励基础研究。如国家自然科学奖涌现了一批原创性成果，既有聚焦基础研究的突破，也有应用基础研究或民生领域的重要科学问题的解决。如大亚湾反应堆中微子实验发现的中微子振荡新模式，是中国科学家主导的原创性科学成果，也是中国本土首次测得的粒子物理学基本参数，在国际高能物理界产生重要影响。

　　三是更加强调成果应用积淀。坚持要求提名成果应用需满三年以上。如 2020 年度获奖项目平均研究时间是 11.9 年，其中研究时间 10~15 年的项目数量最多，占比 38.9%。

　　四是企业技术创新主体地位和作用显著加强。如 2018 年国家科学技术进步奖 134 项通用类获奖项目中，75% 的项目有企业参与，其中三分之一的项目由企业牵头完成。

五是强化国际科技合作。2020 年三大奖全部向外籍专家开放，最终由外籍专家主持或参与完成的获奖项目有 5 个，其中参与研究时间超过 10 年的有 2 人。合作向更大范围更广领域迈进，既有物理、化学、生物学等基础研究，又有空气污染防治、疾病防控、新药研发等惠及民生的热点领域。

农业领域国家科技奖励成果主要产生于科技进步奖的作物遗传育种与园艺组、林业组、养殖组、农艺与农艺工程组、轻工组、环境保护组、创新团队组、科普组等，以及自然科学家的生物学组、技术发明奖的农林养殖组等。2016—2020 年获得国家科学技术奖励的涉农领域项目一共 177 项，占全部奖励数量的 12.36%。其中，国家自然科学奖 13 项、国家技术发明奖 31 项、国家科学技术进步奖 129 项、国际科学技术合作奖 4 项，分别占到相应奖励种类数量的 6.28%、9.63%、15.07% 和 10.81%。涉农领域获奖项目主要特点包括：

一是奖种以国家科学技术进步奖为主，且基本为二等奖。国家科学技术进步奖共 129 项，占涉农领域项目 72.88%。国家自然科学奖和国家技术发明奖共 36 项，仅占 20.34%。涉农领域获奖成果二等奖励共 170 项，占 96.05%。除 2017 年李家洋院士主持完成的"水稻高产优质性状形成的分子机理及品种设计"获得国家自然科学奖一等奖，以及 2016 年中国农业科学院作物科学研究所小麦种质资源与遗传改良创新团队和 2017 年袁隆平杂交水稻创新团队获得国家科学技术进步奖创新团队奖外，其余获奖成果均为二等奖。

二是一些领域取得突破性进展。①育种技术取得积极进展。既包括种猪、肉鸡、淡水鱼、扇贝等畜禽水产，也包括小麦、大豆、黄瓜、梨、菊花、月季等农作物和林草花果新品种。②农产品安全实现新突破。如 2019 年国家技术发明奖二等奖"农产品中典型化学污染物精准识别与检测关键技术"、2020 年国家科学技术进步奖"畜禽饲料质量安全控制关键技术创建与应用"等农产品质量安全检测与控制的成果，丰富了农产品安全技术手段，有力提升了从生产到餐桌全过程的消费安全水平。③农业绿色生产技术成果不断涌现。如2019年国家科学技术进步奖二等奖"柑橘绿色加工与副产物高值利用产业化关键技术""重大蔬菜害虫韭蛆绿色防控关键技术创新与应用"等农产品和食品加工产业的成果，在关注品质的同时注重副产物高值化利用和农业生态环境保护，显著提升了经济社会效益。

三是高校和科研机构为成果完成主体。三大奖第一完成单位主要集中在高等院校和科研院所，其中高校94项、科研院所73项，分别占获奖项目的54.34%和42.2%。企业作为完成单位较少，只有5家，仅涉及肥料创制、农机装备、饲料加工、农产品深加工等领域，表明农业领域的科技创新主体仍然是高校和科研院所，在获奖高校中，中国农业大学有15项，获奖数量在高校中位居首位，包括1项国家自然科学奖、5项国家技术发明奖、9项国家科学技术进步奖。其次，获奖数量较多的高校有华南农业大学（6项）、浙江大学（5项）、华中农业大学、江南大学（5项）、扬州大学（5项）、南京农业大学（4项）、西北农林大学（4项）。

在获奖的科研院所中，以中国农业科学院所属研究所居多，共有35项，占所有科研院所获奖比例的47.95%，其中获奖数量较多的有中国农业科学院作物科学研究所7项、农业资源与农业区划研究所5项、蔬菜花卉研究所4项、畜牧研究所4项、农业环境与可持续发展研究所3项。此外，地方获奖科研机构分布较为分散，其中浙江和湖南省级农业科研院所有3项和河南、黑龙江、山东等省级农业科研院所有2项。

四是项目成果通常需要多家单位合作。只由1家单位独立完成的项目较少，仅有16项，其中华中农业大学、中国科学院遗传与发育生物学研究所、中国农业科学院作物科学研究所、中国农业科学院蔬菜花卉研究所独立完成的各有2项，表明绝大多数的科技成果需要多方合作才能完成。其中由7家合作单位完成的项目最多，有38项，占比23.17%。

五是以第一完成人多次获奖情况较少，院士占有一定比例。共有161名专家作为第一完成人获得三大奖，其中3人在2016—2020年两次获得国家技术发明奖或科学技术进步奖，分别是：浙江农业科学院的郜海燕研究员（2017年、2020年），中国农业科学院资源区划所周卫院士（2016年、2020

年)、罗锡文（2017 年、2020 年）两次获得国家科学技术进步奖。168 名第一获奖人中，共有两院院士 36 人，其中中国科学院院士 5 人、中国工程院院士 31 人。

六是第一完成人以中老年专家为主。第一完成人获奖时的平均年龄为56.44 岁，年龄最大的为袁隆平先生，2017 年获创新团队奖时 87 岁；年龄最小的为史丹利农业集团股份有限公司总裁、功能性生物肥料国家工程实验室主任高进华，获奖时 39 岁。45 岁以下只有 6 人，仅占 3.43%；45～49岁有 15 人，占 8.57%；50～54 岁有 50 人，占 28.6%；55～59 岁有 61 人，占 34.86%；60 岁以上有 43 人，占 24.57%。

总体上看，涉农领域的国家自然科学奖较少，应继续加强农业基础研究和应用基础研究。目前，创新主体力量仍以国家级科研院所和重点农业院校为主，应加快推动企业成为农业科技创新主体，加强对企业在科技研发投入的支持。加大对农业科技青年人才激励，鼓励和支持青年拔尖人才开展创新研究，加大对其成果培育扶持。

由于编者水平所限，书中定有错漏之处，请广大读者批评指正。

编　者

2023 年 5 月

目　录

2016 年度

2017 年度

2018 年度

2019 年度

2020 年度

2016 年度

国家自然科学奖

水稻产量性状的遗传与分子生物学基础

完成单位：华中农业大学

完成人：张启发，邢永忠，何予卿，余四斌，范楚川

获奖类别：国家自然科学奖二等奖

成果简介：水稻是我国最重要的粮食作物，高产优质一直是水稻遗传研究和育种的主要目标之一。二十多年来，本项目围绕水稻产量形成的遗传和分子基础，开展了产量性状位点的鉴定发掘，产量性状关键基因的分离克隆和分子遗传机理的系统研究，取得了系列成果，为水稻遗传改良奠定了重要的理论与实践基础。

（1）发掘并定位 104 个产量性状 QTL，解析其遗传效应和作用模式，丰富了数量遗传学理论。项目早期创建了多个重组自交系、双单倍体和近等基因系群体，利用 RFLP、SSR 多种分子标记构建高密度遗传连锁图，多年重复田间实验收集表型数据，发掘定位了 104 个产量性状的数量性状位点（QTL，Quantitative Trait Locus），分析发现产量组分性状同时由主效和微效 QTLs 控制，单位点的 QTL 和二位点的互作效应是控制产量性状形成的主要遗传基础。

（2）克隆了调控水稻粒形的主效 QTL GS3，为水稻数量性状主效基因的克隆和利用提供了范例。GS3 是国际上克隆的第一个水稻粒形 QTL，它通过控制粒长和粒重影响产量和外观品质。GS3 的一个碱基突变导致编码的蛋白提前终止，产生长粒；继续研究发现，GS3 蛋白含有一个植物特有的器官大小调控区，将其命名为 OSR（Organ Size Regulation）结构域；该

结构域是 GS3 发挥功能的关键，在植株整体水平上也表现出对器官大小的调控效应。根据揭示的 GS3 在种质资源中的序列特征，创建了多个功能标记，应用于水稻育种。

（3）克隆了正调控水稻粒宽的微效 QTL *GS5*，揭示了其调控的分子机理。用图位克隆分离出控制水稻种子粒宽和千粒重的微效 QTL *GS5*，它是作物中克隆的第一个种子大小的正调控因子。*GS5* 编码丝氨酸羧肽酶，通过调控细胞数目、控制粒宽和灌浆速度，影响产量。种子大小与 *GS5* 基因表达量正相关，是启动子突变的结果，而与编码序列无关。*GS5* 启动子的自然变异可用于水稻产量性状的改良。该成果被教育部评为 2011 年中国高等学校十大科技进展。

（4）克隆控制水稻产量的多效性基因 *Ghd7*，发现了该基因的不同等位基因与水稻品种区域适应性的密切相关。项目克隆了水稻多效性 QTL *Ghd7*，它编码一个含 CCT 结构域蛋白，同时影响产量性状每穗粒数、开花期、株高等多个性状。*Ghd7* 对光周期敏感，在长日照条件下延迟开花、增加株高、增加每穗粒数，在'珍汕 97'背景下可使单株产量增加 50%以上。*Ghd7* 不同等位基因在自然界中具有严格的地理分布特征，功能弱化或无功能的等位基因可使水稻在高纬度地区和生长期较短的条件下种植。*Ghd7* 的自然变异是影响水稻产量潜力和生态适应性的关键因素之一。该项成果被评为 2008 年中国基础研究十大新闻。

项目的系列成果受到国内外同行和媒体的高度关注，产生了较大影响。本成果涉及的 20 篇研究论文被 SCIE、CSCD 引用总计 2 758 次，他引总计 2 320 次，SCI 他引 1 546 次，包括 *Nature*、*Science*、*Nat Genet*、*Plant Cell*、*PNAS* 等重要学术刊物。克隆的基因被国内外多家育种单位应用并培育出新品种。获得中国发明专利 3 项，美国发明专利 1 项。获得湖北省自然科学奖一等奖 3 项。

植物小 RNA 的功能及作用机理

完成单位：北京生命科学研究所，中国科学院遗传与发育生物学研究所

完成人：戚益军，巴钊庆，叶瑞强，王秀杰，武 亮

获奖类别：国家自然科学奖二等奖

成果简介：小 RNA 是植物细胞内重要的表观遗传调控元件，在植物生长发育、对逆境的响应、抵抗病毒侵染和维持基因组稳定性等诸多生物过程中起到重要的调控作用。研究小 RNA 的生物学功能和作用机理，不仅可以解析小 RNA 调控这一真核生物中保守的基因表达调控机制，并且有助于发现调节植物增产、抗逆等优良性状的新元件，具有重要的科学意义和潜在利用价值。植物小 RNA 研究领域尚存在一些重要科学问题有待解答，如：miRNA 和 siRNA 的作用机制是什么？植物体内除了 miRNA 和 siRNA 是否存在其他种类的小 RNA？不同种类的小 RNA 与 AGO 蛋白的结合有无特异性？如有，其特异性由何种机制决定？研究组围绕植物小 RNA 的发现、功能和作用机制开展了系统研究，取得了多项重要研究成果。

（1）发现并命名了两类新型小 RNA。参与 DNA 修复的 diRNA 和介导靶基因 DNA 甲基化的 lmiRNA。DNA 双链断裂（DSB）可以导致突变、基因组不稳定甚至细胞死亡，DSB 的修复对保持基因组的完整性和细胞的存活至关重要。项目组发现在 DSB 位点会产生一种被命名为 diRNA 的新型小 RNA，并证明 diRNA 为 DSB 修复所必需，揭示了小 RNA 的一种新功能，开辟了 DNA 损伤修复研究的新方向，相关工作发表在 2012 年的 *Cell* 杂志上，该文发表后被 *Nat Rev Mol Cell Biol*、*Nat Rev Gen* 和 *Nat Struct & Mol Biol* 三个 *Nature* 子刊作为研究亮点评价，F1000 亦推荐过此文，该论文还被 *Cell* 杂志评为 2012 年度最佳论文之一。项目组还发现一类 24 nt 长的 miRNA（lmiRNA），可介导靶基因 DNA 甲基化进而抑制其表达。这一发现揭示了 miRNA 介导 DNA 甲基化方面的新功能。该项研究以封面论文的形式于 2010 年发表在 *Mol Cell* 杂志上。

（2）阐明了植物小 RNA 进入 AGO 蛋白的分拣机制。小 RNA 必须通过与 AGO 蛋白结合形成效应复合体发挥其功能。植物基因组编码多个 AGO 蛋白，不同 AGO 特异性地结合不同的小 RNA。AGO 蛋白结合小 RNA 的选择性由什么因子决定尚不清楚。项目组发现植物小 RNA 的 5′末端核苷酸决定了其结合 AGO 蛋白的特异性，阐明了小 RNA 进入 AGO 蛋白的分拣机制这一小 RNA 研究领域的重要问题。该成果于 2008 年发表于 *Cell* 杂志上，同期该杂志发表了国际小 RNA 领域的著名专家 Narry Kim 撰写的评论文章，她认为："真核生物中小 RNA 如何分拣进入 AGO 复合物并不清楚"，项目组的发现"阐明了拟南芥中小 RNA 的 5′末端核苷酸在小 RNA

分拣过程中的重要性"。多位国际 RNAi 领域著名专家撰写的众多综述文章介绍了该发现（*Nature*，2009；*Cell*，2009；*Nat Rev Gen*，2009），该论文亦被 F1000 推荐。

（3）揭示了植物 siRNA 和 miRNA 通路中新的重要调控步骤。siRNA 可与 AGO4 结合介导转座子 DNA 甲基化，维持基因组的稳定性。项目组发现，siRNA 在细胞质内与 AGO4 结合形成效应复合体，然后被选择性地转运至核内介导 DNA 甲基化，揭示了 siRNA 进入效应阶段之前的一个关键调控点，推翻了以前人们认为 RdDM 通路完全在细胞核内进行的观点。该研究发表于 2012 年的 *Molecular Cell* 杂志，同期刊物发表评论文章认为："发现 AGO4 和 siRNA 在细胞质内组装成复合体并且结合 siRNA 可以帮助 AGO4/siRNA 复合体入核，揭示了 RdDM 通路中的一个关键调控步骤"。另外，项目组还发现了 Importin β 蛋白可以通过影响 miRNA 进入 AGO1 的效率来调节 miRNA 的活性。该发现以封面论文的形式于 2011 年发表于 *The Plant Cell* 杂志。

此外，项目组还系统分析了水稻中的 miRNA 及其靶基因，论文 2009 年发表于 *The Plant Cell* 杂志上。项目组还首次在单细胞衣藻中发现 miRNA，表明 miRNA 在多细胞生物的进化前已经出现，这一发现改变了关于 miRNA 仅存在于多细胞生物的观点，相关论文 2007 年发表于 *Genes & Development*，戚益军教授和王秀杰研究员为本文的共同通讯作者，同期杂志发表了评论文章，论文发表后引起广泛关注，*Nature*、*Cell* 和 *Nat Rev Gen* 等刊物都对此发表评论文章。项目组还开发了人工 miRNA 技术，用于衣藻基因功能研究，相关论文发表在 *The Plant Journal* 杂志上，该技术被评价为"衣藻遗传学技术上最重要的进展之一"。

总的来讲，项目组至 2012 年的研究成果发表在 *Cell*（2 篇）、*Molecular Cell*（2 篇）、*The Plant Cell*（2 篇）、*Genes & Development*（1 篇）和 *The Plant Journal*（1 篇）等期刊上。8 篇代表性论文迄今已被 SCI 他引共 1 105 次，单篇最高他引 431 次。多项研究成果得到 *Nature*、*Cell* 等国际一流学术期刊的亮点评价，其中报道 diRNA 的论文被 *Cell* 杂志评为 2012 年度最佳论文之一。这些研究成果在国际相关研究领域处于领先水平。

猪日粮功能性氨基酸代谢与生理功能调控机制研究

完成单位：中国科学院亚热带农业生态研究所

完成人：印遇龙，谭碧娥，吴　信，孔祥峰，姚　康

获奖类别：国家自然科学发明奖二等奖

成果简介：蛋白质饲料资源短缺、生产效率低下制约了养猪业的健康发展。肠道对日粮氨基酸的吸收效率是决定动物饲料蛋白质利用效率的关键因素，氨基酸经猪肠道吸收入血液后除了合成蛋白质以外还具有重要的生理功能。

该项目围绕猪氨基酸代谢与生理功能调控机制开展系列研究，取得了以下系统性和原创性重要科学发现。

（1）揭示了功能性氨基酸在猪肠道中的高效利用规律。采用多重血插管技术结合体外细胞培养，揭示了肠道氨基酸利用与碳水化合物代谢的内在联系，发现在肠道中 α–酮戊二酸（AKG）能节约功能性氨基酸，使更多的谷氨酰胺和谷氨酸用于机体蛋白质的合成。这丰富了肠道"首过代谢"理论，克服了目前国际上"理想氨基酸模型"理论在应用中相对不准确的弊端，为提高饲料氨基酸利用效率提供了理论依据。美国 Adeola 认为，"该研究从组织器官和基因水平阐释了氨基酸与碳水化合物代谢的内在联系，是建立基于淀粉释放葡萄糖速度的理想蛋白质体系理论的基础依据"。

（2）发现精氨酸等功能性氨基酸对营养素沉积分配和孕体发育具有调控作用。利用圆环病毒感染模型以及体外滋养层细胞培养，发现精氨酸等功能性氨基酸可促进胎盘发育，提高母猪繁殖性能，缓解病毒感染造成的繁殖障碍。通过饲养试验和屠宰分析，发现精氨酸、亮氨酸和谷氨酸可调控肥育猪脂肪和蛋白质代谢通路，促进蛋白质沉积，改善胴体性状和肉品质。这些氨基酸新生理功能的发现，改变了氨基酸仅作为蛋白质合成原料的认识。Wu 等认为"这是首次研究精氨酸对肌肉和脂肪组织脂肪代谢的不同调控作用，可以作为人类营养研究的模型"。

（3）阐明了精氨酸和 NCG 调控肠道功能、营养素沉积分配和繁殖生

理的作用机制。通过滋养层细胞模型结合体内试验，采用现代组学技术结合传统营养方法，发现了介导精氨酸和 NCG 等功能性氨基酸促进仔猪肠黏膜损伤修复的 NO–HSP70 等信号途径；揭示了功能性氨基酸通过调控 miRNA 和激活 mTOR 信号通路促进孕体发育的机制，并利用圆环病毒感染模型初步阐明了功能性氨基酸缓解繁殖障碍的生化机制；揭示了精氨酸通过影响胃肠道菌群代谢物以及差异调控脂肪代谢相关通路而重新分配体脂的机制。结果丰富了氨基酸营养理论，为功能性氨基酸用于养猪生产增强肠道健康、改善肉品质和缓解繁殖障碍提供了理论依据。

取得的科学发现发表在 *J Nutr Biochem* 等该领域 Top 期刊上并被广泛引用，代表性论文近 5 年被 *Am J Clin Nutr* 等杂志合计他引 439 次。相关成果分别列入了中科院科技创新案例和国家自然科学基金委员会"国家重大科学突破或重要科学进展资助成果的典型创新案例"。研究成果使人们认识到了传统蛋白质营养体系的不足，推动了功能性氨基酸在养殖业中的广泛应用，例如 NCG 获批国家新饲料添加剂证书，提升了中国科学养猪水平和养猪业的持续健康发展。3 年成果应用单位累计新增销售额 136 亿元，产生了显著的经济和社会效益。

2016 年度

国家技术发明奖

良种牛羊高效克隆技术

完成单位：西北农林科技大学，内蒙古农业大学

完成人：张　涌，周欢敏，权富生，李光鹏，王勇胜，刘　军

获奖类别：国家技术发明奖二等奖

成果简介：我国牛羊业面临严重的良种质匮乏和疾病困扰，常规技术已难以解决。创新牛羊良种繁育新技术已成为牛羊业发展的关键。体细胞克隆技术、基因定点精确编辑技术现已成为牛羊良种繁育的关键技术，但前者成功率低，后者安全性差，成为限制优质高效牛羊业发展的瓶颈。本项目历时 16 年，开展了牛羊良种高效克隆繁育新技术的研究和应用，取得如下创新成果。

（1）发现用维生素 C、组蛋白去乙酰化酶抑制剂 Oxamflatin 和组蛋白甲基转移酶抑制剂 miR-125b 联合处理体细胞和克隆胚，用 chromeceptin 处理克隆胚，可有效降低克隆胚 H3K9e3 水平，提高 H19 的表达，降低 IgF-2 的表达，纠正体细胞克隆胚的重编程错误。发明了可有效提高体细胞供核能力和克隆胚质量的表观修饰技术，发现 *1GFBP-7、IFI6* 等 19 个基因在克隆胚囊胚期能否正常表达决定克隆胚发育能力，由不同个体体细胞构建的克隆囊胚这 19 个基因显现出不同的表达谱和差异显著的发育能力。发明了优秀供核体细胞筛选技术；同时创建了优质卵母细胞筛选方法，体细胞和去核卵高效电融合方法和提高克隆胚质量的体外培养方法，集成创立了牛羊体细胞克隆胚高效发育技术。生产顶级种牛和种羊克隆胚 2 万多枚，受体牛羊产犊率和产羔率分别达到 30.9% 和 38.2%，显著高于国内外已有报道。

（2）发明了整合酶介导的基因定点插入技术、锌指切口酶和 Tale 切口

2016 年度

酶介导的基因精确编辑技术，在牛羊体细胞的预定位点插入和敲除基因，在细胞水平全面检测基因编辑的正确性，以正确基因编辑的体细胞为供核细胞，高效克隆引入预定突变的牛羊胚胎，创立了牛羊基因编辑体细胞克隆胚高效发育技术，有效排除了随机整合和非特异突变，使克隆牛羊全部正确表达目的基因，解决了原有技术的安全问题。生产良种牛羊基因编辑克隆胚 2 万多枚，受体牛羊产犊率和产羔率分别达到 28.6% 和 35.8%，显著高于国内外已有报道。

（3）建立了体细胞克隆牛羊高效生产技术和推广模式，克隆顶级种牛 1 182 头、种羊 1 236 只。用上述克隆种牛和种羊生产良种高产胚胎，在全国推广克隆牛冷冻胚 82 059 枚。生产犊牛 41 052 头，推广良种羊胚 41 364 枚，生产盖羊 25 685 只。利用克隆种公牛和种公羊，生产良种牛 37 675 头、改良牛 6 026 头、良种羊 17 919 只、改良羊 61 482 只。此外，应用克隆牛羊高效生产技术进行基因编辑体细胞克隆牛羊研制，培育出抗乳腺炎高产奶牛和奶羊育种材料 5 个，富含多不饱和脂肪酸肉牛、肉羊和生产高强度羊毛克隆绵羊等育种材料各 1 个，为抢占培育优质抗病牛羊新品种制高点做好了战略储备。

本项目获国家发明专利 15 项，在 Nature Communication 等学术刊物发表 SCI 论文 106 篇，在国际上产生了重要影响。通过推广应用，在全国形成技术辐射和良种辐射，对提升牛羊种质创新和良种繁育水平，推动我国优质高效牧业发展发挥了重要作用，带动了我国动物繁育生物技术的发展，产生了显著的经济和社会效益。

芝麻优异种质创制与新品种选育技术及应用

完成单位：河南省农业科学院芝麻研究中心，河南省农业科学院植物保护研究所

完成人：张海洋，苗红梅，魏利斌，张体德，李 春，刘红彦

获奖类别：国家技术发明奖二等奖

成果简介：芝麻是中国重要的优质油料作物，年总产量占全球的

15%，在国际芝麻贸易中居重要地位；通过品种改良提高芝麻单产、降低生产成本对农民增收具有重要意义。该项目针对芝麻遗传基础狭窄、育种技术落后等问题，围绕芝麻育种对机械化收获、抗病耐渍、优质专用等性状的迫切要求，历时 15 年，系统开展了芝麻新种质创制、优异基因聚合、分子标记选择等关键技术研究，取得了突破，主要技术发明如下。

（1）首次创建了芝麻种间远缘杂交、化学诱变、农杆菌介导遗传转化等种质创制技术体系，拓展了创造变异的途径和方法，创制出一批育种急需的优异新种质。其中适于机械化种植的新种质 4 份（有限花序、短节密蒴、多花、抗裂蒴）；抗病耐渍新种质 3 份（高抗枯萎病、高抗茎点枯病、强耐渍）；高产优质新种质 3 份（高油 62.7%、高蛋白 26.75%、高木酚素 1.73%）；解决了适于机械化收获、抗病耐渍、优质专用等育种材料匮乏的问题，为新品种选育奠定了基础。

（2）首次绘制出与芝麻栽培种遗传图谱、物理图谱以及 13 对染色体对应的基因组精细图，发掘与出芝麻产量、品质、抗病、耐渍等重要性状显著相关的主效 QTLs 新位点 52 个；发掘出花序有限 SiDt、籽粒大小 SiSS、甘油三酯合成调控 SiLCB2、脂肪酸脱氢 SiGNOM、粒色 SiCYPl、抗枯萎病 SiTMKl 等相关基因 6 个，为多个优异基因聚合和分子标记选择育种提供了理论依据和技术支撑。

（3）发现芝麻基因组中与产量、品质、抗病、抗逆等重要性状相关的优异基因群 13 个，发明了与之紧密连锁的分子标记 32 个；首次阐明了芝麻染色体区段连锁关系与重组热点，提出以优异基因群为育种元件开展优异基因聚合的观点，创建了复合杂交与分子标记选择相结合的育种技术体系，提高了复杂性状选择的准确性和效率，缩短育种周期 2~3 年。

（4）通过复合杂交与分子标记选择相结合的聚合育种技术，将多个优异基因聚合，培育出芝麻新品种 6 个，显著提升了芝麻品种的稳产性、专用性和机械化适应程度。①豫芝 DS899 和 Dw607，株型紧凑，生长发育快，成熟一致，解决了机械化生产中的品种问题；②豫芝 23 号，高含油量、高抗枯萎病和茎点枯病、强耐渍，实现了高产高油和抗病耐渍性状的同步提升；③高产高油（58.66%）新品种郑芝 15 号、高产高蛋白（25.84%）食用型新品种郑芝 12 号，实现了品种优质专用；④超高产新品种郑芝 13 号，区域试验比对照增产 20.18%，在新疆 5.98 亩土地上创造出亩产 268.8 kg 的世界最高纪录。

2011—2015 年新品种累计应用 1 257 万亩，占全国芝麻面积的 30% 以上；3 年累计应用 850 万亩，新增产值 13.3 亿元；创制出的 DS899 等优异种质提供给 16 家单位应用。获发明专利 11 项，审（鉴）定新品种 6 个；发表论文 52 篇，其中 SCI 论文 9 篇，他引 442 次。项目整体技术居国际同类领先水平，获河南省科技进步奖一等奖。解决了芝麻优异种质匮乏、育种技术落后的问题，培育出生产上急需的新品种，显著提升了种质创制与育种技术水平，为芝麻学科和产业发展做出了突出贡献。

玉米重要营养品质优良基因发掘与分子育种应用

完成单位：中国农业大学，广东省农业科学院作物研究所，中国农业科学院作物科学研究所

完成人：李建生，严建兵，杨小红，胡建广，陈绍江，王国英

获奖类别：国家技术发明奖二等奖

成果简介：玉米是中国第一大粮食作物，但是与先进发达国家相比，中国玉米营养品质遗传和应用研究存在明显差距。针对这一现状，该课题利用基因组学技术解析玉米品质性状的遗传机理，发掘控制玉米营养品质性状的优良等位基因，开发用于玉米品质性状改良的功能分子标记，并应用于玉米分子育种研究。课题来源于国家 863 现代农业"高产优质多抗玉米分子品种创制"，国家自然科学基金"高油玉米主要脂肪酸含量 QTL 定位及相关基因克隆国家自然科学基金"，国际合作项目生物强化作物育种（Harvest Plus-China）"高维生素 A 源玉米新品种选育及利用"等 8 个项目。

该研究从玉米重要营养品质性状的遗传机理研究入手，利用高通量的 SNP 分子标记，采用关联与连锁相结合的方法，发掘控制玉米油分、维生素 A 源、维生素 E 营养品质性状的优良基因。利用基因组学技术验证优良基因的功能，开发用于分子育种的标记。利用分子标记开展针对重要营养品质性状改良的育种研究。率先提出结合连锁分析和关联分析图位克隆主效 QTL 的策略，利用该策略克隆了影响玉米软脂酸含量的主效 QTL-ZmfatB，是迄今为止玉米中图位克隆的第 4 个 QTL。

首次利用大规模的 SNP 标记（106 万），从基因的水平深入研究了玉米籽粒油分形成的遗传机理，发现了 7 个控制玉米籽粒油分和脂肪酸组分的基因功能，开发了 6 个可直接应用于育种的功能分子标记，申请（获得）基因发明专利 6 项。首次通过现代遗传学和分子生物学实验验证了"优良等位基因的累加是人工选择高油玉米形成的重要遗传学基础"的学术观点。鉴定出三个显著影响玉米籽粒维生素 A 源含量的关键基因，开发了用于分子育种的功能标记并发现 crtRB1 的优良等位基因在热带、亚热带和温带种质中分布频率不同的遗传规律，首次提出了利用温带玉米优良等位基因改良热带玉米维生素 A 源含量的新思路。这些分子标记和种质已经被多个国内外研究机构应用于高维生素 A 源玉米分子育种实践，是国际分子育种成功的范例。

利用全基因组关联分析的方法克隆了一个控制玉米籽粒维生素 E 组分的关键基因（ZmVTE4），发现该基因显著影响 α-生育酚含量的功能位点，其单倍型可解释关联群体中 32% 的 α-生育酚变异，开发了相应的分子标记，并应用于育种。以常规育种技术为主、分子育种为辅的技术路线，培育了 4 个优质玉米新品种，其中，高油玉米新品种"农大 5580"的含油量达 8.8%，分子标记检测：该品种含有 DGAT1-2、COPⅡ、WRIA1、LACS、ACP、ZmGE2 的优良等位基因。中农大 419 达到优质超甜玉米品种标准。该品种亲本带有 VTE4 的优良等位基因，籽粒维生素 E 总含量达到 104.8μg/g。成功地利用分子标记辅助回交，将来源于高油供体亲本的含 DGAT1-2 优良等位基因转育到郑单 958 的两个亲本中。新组合-"郑单 958HO6"的籽粒含油量比普通玉米"郑单 958"提高了 24.3%。

课题组在国内外发表玉米营养品质遗传育种研究论文共 34 篇，其中 SCI 收录论文 29 篇，国际著名学术期刊 Nature Genetics 论文 2 篇，发表论文总引用次数 307 次，其中他引 215 次，得到国内外同行的高度认可，产生了重要的国际影响。利用该项目发明的高维生素 A 源的分子标记开展分子标记辅助选择育种不仅直接针对基因型进行选择，提高育种效率，而且大大节省了分析维生素 A 源的成本。

3 年，中国农业大学等国内研究单位利用该项目提供的分子标记选育高维生素 A 源的材料，累计节约花费 16.17 万元。CIMMYT 利用该项目的分子标记筛选鉴定玉米材料，仅从表型鉴定一项就节省育种成本近 30 万美元。按现有的统计证明，该项目培育的优质甜玉米新品种在全国主要甜玉米产区累计推广面积 20.58 万亩，农民种植上述玉米品种每亩产值 1 800

元，比其他玉米品种每亩多收入 800 元，累计新增产值 1.664 亿元。该课题培育的优质新品种转让给北京市农业技术推广站、甘肃中美国玉水果玉米科技开发有限公司、广东番隅绿色科技有限公司联合开发，企业累计新增效益 1 500 万元。

动物源性食品中主要兽药残留物高效检测关键技术

完成单位：华中农业大学

完成人：袁宗辉，彭大鹏，王玉莲，陈冬梅，陶燕飞，潘源虎

获奖类别：国家技术发明奖二等奖

成果简介：动物源性食品中的兽药残留危害消费者健康。检测是发现和处置兽药残留事件的有效措施。然而，长期以来，我国缺乏通量高、适用面广、性能稳定、简便快速、价格低廉的兽药残留高效检测技术，国家不能施行大规模的兽药残留监控，确保食品安全。该项目在国家重点支撑计划等支持下，历时 17 年，发明兽药残留高效检测的核心试剂和样品前处理技术，自主研发出一批检测产品和检测方法标准。主要如下。

（1）针对抗菌药残留缺乏高通量筛查技术的问题，筛选和构建对多类（种）抗菌药敏感的工作菌种 9 种，发明培养基 21 种，研究突破抗菌药残留不能同时检出的问题，研制出基于微生物抑制原理的拭子、试瓶和微孔板等产品 13 个。其中，适于养殖场、屠宰场、奶站、超市和实验室快速筛查牛奶、尿液、肌肉和肾组织中多类或一类抗菌药（共 8 类 63 种）残留的 7 个产品为国内外首创。

（2）针对复杂基质中痕量违禁物残留难以同时检出多个组分的问题，破解小分子化合物无免疫原性等难题，发明免疫原和包被原 125 种，创制灵敏、高产、优质单克隆抗体/受体 68 种，研发出基于抗体/受体的试剂盒和试纸条 53 种。其中，能在现场和实验室分别同时检出芬噻嗪类 10 种、雄性激素类 6 种、磺胺类 17 种、硝基咪唑类 5 种、孔雀石绿类 4 种、β-内酰胺类 21 种的核心试剂及产品为国内外独创。

（3）针对动物可食性组织中多类（种）残留物难以同时有效提取的

问题，发明加速溶剂萃取技术和恒温萃取装备，攻克复杂基质中痕量多组分残留物提出物少、提取率低和基质干扰大等难题，建立标准化定量/确证分析法，考察所发明的高效检测产品的性能。能分别测定动物源食品中糖皮质激素 8 种、大环内酯类 18 种、氨基苷类 13 种、四环素类 7 种、有机胂类 5 种、化合物等 12 种定量/确证法，填补了国内外空白。

共获授权国家发明专利 39 件，制定国家标准 19 项，备案产品 17 个，保藏物种 41 种，发表论文 164 篇（其中 SCI 论文 89 篇，单篇最高他引 128 次）；专家鉴定为国际领先水平成果 8 项，国际先进水平成果 4 项；获省部级技术发明和科技进步奖一等奖 4 项，其他奖 3 项；培养博士生 11 人、硕士生 59 人、各类技术人员 2 000 余人次。

该项目成果转让 3 家企业经营，累计新增经营额 4 亿多元、利税 1 亿多元。成果在全国 30 个省市的农业、质检、卫生和贸易系统的采用率 40%～50%，承担国家和地方 60% 以上兽药残留检测任务，全国兽药残留超标率由使用前 8%～10% 下降到现在 2% 以内。在 500 多家养殖企业的使用率 60%～70%，残留发生率控制在 1% 以内。中国农业科学院农业经济与发展研究所评估指出，成果应用 11 年，养殖业累计挽回损失 1 751.52 多亿元，年均 159.23 亿元。

该项目完善了国家兽药残留监控技术体系，提高了兽药残留检测水平与执法能力，提升了兽医兽药和食品安全科技的自主创新能力。在发现、追查和处置"瘦肉精""多宝鱼""红心鸭蛋"等重大食品安全事件，保障北京奥运会、上海世博会、国庆 60 周年等重大活动顺利举行中做出独特贡献。

基于高塔熔体造粒关键技术的生产体系构建与新型肥料产品创制

完成单位：史丹利化肥股份有限公司，上海化工研究院，中国科学院沈阳应用生态研究所

完成人：高进华，陈明良，武志杰，孔亦周，张英鹏，解学仕

获奖类别：国家技术发明奖二等奖

成果简介：该项目属土壤肥料学领域。肥料在粮食增产中贡献率达40%以上（联合国粮食与农业组织报告），对保障国家粮食安全发挥着十分重要的作用。我国肥料品种少，肥料利用率比发达国家低15～30个百分点，传统生产工艺过程能耗高、污染严重，严重制约现代农业可持续发展。而新型复混肥养分全面、肥效显著，便于科学配肥和机械化施肥，是世界肥料发展的主流趋势。

在国家火炬计划、国家农业科技成果转化项目等省部级科技计划支持下，针对复混肥生产过程存在的技术难题和我国农业对肥料品种的需求，历时十余年攻关，发明了高塔熔体造粒工艺和生产技术体系，创制出高塔型稳定性长效类、脲醛类和腐植酸类三大系列新型肥料产品，在国际上率先实现了工程化与应用。

（1）发明熔融料浆流动控制技术，解决了含固体高黏度料浆流动性差的技术难题，控制了熔融过程副反应产物缩二脲含量在1.0%以下，为高塔熔体造粒提供了技术支撑。

（2）发明适合于高黏度含固体物料悬浮料浆的高塔造粒设备，解决了工艺连续性问题；构建了高塔熔体造粒技术体系，实现了技术的工程化。

（3）发明一塔多用高塔熔体造粒技术，解决了新型肥料生产中的相应工艺技术难题，创制出稳定性长效类、脲醛类和腐植酸类三大系列新型肥料。

该项成果共获得国家授权发明专利47件；建成生产线11条，创制出的系列新型肥料产品，3年累计实现新增销售额139.3亿元，新增利润9.48亿元。生产工艺与团粒法相比，能耗降低50%，3年可节约标煤69万t，节本增效4.8亿元，无废水废渣排放，废气排放减少60%，为国家产业政策所倡导的绿色生产工艺，整体技术处于国际领先水平。技术已在国内推广应用110套，实际年产量超过1 000万t，约占全国复混肥产量的20%；3年产品应用于4.5亿亩耕地，为农民创造效益270亿元，肥料利用率平均提高10.2%，取得显著经济、社会和生态效益。新型肥料品种的开发适应了我国现代化农业发展的需要，为我国农用肥料功能化、多样化、减量化施肥提供了有力保障，为提高我国肥料行业整体技术水平、实现化肥生产强国做出了创新性贡献。

木质纤维生物质多级资源化利用关键技术及应用

完成单位：北京林业大学，中南林业科技大学，山东龙力生物科技股份有限公司，华南理工大学

完成人：孙润仓，彭万喜，程少博，袁同琦，许　凤，肖　林

获奖类别：国家技术发明奖二等奖

成果简介：本项目由北京林业大学、中南林业科技大学、山东龙力生物科技股份有限公司、华南理工大学等四家单位在国家科技部"十二五"科技支撑计划、自然科学基金委重大国际合作、教育部科技重大项目等资助下，通过十五年产学研联合攻关，从根本上解决了木质纤维生物质利用单一资源化、原料严重浪费、环境重度污染的技术难题，实现了木质纤维生物质全资源化利用技术的重大突破与创新，推动了制浆造纸、生物质炼制及林产工业产业结构的重大变革与行业科技的跨越式发展。主要发明点及技术内容如下。

（1）发明了木质纤维生物质抽提物溶出调控技术，系统解析了木质纤维生物质抽提物组分及活性成分，阐明了抽提物分子溶出规律，研发出抽提物活性分子系列产品，其中绿原酸纯度高达 99.8%。

（2）发明了木质纤维生物质细胞壁组分拆解技术，阐明了细胞壁三大素之间的分子镶嵌机理及解离机理，定量解译了三大素的结构特征，创建了工程化水热耦合稀碱处理新技术，研发出超高纯度低聚木糖（纯度大于 97%）、阿拉伯糖（纯度大于 98.5%）、高纯度木质素（纯度大于 94%）等产品，纤维素转化率提升到 88% 以上。

（3）发明了生物质木质素高强度耐候胶黏剂制备技术，以定位定量活化的木质素、苯酚、甲醛等为主要原料，采用多步共聚等技术，研制出高强度耐候木质素基酚醛树脂胶黏剂，其胶合成本与 E0 级脲醛树脂在同一水平上，木质素对苯酚替代率可达 60%，甲醛释放量远低于 E0 级限量值，实现了工业木质素高效资源化利用。

（4）创建了木质纤维生物质多级资源化利用关键技术体系，通过集成以上 3 项发明技术，优化工艺，实现了生物质多级资源化高效利用，创制

了绿原酸、高纯度木质素、超高纯度低聚木糖及阿拉伯糖、木质素基酚醛树脂胶黏剂、耐候胶合板等系列生物质产品，实现了木质纤维生物质资源最大效益化利用，产品集高品位、高附加值、高资源化等优势于一体，主要技术指标达到同类产品国际领先水平。

该项目技术已在 6 家企业应用，建成生产线 19 条，产品国际市场竞争力极显著。3 年，主要应用单位共新增销售额 13.25 亿元，新增利润 1.55 亿元，产生了显著的经济、社会及环境效益。该项目获授权国家发明专利 33 件；制定行业标准 2 项；应邀主编英文专著 1 部、参编英文专著 8 部，主编中文专著 3 部，发表 SCI 论文 218 篇（JCR 一区 Top 论文 50 篇），EI 论文 21 篇，应邀在国际会议上做特邀和大会报告 23 人次；培养英国皇家化学会及国际木材科学院 Fellow 各 1 人、国家杰青 1 人、中国青年科技奖 2 人、科技部中青年科技创新领军人才 2 人、国家百千万人才工程及有突出贡献中青年专家 1 人、中组部青年拔尖人才 1 人、教育部新世纪优秀人才 3 人，应邀在 7 种国际 SCI 期刊任主编、副主编及编委。系列研究成果获教育部自然科学奖一等奖、教育部科技进步奖一等奖、湖南省科技进步奖一等奖、中国轻工业联合会技术发明奖一等奖。

国家科学技术进步奖

中国农业科学院作物科学研究所小麦种质资源与遗传改良创新团队

完成单位：中国农业科学院作物科学研究所

完成人：刘　旭，何中虎，刘秉华，贾继增，辛志勇，李立会，景蕊莲，肖世和，马有志，张学勇，刘录祥，毛　龙，夏先春，孔秀英，张　辉

获奖类别：国家科学技术进步奖创新团队奖

成果简介：历时 60 年逐步形成引领中国并影响世界的小麦种质资源与遗传改良创新团队。5 人先后当选院士，为全国 90% 主栽品种提供育种材料，培养了全国 60% 学术带头人，为实现小麦从严重短缺、基本自给到丰年有余的历史性转变提供种质和技术支撑。团队在编 82 人，刘旭院士、何中虎研究员为带头人，包括院士 2 人、973 首席专家 4 人等，建立了国际化的组织管理与高效运行机制。被誉为我国农业界的标志性团队和杰出代表，总体影响力已居国际领先团队行列。

通过"联合攻关、协同创新"，解决了三大科学问题，突破了四大技术难题，在种质资源保存与评价利用、矮败小麦技术、品质评价体系、基因组学等方面取得五项标志性成果，实现了育种材料创制和育种新方法研究的重大突破，为实现我国从小麦研究大国到强国的历史性跨越做出重大贡献。1998 年至今，先后获国家科学技术进步奖一等奖 3 项、二等奖 4 项、国际奖 5 项。在国内外出版专著 8 部，获授权发明专利居国际第 1，SCI 论文总量国际第 2、他引频次国际第 4。10 人次在国际组织任职或担任主流国际 SCI 期刊编委。成为我国小麦重大科研项目最重要的组织者，近 10 年主持约 60% 的国家级重大项目，SCI 论文引用增加 147 倍，授权专利

和标准等增加 10 倍，与法国农业科学院等 4 个国际顶尖团队合作建立了双边实验室。未来发展目标是建设国际领先的小麦技术创新中心，在分子设计等前沿技术应用、节水高效新材料和新品种创制等领域取得突破，为保障国家口粮绝对安全保驾护航。

多抗稳产棉花新品种 '中棉所 49' 的选育技术及应用

完成单位：中国农业科学院棉花研究所，新疆中棉种业有限公司

完成人：严根土，佘　青，潘登明，黄　群，赵淑琴，匡　猛，付小琼，王　宁，王延琴，卢守文

获奖类别：国家科学技术进步奖二等奖

成果简介：该成果针对新疆产棉区次生盐碱、干旱、寒流等灾害频发的实际，以选育多抗稳产棉花品种为主攻目标，历经 20 多年攻关，在棉花新品种选育技术及应用等方面取得重大突破。主要技术内容如下。

培育了多抗稳产棉花品种 '中棉所 49'，实现了耐旱碱、大铃和高衣分等性状的协同改良，推动了中国主产棉区品种的更新换代。该品种对旱碱低温和病害多抗，适应性强；铃重与衣分协同改良，高产稳产。国家与生产区试的霜前皮棉比对照分别增产 17.2% 和 26.3%，居参试品种第 1 位。首批入选农业部主导品种，连续 10 年，年限最长；同时成为国家与自治区两级区试的对照品种，连续 8 年与 9 年；作为样本制定了棉花种植的系列标准（4 个）；成为新疆原棉的标准样品。2005 年开始推广，面积占南疆的 16.5%，近两年上升到 65%；占全国总面积的比重由 2.1% 增加到 15.5%，并仍在保持，在全国棉花产业地位突出。

优化了育种策略，创建了低代大群体多逆境交叉选择的育种技术途径，丰富了中国棉花育种的理论与方法。该策略的指导思想是：创制或选用亲本的"短板"性状起点要高，不能带有不可克服的缺陷，主攻的目标性状可追溯；对育种 3 个关键环节创新了举措，提高了变异的创造、选择和稳定的效率。特别是创建了低代大群体多逆境交叉选择的技术途径，是穿梭育种的发展。创制了优异材料 '中 51504'，成就了突破性新品种

'中棉所49'。

构建了'中棉所49'保真繁育的DNA指纹检测监控技术，研发了品种种性纯化和全程精控技术体系，保障了该品种在主产棉区的长期大面积应用。发明了'中棉所49'的DNA指纹检测方法，结合种子质量"全程精控"等技术，在'中棉所49'长期大面积推广过程中的种子质量保障方面发挥了重要作用。

创建了基于'中棉所49'的棉花种植标准化技术体系，建立了棉花生产全程标准化模式，为中国棉花种植规范化提供了一个先例。'中棉所49'作为样本，建立了国家棉花种植综合标准化示范区，制定了品种、栽培、采收和加工等4项地方标准，为主产棉区精准棉业的发展提供了载体和关键核心技术。

取得的专利、社会与经济效益：①获得植物新品种权1项，国家发明专利5项，软件著作权1项，发表论文22篇。②'中棉所49'累计推广7 118.5万亩，新增经济效益123.3亿元，3年推广面积2 650万亩。③该品种多抗稳产，占南疆面积的65%，引领了品种更换，为少数民族地区的经济发展和社会稳定发挥了重要作用。创新的育种方法及材料已被多家单位应用，育成一批新品种和优异材料，为同类品种的选育提供了技术支撑。构建的棉花DNA指纹检测技术、种植标准化技术体系，实现了棉花生产各个环节的标准化，对中国棉花种植的规范化及种业发展具有重大意义。

辣椒骨干亲本创制与新品种选育

完成单位：湖南省蔬菜研究所

完成人：邹学校，戴雄泽，马艳青，李雪峰，张竹青，陈文超，周书栋，欧立军，刘　峰，杨博智

获奖类别：国家科学技术进步奖二等奖

成果简介：辣椒是一种重要蔬菜和调味品，我国常年播种面积2 000多万亩，农业产值800多亿元，加工产值1 500亿元以上。优良品种是辣椒产业发展的重要支撑，种质资源是育种工作的基础。我国辣椒种质资源十分丰富，但存在资源收集不全、评价技术不完善、核心资源缺乏等问题。

随着春提早、秋延后、高山栽培等渡淡辣椒生产的发展，急需选育专用渡淡品种。同时因加工辣椒的快速发展，生产上缺乏加工专用品种。针对这些问题，湖南省蔬菜研究所系统开展了辣椒种质资源创新与新品种选育研究。经过 30 多年的努力，取得了重要创新性成果。

（1）20 世纪 80 年代率先系统开展辣椒种质资源收集与保存、鉴定与评价、创新与利用研究，保存地方品种 3 219 份，建成了我国材料份数最多的辣椒种质资源库。建立了辣椒种质资源综合评价体系，通过系统评价，筛选出优异种质资源 426 份，被湖南、江西、安徽、江苏等 10 多省的育种单位广泛应用。

（2）发明了利用 EST 序列的冗余性开发辣椒 SSR 标记技术，开发 1 571 个 SSR 标记，构建了 12 条辣椒分子标记连锁群图谱，建立辣椒 SSR 分子标记品种纯度鉴定技术体系。获得 25 个区分 CMS 细胞质标记，分离鉴定了辣椒素、花青素合成、抗根结线虫和雄性不育等 19 个相关功能基因。

（3）利用杂交聚合、花药培养和分子标记辅助选择等技术创制了 35 份核心育种材料，被湘研、兴蔬、永利、长研、苏椒、皖椒等国内十多家育种单位直接或间接利用。3 个骨干亲本（'5901''6421''8214'）及其衍生系 '9001''9704A''9003''J01-227' 育成品种 165 个，累计推广面积达 1.2 亿亩，占同期新品种推广面积的 42.16%，成为全世界应用范围最广、推广面积最大的骨干亲本。

（4）根据市场需求，湖南省蔬菜研究所近几年育成辣椒新品种 18 个。其中渡淡品种 13 个，包括春提早栽培品种 '福湘 1 号''福湘 2 号''福湘早帅''湘研 21 号''早辣 1 号' 5 个品种，秋延后栽培品种 '兴蔬羽燕''湘研 23 号''湘研 25 号''福湘佳玉''福湘秀丽' 5 个品种，高山栽培品种 '湘运 4 号'（珍黄 88）、'丰抗 21''博辣红玉' 3 个品种，加工专用品种 '博辣红牛''博辣 5 号''博辣 8 号''博辣红星''兴蔬绿燕' 5 个品种。这些品种各具特色，抗逆性强、适应性广，抗 3 种以上病害，满足专用辣椒市场的需求。

本成果获国家发明专利 1 件，获国家新品种保护权品种 2 个，制定国家行业标准和地方标准共 15 个，出版著作 10 部，发表论文 116 篇，其中被 SCI 收录论文 15 篇。据不完全统计，利用 3 个骨干亲本及其衍生系育成品种推广面积 1.2 亿亩，新增社会效益 584 亿元。湖南省蔬菜研究所近几年育成的 '博辣红牛' 等 18 个品种累计推广面积 1 091 万亩，新增社会效益 45.5 亿元，其中 3 年推广面积 407.29 万亩，创经济效益 19.84 亿元。该成果整体上达到国际先进水平，尤其在资源保存数量、核心资源创新利用研究和专用型品种选育方面达到国际领先水平。

江西双季超级稻新品种选育与示范推广

完成单位：江西农业大学，江西省农业科学院水稻研究所，江西省农业技术推广总站

完成人：贺浩华，蔡耀辉，傅军如，尹建华，贺晓鹏，肖叶青，程飞虎，朱昌兰，胡兰香，陈小荣

获奖类别：国家科学技术进步奖二等奖

成果简介：江西双季稻占水稻比重居全国首位，面积占全国双季稻 1/4。针对江西等双季稻区水稻生产存在的"早熟与高产、优质与高产、高产与稳产"难协调的技术瓶颈，项目在双季超级稻育种理论、品种选育、技术集成示范推广等方面历经 18 年研究，取得了突破性成果。

（1）在全国首先提出"株型理想、穗粒兼顾、根冠合理、源库平衡、优势搭配、综合改良"的"性状机能协调型"双季稻育种思路，为协调"早熟与高产、优质与高产、高产与稳产"矛盾的超级稻骨干亲本创制和新品种选育提供了理论指导和技术支撑，该思路和育种技术路线成为指导双季稻区育种的重要理论之一。

（2）以"性状机能协调型"育种思路为指导，先后创制出'江农早 4 号 A''03A'和'新丰 A'等 3 个早稻不育系，'昌恢 121''昌恢 T025''R458''R3''春恢 350'和'R120'等 6 个优质早熟恢复系。其中'昌恢 T025'每穗 250 粒以上，米质 2 级，生育期短，是国内罕见的集优质大穗早熟于一体的恢复系。以创制的亲本育成的超级早稻品种种植面积达到江西超级早稻种植面积的 79.4%，超级晚稻达到 65.4%。

（3）利用创制的亲本材料培育出包括 6 个超级稻（'早稻金优 458''新丰优 22''春光 1 号''03 优 66''晚稻淦嘉 688''五丰优 T025'）在内的双季杂交稻品种 21 个，实现了江西双季稻"早熟与高产、优质与高产、高产与稳产"相协调的突破。'涂嘉 688'是江西省首个超级稻品种，'五丰优

T025'是 2010 年以来江西推广面积最大的杂交稻品种。

（4）摸清了育成双季超级稻品种的制种关键技术，集成了抛秧、直播制种技术规程 2 套。研制了育成品种相配套的高产栽培技术，创造了超高产典型。集成了超级稻双季双抛、双季机插等 2 套节本增效技术规程。建立百亩示范片 215 个，千亩示范片 108 个，万亩示范片 56 个，实现了超级稻生产双增百，支撑了江西在全国双季稻区的领先地位。获植物新品种权 7 项，国家发明专利 1 项。发表论文 150 篇，出版专著 6 部，培养研究生 91 名。先后获国家科学技术进步奖二等奖 1 项，江西省科技进步奖一等奖 2 项、二等奖 5 项，全国农牧渔业丰收奖一等奖 1 项、二等奖 1 项，大北农科技奖一等奖 1 项，神农中华科技进步奖二等奖 1 项。成果主体技术达国际领先水平。据全国农技推广中心统计，截至 2015 年年底，项目品种和技术累计推广 7 178.7 万亩，新增稻谷 4 344 亿 kg，新增社会经济效益 97.76 亿元。为我国水稻生产＋连丰、提质增效、农民增收发挥了重大作用。

农林生物质定向转化制备液体 燃料多联产关键技术

完成单位：中国林业科学研究院林产化学工业研究所，江苏悦达卡特新能源有限公司，金骄特种新材料（集团）有限公司

完成人：蒋剑春，周永红，聂小安，张伟明，张 维，徐俊明，陈洁，颉二旺，杨锦梁，胡立红

获奖类别：国家科学技术进步奖二等奖

成果简介：农林生物质废弃资源的能源化和高值化综合利用是实现循环经济、改善生态环境、应对气候变化的重要途径。项目针对农林生物质转化过程中存在的降解产物组分复杂、原料转化率低、产品质量不稳定、能耗高、安全性差、经济效益不明显等问题，开展木质纤维和植物油脂定向转化过程的可控机制等基础理论研究，突破了降解产物定向调控、生产过程连续化、多联产高值化利用等工程化关键技术，取得了多项创新性成果。

（1）创新研发了农林生物质热化学降解产物定向调控技术。研究了极性溶剂可选择性切断木质纤维 B—O—4 醚键、糖苷键的新方法，形成含量达 80% 以上的混合糖苷、解离木素两类化合物；研发了定向调控混合糖苷一步转化为乙酰丙酸及酯的技术；发明了重过磷酸钙高效催化降解木质纤维技术，有效克服了酸降解过程易焦化的难题；研发了卧式、立式有机组合的连续化高温高压无蒸煮液化装置及工程化生产与控制系统，木质纤维原料转化率 >95%，乙酰丙酸收率较传统蒸煮水解方法提高了 30% 以上，产物纯度 >98%；发明了有效调控植物油脂定向裂解为烃类产物的专用催化剂，创建了不凝气体的热量自循环回收系统，开发了自热式连续裂解关键技术及成套装置，裂解油收率 >75%，烃类组分含量 >85%；创制了连续酯化和酯交换制备液体燃料的关键技术。

（2）研究了高酸价油脂自催化酯化、管道式自混合均相催化和串连式酯交换反应新技术，实现了生物柴油生产过程的连续化，能耗较传统工艺降低 20%，生产成本节约 15% 以上；开发了酯交换产物温敏减黏、闪蒸等高效连续分离技术，效率较传统沉降法提高 4 倍，能耗降低约 40%；创制了串联式酯化耦合精馏分离连续化制备富烃燃油与乙酰丙酸酯的工程化关键技术，酯化转化率达 99.5%。燃料油低温流动性和热值得到明显改善（热值 ≥43MJ/kg，冷凝点 -23℃，冷滤点 -21℃），乙酰丙酸酯纯度 >98%。创新了液体燃料联产高值化生物基新材料关键技术。

（3）研究了新型氧化法调控木质素分子量和分子结构的预处理方法，研发了氧化木质素替代苯酚（20%~50%）制备酚醛模塑料和酚醛泡沫关键技术，实现了木质素酚醛泡沫的连续化生产；首次开发了生物柴油联产二聚体、高浓过氧化氢与纳米固体酸催化环氧化等技术，创制了高性能油脂基环氧增塑剂，闪点提高 30℃。

项目集成了农林生物质定向转化制备液体燃料多联产关键技术，鉴定委员会专家一致认为："该成果总体技术达到国际先进水平，在木质纤维原料全质利用选择性转化乙酰丙酸及其酯，植物油脂连续转化高品质燃油联产环保增塑剂工程化等关键技术达到国际领先水平"。获得授权国家发明专利 47 件，发表论文 189 篇，其中 SCI、EI 收录 84 篇，制定行业标准 1 项。建成了年处理 8 万 t 木质纤维制备乙酰丙酸及酯、年产 10 万 t 生物柴油、全球最大的年产 5 000t 催化裂解制备富烃燃油和国内外首条年产 6 万 m³ 木质素改性酚醛泡沫等 4 条连续化示范生产线。截至目前，成果先后在江苏、浙江、山东、内蒙古、安徽等省区推广应用，建成生产线 12

条，主要产品总产能每年可达 30 万 t，每年可转化生物质 50 余万 t，废弃物资源增值超过 10 亿元，替代化石资源 30 万 t 以上，减排二氧化碳约 100 万 t。3 年新增销售收入 31.4 亿元，新增利润 4.1 亿元。其中，乙酰丙酸己酯、生物柴油等产品在国内市场占有率近 30%，经济、社会和生态效益显著，对新能源和环保产业发展具有良好的示范和推动作用。

三种特色木本花卉新品种培育与产业升级关键技术

完成单位：北京林业大学，中国林业科学研究院亚热带林业研究所

完成人：张启翔，李纪元，张方秋，潘会堂，吕英民，程堂仁，孙丽丹，蔡　明，潘卫华，王　佳

获奖类别：国家科学技术进步奖二等奖

成果简介：梅花、山茶和紫薇是栽培历史悠久、园林应用广泛的中国传统名花。本项目以改良品种、促进产业升级为目标，经过 20 余年系统研发，在基因组学研究及重要性状解析、分子标记辅助育种和标准化生产等方面取得一系列创新性成果。培育出具有我国自主知识产权的新品种 45 个，获新品种权 16 项，培育的梅花品种占授权梅花品种的 87%，转让 5 项，获国际品种登录 29 项，获新产品奖 15 项，新品种在 10 省区及美、德、法等 9 国得到应用；获国家发明专利 19 项，转让 2 项；制定国际、国家及行业标准 9 项；发表论文 120 篇（SCI 32 篇，3 篇 IF>9）。3 年示范推广 11.16 万亩，新增销售额 6.34 亿元。技术培训 4 770 人次。主要创新如下。

（1）解析重要性状，发掘优异种质。首次完成梅花全基因组测序，构建了全基因组精细图谱，对花香、低温开花等重要性状进行分子解析，探明了梅花花香形成机制；系统解析了山茶夏季开花及紫薇低矮株型的形成机理。建成国际山茶最齐全的种质圃，构建三种木本花卉的核心种质；筛选出垂枝、花果兼用梅关键亲本 12 份，四季开花、抗寒山茶关键亲本 8 份，香花、低矮株型紫薇关键亲本 12 份；研制出山茶 DUS 测试国际标准及梅、紫薇新品种 DUS 测试指南。

（2）优化育种技术，培育优良品种。建立了亲本定向选配和分子标记辅助选择育种技术，开发了复杂性状 QTL 定位模型，确定与梅垂枝性状紧密连锁的 SLAF 标记 10 个，利用分子标记辅助选择，培育出浓香、垂枝新品种 4 个；通过杂交聚合优异性状，培育出着花繁密、产果量高、果色鲜艳及稀有黄色花等梅新品种 21 个。首次建立 300 个山茶品种 25 种花色苷指纹图谱，建立花色苷辅助选择和复合诱变育种技术，培育出夏季盛花、花色艳丽的新品种 10 个。发掘与紫薇低矮性状连锁的分子标记 5 个，早期选择准确率达 85%，培育低矮新品种 5 个；建立紫薇远缘杂交亲和性预测技术，育种效率提高 70%，培育出包括第一个香花远缘杂交品种在内的芳香紫薇新品种 5 个。

（3）改良快繁体系，研制产业标准。突破山茶属植物规模化繁殖及标准化栽培技术瓶颈，浙江'红山茶'幼胚拯救存活率从 50% 提高到 90%，胚状体直接诱导成苗率从 20% 提高到 44%，年增殖 4 000 余倍；研发周年萌枝嫁接新技术，作业期从 1 个月延长至 10 个月；建立了山茶盆栽技术标准。研发出梅胚培养、叶片愈伤组织诱导最适培养基，克服了试管苗黄化技术难题；编制花果兼用梅栽培技术标准。优化紫薇组培和扦插繁殖技术，繁殖系数提高 20% 以上；制定紫薇生产技术规程，种苗整齐度从 50% 提高到 95%。

（4）开发衍生产品，促进产业升级。发明制备梅花浸膏、熏香香水及梅花香气成分缓释技术；优化梅果加工工艺，研制 4 种梅果新产品；建立集梅园旅游、梅果生产、衍生产品加工于一体的梅产业链；利用高枝嫁接造型技术改造低产果梅老树、油茶大树，大幅提升综合效益。

林木良种细胞工程繁育技术及产业化应用

完成单位：南京林业大学，福建省林业科学研究院（福建省林业技术发展研究中心）

完成人：施季森，陈金慧，郑仁华，江香梅，王国熙，诸葛强，李火根，王章荣，黄金华，甄　艳

获奖类别：国家科学技术进步奖二等奖

成果简介：本项目属林业科学技术领域。运用细胞工程技术实现林木良种的快速繁育，切实解决林木良种高效化和规模化繁殖问题，对促进现代林业发展、生态文明建设具有重要意义。项目通过对杉木、杂交鹅掌楸等针阔叶两大类8个重要用材树种系统研究，在良种细胞工程种苗高效繁育和产业化多项关键技术、产业化规模生产等方面取得重大突破。

建立了高频、同步化的体细胞胚胎发生技术体系，实现了林木良种的快速、高效繁殖。以杂交鹅掌楸、杉木优良杂交组合为研究对象，成功突破胚性细胞高频诱导和增殖、胚性细胞同步化发育调控、体胚同步化诱导和发育、体胚发育进程加速、体胚发生能力长期维持等技术在内的高频、同步化体胚发生和植株再生体系。

林木细胞工程技术应用的集成创新，拓展林木优良种质的利用范围。突破了外植体来源限制，解决了成年优树复壮和植株再生难题，分别研发了多个树种成年树营养器官的体胚发生和器官发生技术、实现了高效再生；突破了基因型和不同树种的限制，成功建立了林木细胞工程技术通用平台，提高了林木良种繁育水平。

创新性地提出以常规育种为基础，以分子生物学、转录组学、蛋白质组学为重要手段的林木细胞工程育种理论。以杂交育种等常规育种为基础，创新性地提出将细胞工程技术发展成为组学研究、遗传转化、种质创新等现代遗传育种创新技术平台。

建立细胞工程规模化生产技术体系并实现产业化应用。建立了成熟的细胞工程种苗繁育和规模化应用体系，制定了体胚生产、苗木质量检测标准。建立杂交鹅掌楸生产线3条，合计产能2 110万株；杉木细胞工程苗木生产线4条，合计产能2 610万株。这是国内外细胞工程技术繁育林木良种的最大规模成功应用典型案例。

本项目核心技术与国内外同类技术比较，体胚诱导起始外植体来源广泛，在诱导效率、植株再生效率及生产规模上具有明显优势。其中，杂交鹅掌楸体胚诱导率为60%、体胚发育同步化率达95%、再生周期缩短为2个月，体胚萌发率95%；杉木体胚诱导率为30%、发育同步化效率达90%、植株再生周期缩短为3个月，体胚萌发率90%。杂交鹅掌楸1L液体培养细胞，可诱导成40万株优质苗木；杉木体胚诱导过程中，1个培养皿中胚性细胞可诱导成200个左右体细胞胚。针阔叶树体的胚发生都实现了高效体胚发生。

项目部分成果获得2015年度江苏省科学技术奖一等奖1项、2011年度梁希林业科学技术奖二等奖 1 项、2010 年度福建省科学技术进步奖二等奖 1 项，获授权国家发明专利 14 件，林木新品种权 6 项，制定国家和行业标准各 1 项、企业标准 2 项，发表论文 182 篇，其中，SCI 收录 17 篇，培养研究生 94 名，通过验收项目 8 项，认定成果 4 项。培养科技部中青年科技创新领军人才 1 人，教育部新世纪人才 1 人，省级首席科学家和省级杰青各 1 人，全国先进工作者 1 人，中国林业青年科技奖 2 人，形成了高水平的研发团队。

成果于 2005 年起在福建、江西、广东、湖北等南方林区推广应用，建立杂交鹅掌楸和杉木细胞工程种苗生产线 7 条，累计生产和销售细胞工程苗 1.27 亿株；推广杂交鹅掌楸、杉木良种细胞工程苗造林 56.55 万亩。3 年累计新增销售额 12.86 亿元、新增利润 5.80 亿元，取得了重大的经济效益和显著的社会、生态效益。

我国重大猪病防控技术创新与集成应用

完成单位：华中农业大学，武汉中博生物股份有限公司，武汉科前生物股份有限公司

完成人：金梅林，陈焕春，何启盖，吴　斌，漆世华，方六荣，张安定，周红波，蔡旭旺，徐高原

获奖类别：国家科学技术进步奖二等奖

成果简介：农业是国民经济的基础，养猪产业是农业第一大支柱产业。然而猪病频繁发生，混合感染严重，发病率和死亡率居高不下，严重制约着产业发展，猪病是危害养猪业的第一"杀手"，同时对公共安全造成巨大威胁。该项目针对猪病防控中存在基础研究薄弱、防控技术与产品缺乏等重大科技问题，重点开展猪流感、猪圆环病毒病、猪细小病毒病、猪链球菌病、副猪嗜血杆菌病、猪萎缩性鼻炎和猪痢疾的新型疫苗和诊断试剂等防控技术攻关，构建综合防控技术体系，实现创新技术和成果的集成应用。通过多年的科技攻关取得如下创新性成果。

（1）揭示了猪病流行特点及危害因素，明确了我国猪病多病原混合感染严重、细菌病多发、病毒变异致毒力增强等流行特征。累计检测病料 20

余万份，血清样品 40 余万份，分离菌/毒株 4 余万株，通过系统鉴定，明确了根本病因。完成了 600 余株相关菌/毒株的基因组测序，获得大量病原遗传信息，建立了菌/毒种库、基因库和血清库。

（2）创新了疫苗研发新思路，建立了疫苗分子设计平台，解决了疫苗关键技术难题 33 项，研制了多联多价疫苗和基因工程疫苗 22 种，7 种新型疫苗实现了产业化和推广应用，成为市场主导产品。其中猪流感、副猪嗜血杆菌病、猪链球菌-副猪嗜血杆菌亚单位疫苗和猪圆环病毒基因工程疫苗为国内首创。

（3）发掘了新型分子诊断标识，解决了抗原提取纯化、分子耦联标记等工艺难题，研发出 23 种诊断试剂盒，其中 2 种诊断制剂获商业化准入，为提升疫病控制和净化水平提供有效工具。

（4）揭示了猪流感病毒、猪链球菌等病原感染与免疫相关科学问题。发掘了 224 个毒力和抗病相关基因、诊断和免疫分子标识，阐明了 $TREM-1$、$IFIT3$、$miR-136$、$HP0459$ 等基因抗病、免疫逃避和调控毒力的新机制，为新型疫苗、诊断制剂研发提供了理论与材料支撑。

该项目建立了集病原学与流行病学、疾病诊断、新型疫苗与诊断制剂的研发、技术服务为一体的集成创新和综合防控技术体系。与全国 500 余家规模化养猪企业、上万家中小型养猪场建立了技术服务网点。培训人才 40 余万人，建立科技服务工作站 20 余个。依托该项目建设了技术创新平台 20 个。项目获省部级科技奖励 9 项，其中获湖北省科技进步奖一等奖 3 项；获国家授权专利 41 项，其中发明专利 39 项；获 6 项新兽药注册证书；获临床试验批件 7 项（其中 2013 年后获新兽药注册证书 3 项）；获国家重点新产品 2 项；获转基因安全证书 4 项；发表相关论文 387 篇，其中 SCI 收录 128 篇，主要完成人入选 Elsevier 高被引学者；主编专著 5 部；转化成果 25 项（次），推进了行业科技进步。

创新成果在全国推广应用，疫苗实际推广 1.83 亿头份，直接销售额达 7.3 亿元左右。新增经济效益 431.75 亿元。检测技术及诊断制剂应用于临床，检测监测辐射范围广。研究成果为促进养猪业健康发展，保障食品安全和人类健康做出了重大贡献，经济效益和社会效益十分显著。

针对新传入我国口蹄疫流行毒株的高效疫苗的研制及应用

完成单位：中国农业科学院兰州兽医研究所，金宇保灵生物药品有限公司，申联生物医药（上海）股份有限公司

完成人：才学鹏，郑海学，刘国英，陈智英，刘湘涛，王超英，齐鹏，魏学峰，张　震，郭建宏

获奖类别：国家科学技术进步奖二等奖

成果简介：口蹄疫是危害猪、牛、羊等家畜最为严重的世界性烈性传染病，病原高度变异，新毒株不断出现，疫情传播迅猛，经济损失和社会影响巨大。世界动物卫生组织（OIE）将其列为法定报告疫病，总结百年防控经验，制定并推行以免疫为核心措施的全球控制策略。2000 年以来，亚洲 I 型、O 型和 A 型 3 种血清型的 5 个新流行毒株先后传入中国，引起 24 省区暴发 118 次疫情，原有疫苗难以应对，致使每年近 18 亿头猪、牛、羊处于高危状态，急需高效疫苗。该项目组以国家防疫需求为导向，针对疫苗研制中种毒选育难度大、抗原制备生物安全风险高、传统工艺疫苗质量差的三大世界性技术难题，自 2002 年以来历经 13 年联合攻关，取得了如下成果。

（1）创建了制苗种毒分子选育技术平台，解决了传统制苗种毒选育耗时长、成功率低的难题，成功创制了 3 种高效灭活疫苗，及时遏制了口蹄疫大流行。

（2）发明了单质粒口蹄疫病毒拯救系统，实现了制苗种毒的定向设计构建，突破了流行毒株不能驯化为制苗种毒的技术难题，制备出产能高、抗原性好、稳定性强的 A 型制苗种毒，填补了世界动物卫生组织抗原库的空白。

（3）首创了工业化固相口蹄疫抗原多肽合成技术体系，建立了没有生物安全风险的全新抗原制备方法，创制了 2 种猪口蹄疫 O 型合成肽疫苗，成为疫苗制造领域里程碑式的重大突破。

（4）创新了具有自主知识产权的病毒规模化悬浮培养和抗原浓缩纯化生产工艺，解决了产能低、易污染、批间差异大、副反应严重等技术难

题，建立了中国全新的口蹄疫疫苗产业化技术体系，打破了国外技术壁垒和垄断，使中国口蹄疫疫苗质量达到国际领先水平。

（5）该成果创制的 6 种高效疫苗在 31 个省份推广应用，免疫猪、牛和羊 50.89 亿头，中国口蹄疫得到有效控制。亚洲 I 型口蹄疫自 2009 年 6 月以来，已连续 80 个月全国没有发生；O 型口蹄疫逐年减少，2010 年 18 起，2014 年 2 起，2015 年无报道疫情；A 型口蹄疫 2013 年 17 起，2014 年 5 起，2015 年 3 起。累计销售疫苗 75.38 亿 mL，总计收入 56.01 亿元，新增利润 22.87 亿元，实现利税 6.88 亿元；出口越南、朝鲜、蒙古等国，创汇 196.5 万美元。成果应用产生间接经济效益 1 145.94 亿元。该项目发表论文 218 篇，出版专著 4 部，获国家授权发明专利 10 项、授权的其他知识产权 18 项，制定疫苗制造检验规程、国家标准 7 项，获得国家新兽药注册证书一类 1 件、三类 2 件，应急生产批文 2 项，获得省级科技进步奖一等奖 2 项。

功能性饲料关键技术研究与开发

完成单位：东北农业大学，山东新希望六和集团有限公司，辽宁禾丰牧业股份有限公司，谷实农牧集团股份有限公司

完成人：单安山，徐世文，石宝明，吕明斌，王玉璘，梁代华，徐良梅，王德福，燕　磊，刘　燕

获奖类别：国家科学技术进步奖二等奖

成果简介：我国畜牧业的快速发展有效保障了畜产品供给，但也出现了一系列问题，特别是因抗生素饲用、霉菌毒素污染导致的饲料与畜产品安全、质量和饲料资源短缺等问题，严重制约了畜牧业可持续发展。开展功能性饲料关键技术研究与开发是破解这些难题的有效手段。15 年来，项目团队在国家和省市 16 项课题资金支持下，开展了系统的研究、开发与产业化推广工作，取得了如下成果。

（1）饲用抗生素替代技术研究与开发。研究了抗菌肽结构与功能的关系并阐明其作用机理，研发出高治疗指数的新型抗菌肽（GLI13-5 和 GW13）产品；研制出含有复合益生菌制剂的饲料新产品 11 种；研制出含

有药用植物及其有效成分的饲料新产品 15 种。这些饲料用抗生素替代技术及产品，有效消减了抗生素在畜产品中的残留和耐药菌株的产生对人类健康的威胁。

（2）饲料中霉菌毒素解毒脱毒技术研究与开发。研究了霉菌毒素对动物的毒性作用及分子机理，筛选出可有效降解黄曲霉毒素的黑曲霉菌株，优化了其发酵条件，对黄曲霉毒素 B1 的降解率提高了 1.75 倍；首创 2 种霉菌毒素吸附剂，对玉米赤霉烯酮的吸附率达 85% 以上，有效降低了霉菌毒素对猪、鸡的毒害及在畜产品中的残留对人类健康的危害。

（3）改善猪、鸡肉质技术研究与开发。研制出沙棘黄酮、槲皮素等新型绿色肉质改良剂，改善猪、鸡肉品感观、风味和营养品质；研发了解决 DDGS 型饲粮导致猪、鸡肉质下降、货架期缩短等问题的关键技术；开发出富含共轭亚油酸、ω-3 不饱和脂肪酸等保健因子的特色猪肉；研究证实了营养素和代谢调控剂可通过母体效应改善子代猪、鸡肉质，并阐明其信号传递方式与作用机理。

（4）饲料资源高效利用技术研究与开发。根据 DDGS、血粉、富非淀粉多糖原料的特性，研发与利用系列功能性饲料（L-精氨酸、铬、血球蛋白酶、木聚糖酶等），提高了饲料利用效率与猪、鸡生产性能；研究了 25 种硒蛋白在鸡体内的表达与生物学功能，确定了硒代谢动力学参数，研制出成本低、效果好的生物硒微胶囊制剂。

（5）牛用益生菌制剂研制与喷施益生菌的稻秆打捆青贮技术开发。研制出牛用益生菌制剂，发明了喷施益生菌制剂的新型圆捆打捆机，用于制作喷施益生菌制剂的稻秆打捆青贮饲料，开辟了饲料新资源。

项目创新点如下。

（1）研究了抗菌肽、益生菌、药用植物及其有效成分等饲用抗生素替代技术，开发并推广系列无抗生素饲料产品，有效消减了抗生素在畜产品中的残留和耐药菌株的产生对人类健康的威胁。

（2）研究了霉菌毒素对动物的毒性作用及分子机理，开发出系列解毒脱毒产品，有效降低了霉菌毒素对猪、鸡的毒害及在畜产品中残留对人类健康的危害。

（3）研究了猪、鸡肉质性状形成机理与调控技术，证实了营养素和代谢调控剂可通过母体效应改善猪、鸡子代肉质，研制出改善猪、鸡肉质的系列饲料新产品。

（4）根据 DDGS、血粉、富非淀粉多糖和矿物元素硒原料的特性，研发与利用系列功能性饲料（L-精氨酸、铬、血球蛋白酶、木聚糖酶、生物硒微胶囊制剂等），提高了饲料利用效率与猪、鸡生产性能。

（5）研制出牛用益生菌制剂；发明了可喷施益生菌制剂的新型圆捆打捆机，用于制作喷施益生菌制剂的稻秆打捆青贮饲料，开辟了饲料新资源。

中国荷斯坦牛基因组选择分子
育种技术体系的建立与应用

完成单位：中国农业大学，北京奶牛中心，北京首农畜牧发展有限公司，上海奶牛育种中心有限公司，全国畜牧总站

完成人：张　勤，张　沅，孙东晓，张胜利，丁向东，刘　林，李锡智，刘剑锋，刘海良，姜　力

获奖类别：国家科学技术进步奖二等奖

成果简介：通过育种实现群体遗传改良是提高奶业生产水平和效率的关键。我国奶业生产水平与发达国家有较大差距，根本原因是我国奶牛群体的遗传水平低，依靠传统的育种技术难以改变这种状况。以基因组选择为核心的分子育种技术与传统育种技术相比，该技术可大幅提高群体遗传改良速率和生产效益。项目组系统开展了奶牛基因组选择分子育种技术研究，取得了一系列重要创新性研究成果，建立了完善的技术体系，并大规模产业化应用。主要技术创新点如下。

（1）创建了具有自主知识产权的中国荷斯坦牛基因组选择技术平台，提升了我国奶牛遗传评估的整体技术水平。构建了我国唯一的奶牛基因组选择参考群，该群体由 6 000 头母牛和 400 头验证公牛组成，对每头牛测定了高密度 SNP 标记基因型和产奶、健康、体型、繁殖等 34 个性状的表型；研发了 TA-BLUP、BayesTCπ 等基因组育种值预测新方法以及利用低密度芯片进行基因组育种值预测的优化策略；开发了对海量基因组数据快速处理和基因组育种值计算平台。

（2）发掘了一批奶牛重要经济性状功能基因，为提高基因组选择准确性提供了重要基因信息。率先在我国奶牛群体中利用高密度 SNP 标记进行

了产奶、健康、体型和繁殖性状的大规模全基因组关联分析，并利用多种组学技术发掘了 71 个与这些性状显著关联的候选基因，首次在国际上报道了 *PTK2*、*EEF1D*、*UGDH*、*GPIHBP1*、*PDE9A*、*HAL*、*SAA2* 等影响产奶性状的重要功能基因，并证实了 DGAT1 和 GHR 基因对中国荷斯坦牛产奶性状具有显著遗传效应。

（3）研发了奶牛遗传缺陷和亲子关系的分子鉴定技术，建立了我国荷斯坦种公牛遗传缺陷及亲子关系监控体系。研发了 *CVM*、*BLAD*、*DUMPS*、*CTLN*、*BS* 等 5 种奶牛主要遗传缺陷的基因诊断技术和利用微卫星或 SNP 标记进行亲子关系的鉴定技术，完善了奶牛分子育种技术，填补了国内空白。

（4）创建了中国荷斯坦牛基因组选择分子育种技术体系，成为我国荷斯坦青年公牛遗传评估的唯一方法。根据我国奶牛育种的实际情况，首次提出中国荷斯坦牛综合遗传评估的基因组性能指数（GCPI），研发了以基因组选择为核心的综合性分子育种方案，并在全国实施。

应用推广及效益：基因组选择分子育种技术被农业部指定为我国荷斯坦青年公牛的遗传评估方法，自 2012 年起在全国所有种公牛站推广应用，取得了显著成效，表现在：①公牛选择准确性达到 0.67～0.80，较常规选择技术提高了 22%；②公牛世代间隔由常规育种的 6.25 年缩短到 1.75 年；③年遗传进展达到 0.49 遗传标准差，较常规选择技术提高一倍，每头母牛的年产奶量提高 225kg；④经济效益显著，自成果应用以来，已获经济效益 13.35 亿元，预计未来 5 年还将产生经济效益 96.12 亿元。

项目获 2015 年北京市科学技术奖一等奖，国家授权发明专利 15 项、软件著作权 14 项，发表学术论文 89 篇，其中 SCI 收录 67 篇，出版学术专著 2 部，制定国家标准 1 项。

节粮优质抗病黄羽肉鸡
新品种培育与应用

完成单位：中国农业科学院北京畜牧兽医研究所，安徽农业大学

完成人：文　杰，赵桂苹，耿照玉，陈继兰，郑麦青，李　东，姜润深，黄启忠，刘冉冉，胡祖义

获奖类别： 国家科学技术进步奖二等奖

成果简介： 我国年出栏肉鸡100亿只以上，居世界第一位。黄羽肉鸡出栏量占我国肉鸡总量的近50%，市场需求不断增长。针对黄羽肉鸡生产中存在的饲料报酬和生产效率低下、生长速度持续提高造成肉品质下降、养殖环境应激导致疾病发生率升高等问题，该项目开展了相关性状的关键基因和分子标记筛选、种质和育种技术创新以及新品种培育与应用，取得了以下突破性成果。

（1）挖掘出肉质抗病性状的关键基因和有效分子标记，应用效果显著并被国内外广泛借鉴。获得与肌内脂肪含量、淋巴细胞比率等性状相关的重要基因25个，国际上首次报道促卵泡激素受体（FSHR）基因是脂类代谢的新功能基因；确定 FABP、AMPD1、TLR4 等用于肌内脂肪、肌苷酸和淋巴细胞比率性状遗传选择的分子标记5个，并在实际品系选育中取得良好效果；FABP 基因作为肌内脂肪含量分子标记的研究结果被国内外文献引用达47次。

（2）创建了节粮优质抗病黄羽肉鸡品种选育技术体系，为解决产业中优质高产高效问题提供了关键技术支撑。建立了以 dw 基因应用为核心的节粮矮小型黄羽肉鸡制种技术，节省了父母代种鸡产蛋期耗料，改善了产蛋性能。该技术在30%的国审黄羽肉鸡新品种中得到应用，成为黄羽肉鸡主要配套制种模式之一。国内率先将肉质和抗病性状列入选育指标，采用同胞测定、家系选择和分子标记辅助相结合的方法，建立了以肌内脂肪和肌苷酸含量为主选性状的肉质选育技术，以及淋巴细胞比率为主选性状的抗病选育技术，实现了肉质和抗病等不易度量性状的遗传选择。

（3）创制专门化新品系11个，培育出各具特色的国家审定新品种4个，满足生产对节粮优质抗病新品种的需求。选育出节粮矮小型、高肌内脂肪、高肌苷酸和低淋巴细胞比率等肉鸡专门化新品系11个；培育出适合北方、长三角和西南等地区不同市场需求的黄羽肉鸡新品种4个。'金陵黄鸡'等3个新品种的配套亲本携带 dw 基因，父母代种鸡节约饲料12%~15%；'京星黄鸡100'经过肉质性状选育，肉质评分提高2.7分；'京星黄鸡102''五星黄鸡'经过抗病性状选育，商品鸡成活率提高2.8~2.9个百分点。新品种在推广地区的同类型产品中市场占有率达30%~36%，'京星黄鸡100'和'京星黄鸡102'被农业部作为肉鸡主导品种向全国推介。

（4）制定与育种、生产配套的国家和行业标准5项，推动了黄羽肉鸡的标准化生产。制定了《黄羽肉鸡产品质量分级》《鸡饲养标准》《黄羽肉鸡饲养管理技术规程》等标准5项，填补了黄羽肉鸡行业产品质量评定的空白；确定了种鸡和商品鸡的营养需要量和饲养管理技术参数，提高了饲料资源利用和生产效率。

项目执行期间取得授权国家发明专利4项；发表学术论文61篇，其中SCI收录30篇；获得中华农业科技奖一等奖、安徽省科学技术奖一等奖、全国农牧渔业丰收奖一等奖。新品种辐射到全国20多个省市自治区，推广父母代种鸡1 100万套、商品鸡15.5亿只，获经济效益34.15亿元，经济和社会效益显著。

《躲不开的食品添加剂——院士、教授告诉你食品添加剂背后的那些事》

完成单位：

完成人： 孙宝国，曹雁平，赵玉清，叶兴乾，汪东风，叶秀云，王静，戚向阳，傅　红，袁英髦

获奖类别： 国家科学技术进步奖二等奖

成果简介： 食品添加剂是为改善食品品质和色、香、味，以及为防腐、保鲜和加工工艺的需要而加入食品中的人工合成或者天然物质。人类使用食品添加剂的历史与人类文明史一样悠久，食品添加剂在食品制造和维护食品安全方面发挥着不可替代的作用，没有食品添加剂就没有现代食品工业。因为缺少食品添加剂科学知识，不仅少数不法分子以法规禁止使用的物质加工食品，企业违规使用食品添加剂的事件也时有发生，在百姓心目中食品添加剂也成了食品不安全的代名词。食品添加剂在我国被妖魔化，影响食品工业发展，由此导致社会性恐慌，也是造成社会不稳定的因素之一，普及食品添加剂科学知识成为当前社会生活中的一项重要工作。

根据"十二五"国家重点出版物出版规划项目要服务大局，要充分体现国家意志和政府导向，把握社会文化发展的新特点和人民群众的新期待的宗旨，中国工程院孙宝国院士组织相关领域的专家、学者，策划出版了《躲不开的食品添加剂——院士、教授告诉你食品添加剂背后的那些事》

（列入新闻出版总署"十二五"国家重点出版规划项目）。该书的内容是在全国开展有关食品添加剂调查问卷的基础上，汇集政府机关管理者及媒体关注的问题，筛选出最受公众关注的 118 个问题。该书涉及食品添加剂基本概念，国内外食品添加剂标准和监管，在农副产品加工和食品制造中怎样使用食品添加剂，食品添加剂的风险评估和使用中的安全性，以及近几年出现的涉及食品添加剂的食品安全事件等，按照问题所属性质归纳为概念篇、管理篇、应用篇和安全篇 4 类，依据《食品安全法》《食品安全国家标准食品添加剂使用标准》等法律、法规，采用你问我答的叙述形式，逐一解惑百姓疑问；在注重科学性，倡导科学思想和科学精神的同时，也兼顾可读性和通俗性，使用百姓语言，内容深入浅出，通俗易懂；图文并茂，文理通顺，言简意赅。为了强调、明晰对食品添加剂和食品安全问题的解答，书中将作者最重要也是最直接的回答以带有颜色的字体标注列出，这样的编排，可使读者对所疑惑的问题一目了然；同时还在书后编写了关键词索引，进一步方便读者快速查找关心的内容，这在以往的科普图书中都是没有的出版形式。该书科学、系统、权威的特点突出，不仅是科技人员、管理人员、政府决策者、媒体人、教师及学生学习并了解食品添加剂的好教材，也是初中以上学历普通民众全面、正确认知食品添加剂的科普读物。该书主题鲜明、定位准确、编排新颖，出版后受到广大读者的普遍欢迎，在社会上引起强烈反响；入选中国科学技术协会 2013 年度推荐的 100 种"公众喜爱的科普作品"，在随后新浪网读者评选 2013 年度 20 种"公众爱读的科普图书"中位列第三位；荣获中国石油与化学工业联合会 2013 年度科技进步奖一等奖；被中国食品科学技术学会评为 2013 年度优秀科普作品。该书的出版，力求填补科学真相与消费者认知之间的"信息真空"，在普及、宣传食品添加剂知识、满足社会需求、促进社会稳定等方面发挥着积极的作用。

该书两年重印 10 次，发行 4.53 万册，发挥了正本清源的作用，取得了良好的社会效益。

机械化秸秆还田技术与装备

完成单位：河南豪丰机械制造有限公司

完成人：刘少林

获奖类别：国家科学技术进步奖二等奖

成果简介：中国农村分田到户后，农民生产、生活方式发生了较大改变，原来受到重视的作物秸秆被当成废弃物烧掉，既污染环境、浪费资源、破坏土壤，又造成火灾隐患。项目负责人根据自身经验，认为如果能用机械将秸秆粉碎后返还农田，不但省工省时，不需要焚烧，而且可以培肥土壤增加产量。由此，通过 20 多年的样机试制、核心部件创新、批量生产、产品优化升级，研究成功机械化秸秆还田技术与装备。取得以下创新性成果。

（1）利用"材料表面改性处理技术"，研究"刀具整体调质处理+刃口合金涂层"加工技术，创新"表硬心韧"高耐磨抗冲击合金刀（1998—2003 年）。在成本仅提高 30% 左右的情况下，将秸秆粉碎机/旋耕机的刀具使用寿命提高 5 倍左右；单台机具不换刀连续作业，面积由 200 亩左右增加到 1 000 亩左右。

（2）明确箱体断裂机理，创制"非固定过渡轴变速箱体"（2005—2010 年）。研究表明，固定的过渡轴加快轴承磨损、杂质不易排除、齿轮摆动、掉齿等现象，极易造成变速箱箱体受力剧增或瞬间过载，是箱体断裂的主要原因；通过优化结构设计，研究以"非固定"过渡轴代替原有变速箱的"固定"过渡轴，解决了上述有关问题，变速箱箱体断裂率由 7.3% 左右降低到 0.1% 左右。

（3）明确旋耕机漏耕壅土振动大等机理，创新双螺旋对称刀轴，研制成功旋耕机无漏耕防缠绕侧传动系统（2005—2010 年）。研究表明，变速箱的安装位置是造成机具侧面缠草堵泥、漏耕、壅土、振动的主要原因。以双螺旋对称排列刀轴代替原有线性对称排列，解决了刀轴振动大、耕后地表不平整的问题；以侧传动方式代替原有的中间传动方式，解决了旋耕机中间部位漏耕和缠绕的问题。整机使用寿命由 4 800h 左右提高到 6 240h 左右。

（4）研制刀轴智能自动对焊机床，显著提高焊接效率和合格率（2010—2014 年）。利用信息、智能控制等技术，研究自动对焊过程的刀座自动供给和自动定位对焊等技术，研制成功自动对焊机床，工作效率提高80%以上，焊接质量总合格率提高 10 个百分点以上（达 99.5%左右），降低了工人劳动强度和电焊职业危害，为农机具行业提供了一种全新的焊接方法。

（5）集成创新秸秆粉碎机、旋耕机以及联合作业机共计三类 8 个系列88 种机具。项目产品均列入国家和多省市购机补贴目录。秸秆粉碎还田机被评为"河南省优质产品"，旋耕机被评为"河南省名牌产品""国家免检产品"。创建河南豪丰机械制造有限公司，年产 10 多万台秸秆粉碎机/旋耕机，应用于 30 多个省份和亚洲、非洲部分国家。3 年实现产值 11.9亿元，利润 2.1 亿元。

获国家专利 12 项，编制行业标准 1 项。建成中国农机行业第一个院士工作站，河南省第一个农业装备博士后工作站。中国农学会组织专家对成果进行评价，认为总体达到同类研究国际先进水平，其中旋耕机单向双螺旋排列技术达到国际领先水平。项目负责人在秸秆还田等方面曾获得国家和省部级科技奖励 3 项。

果蔬益生菌发酵关键技术与产业化应用

完成单位：南昌大学，江西江中制药（集团）有限责任公司，蜡笔小新（福建）食品工业有限公司，江西阳光乳业集团有限公司

完成人：谢明勇，熊　涛，聂少平，关倩倩，钟虹光，殷军艺，帅高平，蔡永峰，黄　涛，宋苏华

获奖类别：国家科学技术进步奖二等奖

成果简介：中国是世界最大的果蔬生产国，但加工率却不及发达国家的 1/5，每年新鲜果蔬腐败损耗达 30%以上，损失超千亿元，已严重影响果蔬业发展。传统果蔬加工以干制、盐制等为主，存在营养成分损失大、食品安全风险高、能耗高污染大等诸多问题，亟须寻求先进的果蔬精深加

工技术加以解决。

益生菌发酵作为一种先进的食品制造技术，该项目首次将其引入果蔬加工领域，突破了果蔬发酵益生菌种高通量筛选和高活性工程菌剂规模化制备等系列技术瓶颈，率先掌握适合工业化生产的果蔬发酵菌种及其菌剂制备等核心技术，创制了具有"安全、营养、美味、方便"等鲜明特征的益生菌发酵果蔬全新系列产品，催生了一个全新的果蔬益生菌发酵绿色制造产业。主要科技创新点如下。

（1）发现了果蔬发酵过程中菌系结构及其消长规律，阐明了发酵过程多菌种协同发酵代谢调控机制，为优良菌种的高通量筛选、复合菌剂制备和果蔬发酵生产工艺奠定了理论基础。结果表明异型乳酸发酵菌启动并主导果蔬前期发酵（0~4 天），为同型乳酸发酵菌创造有利的生长代谢环境，发酵第 5 天异型乳酸发酵菌迅速消失，随后同型乳酸发酵菌主导和完成果蔬中后期发酵过程（5~7 天），形成发酵果蔬的良好风味和产品特性。

（2）创建了果蔬发酵优良益生菌种高通量筛选和高活性工程菌剂规模化制备技术体系，筛选出具有自主知识产权的果蔬发酵益生菌种并制备成高活性工业复合菌剂。筛选到的 300 多株果蔬发酵专用益生菌具有发酵速度快、胃酸和胆盐耐受性强、肠道黏附性好、调节肠道微生态平衡、缓解便秘、调节免疫等功能与益生特性。采用指数流加、模糊逻辑控制及提升式菌体悬浮培养等菌种高密度培养技术，使规模化生产的发酵液活菌浓度提高到 8×10^{10} CFU/mL，达国内外同类菌体培养水平的 3 倍以上。

（3）创制了真空干燥和真空冷冻干燥两步法制备果蔬发酵益生菌剂规模化制备技术，菌剂活菌数达 2.8×10^{12} CFU/g，是国内外同类产品活菌数的 5 倍以上；菌剂的冻干时间较传统工艺缩短 50%，实现了节能减排的绿色制造，填补了果蔬发酵专用菌剂生产空白。发明了益生菌发酵果蔬生产新工艺，实现了发酵果蔬的工业化绿色制造。创制了直投式益生菌发酵果蔬原浆、发酵果蔬饮料、发酵泡菜等新型果蔬发酵绿色制造技术，生产出益生菌发酵果蔬全新产品系列。经益生菌发酵可有效去除蔬菜中的土腥味，产生了对人体肠道健康有益的短链脂肪酸等活性物质，其含量是未发酵果蔬产品的 2 倍以上。产品通过了犹太和清真食品国际认证，深受国内外消费者欢迎，开创了果蔬精深加工产业的全新领域。

该项目获国家发明专利授权 5 件，制定产品企业标准 10 项，发表论文 39 篇，中国农学会科技成果评价"成果整体技术处于国际领先水平"，获 2015 年中国产学研合作创新成果奖一等奖。3 年直接经济效益 21.38 亿元，实现了果蔬益生菌发酵关键技术产业化的重大突破，引领了国际发酵果蔬产业潮流，有力提升了中国果蔬食品在国际上的竞争力。

金枪鱼质量保真与精深加工关键技术及产业化

完成单位：浙江海洋学院，浙江省海洋开发研究院，浙江大洋世家股份有限公司，浙江兴业集团有限公司，海力生集团有限公司

完成人：郑　斌，罗红宇，邓尚贵，郑道昌，杨会成，劳敏军，王加斌，陈小娥，王　斌，周宇芳

获奖类别：国家科学技术进步奖二等奖

成果简介：金枪鱼具有高度大洋洄游特性，在太平洋、印度洋、大西洋等均有分布，主要品种包括黄鳍金枪鱼、大目金枪鱼、鲣鱼等，主要作业方式有延绳钓渔业与围网渔业。据国际粮农组织（FAO）渔业统计年鉴数据，近5年大洋金枪鱼世界年产量均在650万t以上，占大洋渔业总产量30%，年贸易额300多亿美元，占全球水产品贸易额10%，被称为远洋渔业的黄金产业，潜力巨大。

党的十七届三中全会提出"扶持和壮大远洋渔业"，《农业部关于促进远洋渔业持续健康发展的意见》明确指出，发展远洋渔业在维护国家海洋权益、增强中国在相关国际领域的地位和影响力等方面具有重要的战略意义，要求大力发展金枪鱼渔业、精深加工和综合利用，完善产业链条。由于环境污染和过度捕捞，中国的传统近岸渔业资源衰退严重，加工原料严重短缺，开发利用大洋金枪鱼资源成为中国水产加工业转型升级的重要出路。项目针对大洋金枪鱼色泽劣化、组胺超标、蒸煮加工粗放、副产物低值利用等瓶颈问题，研究突破关键技术，主要成果如下。

（1）突破了延绳钓金枪鱼全程品质保真技术。阐明了金枪鱼护色平衡机理与品质变化规律，构建了基于电子鼻技术的金枪鱼品质快速评价方法，首创了新型冷媒二元冰冰温链保鲜技术，发明了延绳钓金枪鱼船载和岸基快速处理加工设备，建立了适合延绳钓金枪鱼及其产品的低温保藏和冻藏工艺，确立了国内高端金枪鱼生鲜产品的国际市场地位。突破了围网

金枪鱼质量控制与精确加工技术。

（2）阐明了金枪鱼组胺生成机理与变化规律，开发了金枪鱼组胺与微生物控制技术，首次建立了金枪鱼中甲基汞检测方法；利用 3D 有限元分析方法建立了金枪鱼蒸煮冷却数学模拟精确加工工艺，实现了智能化控制与清洁化生产，并开发了系列金枪鱼精加工产品，推动了中国金枪鱼加工产业向集约化、精确化方向发展。实现了金枪鱼副产物的高值化利用。

（3）阐明了金枪鱼多肽酶解动力学特性与不同脂肪酶选择性酯化规律，建立了活性肽高效制备与风味改善技术，集成优化了乙酯型浓缩鱼油可控化生产工艺，突破了高含量 EPA/DHA 甘油酯型鱼油连续化酶促合成技术，建立了鱼油品质安全控制技术，研制了系列高附加值的金枪鱼营养活性肽及功能性鱼油产品，整体解决了金枪鱼加工副产物低值利用的问题，实现了大洋金枪鱼"零浪费、全利用"的绿色环保加工理念。

该项目已授权发明专利 24 项、实用新型专利 23 项、外观设计专利 1 项，发表论文 77 篇，参编著作 4 部，起草行业标准 1 部，制定企业标准与规范 26 项；获省部级科技进步奖特等奖 1 项、二等奖 1 项。自 2007 年以来，随着该项目技术的研发应用，中国大洋金枪鱼加工产业得以迅速发展，金枪鱼精深加工产业集群逐步形成，推广应用企业 10 余家，并在巴布亚新几内亚建立了海外加工基地。3 年直接经济效益累计生产产品 17.7 万 t，新增销售额 47.3 亿元，新增利润 2.8 亿元，新增税收 1.0 亿元，出口创汇 6.4 亿美元。

造纸与发酵典型废水资源化和超低排放关键技术及应用

完成单位：广西大学，江南大学，广西博世科环保科技股份有限公司，广东理文造纸有限公司，青岛啤酒股份有限公司，广西农垦明阳生化集团股份有限公司

完成人：王双飞，阮文权，宋海农，覃程荣，李文斌，樊　伟，缪恒锋，黄福川，陈国宁，潘瑞坚

获奖类别：国家科学技术进步奖二等奖

成果简介：围绕造纸发酵废水排放量大、难处理、成本高等问题，该项目开发了高效厌氧菌富集培养及污泥颗粒化加速技术、异相催化氧化技术、高效沼气净化技术，形成废水资源化及超低排放处理技术体系，打破了国外在该领域近30年的垄断。

该项目成果对于上流式多级厌氧处理废水技术（UMAR）进行了创新，高效厌氧菌群富集培养关键技术和厌氧污泥颗粒化加速技术是其中的两项关键技术，通过这两项技术的创新解决了常规厌氧处理过程甲烷转化率低、污泥颗粒化时间长、废水处理中生物质能（沼气）回收率低等问题。

（1）高效厌氧菌群富集培养技术通过对厌氧菌群落多样性及结构分析、优势菌克隆测序等研究，开发了高效厌氧菌群富集培养技术，使产甲烷菌（鬃毛甲烷菌和甲烷八叠球菌）数量明显增加，提高了甲烷转化率。厌氧污泥颗粒化加速技术通过研究分析污泥颗粒化因素关联度、胞外多聚物作用机制、促颗粒化功能因子等，开发了微生物自固定化、颗粒化加速技术，提高了反应体系微生物浓度、底物转化率和反应效率，显著缩短了污泥颗粒化时间，提高了颗粒污泥产率。

（2）化学强化活性炭吸附沼气净化技术包括氨碱浸渍强化活性炭吸附脱硫技术和复合煤型泡沫活性炭变压吸附脱碳技术两项关键技术，解决了厌氧沼气脱硫脱碳效果差、成本高的问题。通过研究氨碱浸渍对活性炭吸附的影响规律及脱硫机理，形成氨碱浸渍强化活性炭吸附脱硫技术，增加了活性炭的吸附容量，提高了系统的脱硫效率及稳定性，降低了脱硫成本。复合煤型泡沫活性炭变压吸附脱碳（CO_2）技术通过建立 CH_4/CO_2 变压吸附分离模型，优化了以低值资源为原料的复合煤型泡沫活性炭配方，开发了复合煤型泡沫活性炭变压吸附脱碳技术，有效缩短了吸附/脱附时间，提高了脱碳效率，降低了脱碳成本。

（3）上流式多级厌氧处理废水技术（UMAR）的核心设备创新。通过建立精处理区和污泥床区的降解动力学模型以及厌氧反应器流体动力学模型，开发了上流式多级厌氧反应器，有效提高了气液固分离效果、沼气收集率及反应器的抗污染负荷冲击能力。项目课题组利用上述技术，优化反应器流体动力学模型，采用高效布水技术，研发了具有独立知识产权的上流式多级厌氧反应器 UMAR，打破国外垄断。新研发的上流式多级厌氧反应器具有如下优点：产甲烷效率增加 1.5 倍，达到 $0.28 \sim 0.33 m^3/$（kg·COD）；启动时间快：$30 \sim 60$ 天；抗冲击负荷；出水稳定；成本降低 40%；

投资成本降低 40%~60%；污泥流失减少 20% 以上等。

上流式多级厌国家氧反应器 UMAR 因其显著的优势，被国家相关部门列为推荐产品，如列入发改委和环保部《当前国家鼓励发展的环保产业设备目录（2010 版）》和获国家科学技术部"2010 年度国家重点新产品"。另外，上流式多级厌氧反应器 UMAR 也在行业内得到广泛的应用和推广，打破了国外技术垄断，并成功出口海外，得到了众多客户的好评，目前已经在俄罗斯北极星纸浆工业联合体、白俄罗斯劳动英雄造纸厂、玖龙纸业（控股）有限公司、山东晨鸣纸业集团股份有限公司等 100 多家国内外造纸企业应用，取得了重大的经济、环境和社会效益。

中国葡萄酒产业链关键技术创新与应用

完成单位：西北农林科技大学，中国农业大学，烟台张裕葡萄酿酒股份有限公司，中粮华夏长城葡萄酒有限公司，威龙葡萄酒股份有限公司

完成人：李　华，段长青，李记明，陈小波，焦复润，王　华，张振文，潘秋红，房玉林，刘树文

获奖类别：国家科学技术进步奖二等奖

成果简介：葡萄酒产业是以酿酒葡萄栽培为基础、一二三产紧密结合的复合型产业，于有效解决"三农"问题、调整产业结构、促进区域经济发展、提高国民生活水平有重要意义。直至 20 世纪 80 年代，国内外普遍认为只有地中海式气候才适宜栽培酿酒葡萄，我国以大陆性季风气候为主，没有酿酒葡萄适生区，因此当时没有符合国际标准的葡萄酒。1986 年以来，项目围绕我国有无酿酒葡萄适生区及品种区域化、栽培技术创新、优质葡萄酒酿造等问题进行了系统研究，改变了中国不生产优质酿酒葡萄和优质葡萄酒的传统观点，构建了从土地到餐桌的葡萄酒产业链关键技术体系，取得了以下创新成果。

（1）发现并确立了我国酿酒葡萄适生区，证明了其巨大的产业发展潜力。对我国有无酿酒葡萄适生区，研究了国内外葡萄气候区划的各类指标，创立了包括我国气候特点在内的以无霜期和干燥度为核心的酿酒葡萄气候区划指标体系。完成了我国 4 区 12 亚区酿酒葡萄气候区划，区划适生

区潜在发展面积 12 亿亩，以非耕地为主；完成了品种、酒种区域化。成果引导产业向新疆、宁夏、甘肃、陕西和西南高山区等优质产区发展，使我国葡萄酒产业布局合理、协调发展。

（2）创造了我国埋土防寒区酿酒葡萄最佳栽培模式。针对我国酿酒葡萄适生区 90% 以上区域冬季需埋土防寒的特殊问题，深入研究了这些区域气候条件下葡萄生长发育规律和修剪反应，提出了最小化修剪的库源关系调控理论，创造了"爬地龙"栽培新模式，是我国葡萄栽培制度上的重大革新，为生产的机械化和标准化提供了科学依据。在埋土防寒区推广 27 万亩，占我国酿酒葡萄总面积的 23%。

（3）创立了基于我国原料特性的葡萄酒酿造工艺体系。从我国酿酒葡萄成熟时含糖量年际差异大、含酸量偏高的实际出发，构建了基于原料特性、以原料成熟度为基础、浸渍技术为核心的各类葡萄酒发酵复合工艺体系；发现我国原生的、用于葡萄酒生物降酸的优良苹果酸乳酸菌是酒酒球菌，建立了含 200 株菌株的酒酒球菌资源库，筛选出优良菌株 SD-2a，开发推广了其活性干粉产品，解决了葡萄酒原料酸度过高的难题；揭示了我国葡萄酒的成熟机理，构建了以氧化还原控制为核心的陈酿工艺体系。

（4）构建了我国葡萄酒安全控制技术体系和葡萄酒地理标志及其保护体系。构建了对农残、生物胺等的安全控制技术体系，保障了我国葡萄酒的安全；提出并构建了以生产区域、葡萄品种与品质、酿造工艺、品尝检验等为主要内容的我国葡萄酒地理标志及其保护体系，保证了不同产区葡萄酒的多样性；创建了国产葡萄酒特征香气和酚类物质的指纹图谱库，可准确甄别葡萄酒的原产地。

项目获省部级科学技术奖一等奖 3 项，授权国家发明专利 22 件，出版著作 24 部，制定修订葡萄酒国家、部委标准 6 个，发表论文 1 037 篇，其中 SCI 收录 117 篇，主办国际学术会议 17 次；培养各层次专业技术人才上万名，占目前全行业专业技术人员的 80%，解决了产业发展的关键问题，使我国现代葡萄酒产业从无到有、蓬勃发展。

苎麻生态高效纺织加工关键技术及产业化

完成单位：湖南华升集团公司，东华大学，湖南农业大学

完成人：程隆棣，荣金莲，肖群锋，李毓陵，耿　灏，陈继无，揭雨成，严桂香，匡　颖，崔运花

获奖类别：国家科学技术进步奖二等奖

成果简介：苎麻纤维具有吸湿透气、防霉抑菌、抗紫外线等功能，具有爽感性强等特性。苎麻植物能有效利用土地，具有固土保水的环境保护能力和降低土壤重金属含量的生态修复能力；其每年可采收 3~4 季，属高产植物，对纺织的纤维材料贡献巨大。我国占有世界苎麻产量的 90% 以上，必须加强对苎麻纤维的生态、高效加工及高端化应用的基础研究与产业化，以最优化利用天然纤维素资源，满足人们健康穿着的生活需求。

苎麻纺织存在着脱胶流程长、污染重、水耗大、环境负荷重，纺纱效率低、纺纱支数粗、纱线毛羽重，织造效率低、布面质量差，染色牢度低、刺痒感强、易折皱等问题，苎麻原麻也存在着纤维支数粗、胶质和木质素含量高等关键技术瓶颈，这些都严重阻碍了苎麻纺织的生态高效加工的有效实施。

项目就苎麻新品种培育，苎麻纤维脱胶、纺纱、织造、染整等开展系列技术创新，突破加工的关键技术瓶颈，实现苎麻纺织品在服装、家纺、产业用等领域的高端应用。主要创新点如下。

（1）生态高效生物化学一步脱胶技术。项目采用有别于黄麻、大麻等工艺纤维半脱胶的全脱胶工艺，针对脱胶工艺流程长、污染重、水耗大等，研发了"生化一步煮练脱胶、高效直排水洗、高效牵切制条"等组合关键技术。

（2）苎麻纤维光洁化纺纱技术。项目针对苎麻纤维纺纱效率低、纱线支数粗、纱线毛羽重等问题，创新研发了苎麻长纺气流槽聚型集聚纺技术和苎麻短纺自捻型喷气涡流纺技术，实现了长纺高支光洁纱和短纤混纺光洁纱的高效生产。

（3）苎麻高效织造技术。项目针对苎麻纱线上浆效果弱、织造效率低、布面质量差等问题，创新研发了超声波调浆和上浆技术及可控型织造

2016 年度

技术，实现高品质苎麻织物的高效织造。

（4）苎麻织物染整技术。由于苎麻纤维分子的高结晶度，现有染色技术难以获得良好的染色效果；纤维的刚性，又造成苎麻纺织品严重刺痒感和易折皱性。项目创新研发了苎麻染色技术与舒适整理技术，实现了苎麻面料的高端制造。

（5）高支低胶苎麻新品种培育技术。项目针对现有苎麻纤维粗，胶质、木质素含量高等应用难题，以及苎麻植物基因高度含杂、高丰度离散性大、遗传稳定性强等技术难点，创新研发苎麻种质资源优选技术、优质性状基因信息提取技术、分子遗传学育种技术，培育出高品质苎麻植物。

项目实现了长麻 100Nm 纯纺，喷气涡流纺混合短纺，纯麻织物下机一等品率提高 45%，吨纤维脱胶蒸汽减少 53%、用水减少 48%，达到了苎麻纺织加工生态、高效、高质的目标。项目的各项技术已经在国内企业得到广泛应用，引领了苎麻产业的技术进步和产业发展，示范效应显著。

项目已经形成系列创新产品，促进苎麻产品的高端应用，并与国际高端品牌实现广泛对接。在过去的 3 年内，项目承担单位累计新增销售额 10.42 亿元、新增利润 1.18 亿元，经济效益显著。项目完善了苎麻精细化加工的生态产业链，实现了苎麻纤维及其制品的高端化，带动了苎麻种植业的发展，促进了水土治理，社会意义重大。

三江源草地生态恢复及可持续管理技术创新和应用

完成单位：中国科学院西北高原生物研究所，青海大学
完成人：赵新全，周青平，马玉寿，董全民，周华坤，徐世晓，施建军，赵　亮，王文颖，汪新川
获奖类别：国家科学技术进步奖二等奖
成果简介：该项目瞄准青藏高原三江源地区生态安全的国家战略需求，针对区域植被退化严重、生态治理技术薄弱和生态畜牧业发展滞后的现状，以生态系统可持续发展为前提，以植被恢复为主线，以生态-生产-生活系统集成为核心内容，科学认知了气候变化及人类活动对草地生态系

统的影响及其响应，系统研发和集成了退化草地生态恢复重建技术，创建了兼顾生态保护和生产发展的管理新范式。经过项目组 24 年的潜心研究取得的主要创新点如下。

（1）围绕气候变化及人类活动对草地生态系统影响的科学问题，提出了过度放牧是引起三江源高寒草地退化的主因，人类活动和气候变化对草地退化的贡献率分别为 68% 和 32%；建立了高寒草地退化阶段定量评价体系和退化草地分类分级标准 2 套；发展了退化草地恢复重建原理及实现途径。

（2）围绕区域退化草地生态恢复的重大需求，建立了青藏高原第 1 个草种质资源库与资源圃，保存种质资源 5 895 份；选育多年生牧草新品种 6 个，编制 6 项牧草种子生产加工技术规程，累计生产良种 4 350 万 kg；编制和发明了 21 项退化草地生态恢复技术规程及专利，集成退化草地三大类综合恢复治理模式。

（3）围绕区域草地可持续生产的战略需求，选育饲草新品种 5 个，累计生产良种 32 240 万 kg，编制和发明了 16 项生态畜牧业生产技术规程及专利；创建了青藏高原高寒地区"三区功能耦合理论"；研发并推广了"天然草地用半留半放牧利用模式""草地资源经营置换模式"和"家畜两段饲养模式"；构建了三江源草地畜牧业生产新范式。

主要知识产权：育成草品种 11 个，发明及实用新型专利 5 件，编制技术规程 40 项，发表论文 451 篇。完成咨询报告 1 份，建议 1 份。示范推广规模及效益：基于项目技术体系及模式的推广应用，累计生产牧草良种 36 590 万 kg，用于青藏高原及北方退化草地治理 267 万 hm²。黑土滩治理示范区 1.4 万 hm²，推广治理黑土滩 35 万 hm²，天然草地补播改良 112 万 hm²，退牧还草草带更新 733 万 hm²。建立饲草料生产示范基地 38 万 hm²，牛羊营养均衡养殖基地 2 个，健康养殖牛羊 75 万头（只）。牧草良种及牛羊营养均衡饲养累计销售收入达到 2.37 亿元。科技培训 2 000 人次。有效促进了三江源草地生态功能恢复、草地畜牧业生产方式转变、资源利用效率及经济效益提高。

设施蔬菜连作障碍防控关键技术及其应用

完成单位：浙江大学，山东农业大学，河南农业大学，东北农业大学，浙江省农业科学院，河南科技大学，上海威敌生化（南昌）有限公司

完成人：喻景权，周艳虹，王秀峰，孙治强，吴凤芝，张明方，师恺，王汉荣，陈双臣，魏珉

获奖类别：国家科学技术进步奖二等奖

成果简介：近年来，我国设施蔬菜生产发展迅速，2013 年栽培面积已近 6 千万亩，但各地专业化和集约化发展引起的设施蔬菜特别是瓜类、茄果类和豆类等果菜连作障碍问题非常突出，导致蔬菜产量和品质的下降、农药和化肥的大量投入以及环境和产品的污染，成为其产业发展的一个瓶颈问题。在国家攻关计划、国家 863 计划、国家科技支撑计划、国家自然科学基金和地方政府的支持下，本项目紧密围绕我国设施蔬菜连作障碍防控问题开展了其成因、防控关键技术及其技术体系的系统研究，主要技术突破和创新如下。

（1）系统阐明了我国设施蔬菜连作障碍发生途径与机制。①率先明确并提出了我国设施蔬菜连作障碍发生主要由土传病虫害、土壤次生盐渍化和自毒物质等所引起；②首次从番茄和黄瓜等蔬菜中分离鉴定出 21 个自毒物质，并系统阐明了自毒物质作用的生理与分子机理；③明确了不同种间对自毒物质存在的选择性吸收和代谢机制是生长障碍产生与否的重要原因；④探明了病原生物—盐分—自毒物质间互作导致连作障碍加剧的机制，提出了我国设施蔬菜连作障碍发生规律。

（2）创新了 5 项连作障碍防控关键技术，改变了长期以来缺乏连作障碍有效防治方法的局面。①发现地上部甾醇类物质 BR 可通过 Rboh1-ROS-MAPK 节链引起根部抗逆反应，研发的系统抗性诱导产品对土传病害防效达 87.3%，突破了生产过程中连作障碍防治的瓶颈；②研发出土壤温湿耦合快速消毒技术，解决了环境友好型土壤消毒技术效果差的难点；③率先确立了集抗病、自毒物质和耐低温功能的瓜类和番茄抗线虫非温敏型嫁接砧木选育技术，选育出 5 个多抗优异砧木种质；④发明了自毒物质

生物和物理消除技术，突破了自毒作用克服的难点；⑤创新了通过栽培制度进行连作障碍防治的土壤微生态化感调控技术，开发出 5 种基于相生相克原理的栽培模式。

（3）集成创新形成"产前和产中 3+3"的环境友好型防控技术体系并得到广泛应用，即产前：土壤温湿耦合快速消毒技术、土壤自毒物质消除和微生物多样性保持技术、基于轮作和伴生的化感调控技术；产中：多抗砧木嫁接技术、系统抗性诱导技术和按需精准施肥技术，实现从高度依赖化学农药和化肥的资源型向"预防为主、防控结合"的环境友好型技术战略转变。

在 *Trends in Plant Sci*、*Plant Physiol*、*New Phytol* 和中国农业科学等国内外刊物发表论著 325 篇（部），其中 SCI 论文 98 篇，发表的论文被国内外引用 8 809 次，其中 SCI 论文被引用 2 325 次，单篇最高引用次数 413 次；获得国家发明专利 25 个，申报国家发明专利 8 个；开发产品 5 个，获得国家登记产品 2 个；成果除在山东、河南和浙江等 7 个重灾区推广应用799.3 万亩和产生社会效益 122.9 亿元外，还辐射到华南、华中和西北等区域，为解决或遏制我国设施蔬菜连作障碍问题发挥了核心作用。相关专家评审认为，本成果总体达到了国际先进水平，部分研究达到了国际领先水平。

农药高效低风险技术体系创建与应用

完成单位：中国农业科学院植物保护研究所，农业部农药检定所

完成人：郑永权，张宏军，董丰收，高希武，黄啟良，陈　昶，刘学，蒋红云，束　放，杨代斌

获奖类别：国家科学技术进步奖二等奖

成果简介：该项目属于农业科学技术领域。农药是保障农产品安全不可或缺的生产资料，但因其特有的生态毒性，不科学合理使用会带来诸多负面影响。针对中国农药成分隐性风险高、药液流失严重、农药残留超标和生态环境污染等突出问题，自 1998 年起中国农业科学院植物保护研究所组织相关单位，开展协同攻关，系统分析总结国内外农药发展历程特

点，指出"高效、低毒、低残留"农药概念已不能满足现代社会发展需求，率先提出农药高效低风险理念，创建了以有效成分、剂型设计、施用技术及风险管理为核心的农药高效低风险技术体系，将风险控制贯穿农药研发、加工、应用及管理全过程，取得系列创新与突破。

（1）创建了农药有效成分的风险识别技术。率先建立了手性色谱和质谱联用分析方法，成功实现了腈菌唑等大宗使用的手性农药对映体分离，平均检测时间 10min/样品，效率提高 12 倍，灵敏度 0.01mg/kg，提高 50~100 倍；成功识别了 7 种以三唑类手性农药为主的对映体隐性风险；明确了 4 种对映体的差异性代谢规律及影响农产品安全的关键因子，为高效低风险手性农药的研发、应用及风险控制提供了技术指导。

（2）率先建立"表面张力和接触角"双因子药液对靶润湿识别技术。制定了"表面张力低于 30mN/m、接触角大于 90° 为难润湿作物；表面张力高于 40mN/m、接触角小于 90° 为易润湿作物"量化指标，提高对靶沉积率 30% 以上；开展了作物叶面电荷与药剂带电量的协同关系研究，研发了啶虫脒等 6 个定向对靶吸附油剂新产品，对靶沉积率提高到 90% 以上。通过水基化技术创新、有害溶剂替代、专用剂型设计、功能助剂优化，研发了 10 个高效低风险农药制剂并进行了产业化，在全国 28 个省、市、自治区进行了应用。

（3）研发了"科学选药、合理配药、精准喷药"高效低风险施药技术。攻克了诊断剂量和时间控制、货架寿命及田间适应性等技术难题，发明了瓜蚜等精准选药试剂盒 26 套，1~3 h 即可完成药剂选择，准确率达到 80% 以上；建立了可视化液滴形态标准，发明了药液沾着展布比对卡，实时指导田间适宜剂型与桶混助剂的使用，可减少农药用量 20%~30%；研究了不同施药条件下药液浓度、雾滴大小、覆盖密度等与防治效果的关系，发明了 12 套药剂喷雾雾滴密度指导卡，实现了用"雾滴个数"指导农民用药，减少药液喷施量 30%~70%。

（4）提出了以"风险监测、风险评估、风险控制"为核心的风险管理方案。系统开展了高风险农药对后茬作物药害、环境生物毒性、农产品残留超标等风险控制研究，三唑磷、毒死蜱等 8 种农药风险控制措施被行业主管部门采纳，为农药风险管理提供了科学支撑。

项目获国家授权专利 13 件、农药新产品登记证书 10 个，出版著作 4 部，发表科技论文 108 篇（SCI 收录 60 篇），培养博（硕）士研究生 45 名。成果推广应用面积 1.8 亿亩次，新增农业产值 149.9 亿元，新增效益

107.0 亿元，经济、社会、生态效益显著。

南方低产水稻土改良与地力提升关键技术

完成单位：中国农业科学院农业资源与农业区划研究所，湖北省农业科学院植保土肥研究所

完成人：周　卫，李双来，杨少海，吴良欢，梁国庆，徐芳森，秦鱼生，何　艳，张玉屏，李录久

获奖类别：国家科学技术进步奖二等奖

成果简介：南方水稻常年种植稻面积 3.76 亿亩，其中低产水稻土约占 1/3。南方低产水稻土主要有"瘦、板、烂、酸、冷"等特性，其分别对应黄泥田、白土、潜育化水稻土、反酸田/酸性田、冷泥田等的 5 种典型低产类型。本成果以上述五大典型低产水稻土为研究对象，以破解低产障碍为目标，以"阐明障碍因素—创新改良技术—研创改良产品—集成改良模式"为研究主线，通过 10 余年系统研究，全面构建了南方低产水稻土改良与地力提升技术体系，大幅提升了低产水稻土的肥力水平、产量与综合效益。本成果有以下创新。

（1）阐明了南方低产水稻土的质量特征与低产成因。研明了低产水稻土资源状况及养分特征，发展了低产水稻土质量评价新方法，首次建立了涵盖土壤生物肥力指标（微生物量、酶活性、微生物多样性等）质量评价指标体系；揭示了黄泥田有机质低、团聚体稳定性低，白土耕层浅薄、表土层黏粒含量低，潜育化水稻土氧化还原电位低，反酸田/酸性田的硫含量、H^+ 和 Al^{3+} 含量高，微生物活性低，以及冷泥田 Fe^{2+}、Mn^{2+} 毒害是 5 类土壤低产的关键所在，突破了长期以来南方水稻土低产障碍不明的关键瓶颈。

（2）创新了低产水稻土改良与地力提升关键技术。针对 5 类低产田的障碍因素，研发出黄泥田有机熟化、白土厚沃耕层、潜育化水稻土排水氧化、反酸田/酸性田酸性消减、冷泥田厢垄除障等低产水稻土改良技术，从土壤机械组成、团聚体稳定性、毒害物质形成、微生物多样性等方面揭示了这些技术消减"瘦、板、烂、酸、冷"障碍因素的作用机理，破解了

长期制约水稻高产的重大难题。

（3）研创了低产水稻土改良与地力提升新产品。研创了用于低产水稻土改良的高效秸秆腐熟菌剂、精制有机肥、生物有机肥、反酸田改良剂，以及低产水稻土水稻专用肥等新型产品，有效改良了南方低产水稻土的物理、化学和生物性状，大幅度提升了地力水平。

（4）建立了低产水稻土改良与地力提升集成技术模式。集成了土壤改良、高效施肥、水分管理、适宜品种选择等技术，形成了黄泥田、白土、潜育化水稻土、反酸田/酸性田及冷泥田改良与地力提升技术模式，并实现了大规模应用，业已成为指导我国水稻产业发展与综合生产能力提升的重大关键技术。

该成果已在南方十一省规模化应用，3 年累计示范推广 5 730 万亩，平均增产超过 100kg/亩，新增经济效益总产值 161.5 亿元，新增纯收入131.9 亿元；获授权国家发明专利 10 项，软件著作权 2 项；发表研究论文173 篇，其中 SCI 论文 60 篇，出版专著 1 部。研究成果为我国《土壤有机质提升项目》《全国耕地质量等级划分》等重大行动计划和决策制定提供了重要科学依据与技术支撑。

东北地区旱地耕作制度关键技术研究与应用

完成单位：辽宁省农业科学院，中国农业大学

完成人：孙占祥，陈 阜，杨晓光，刘武仁，来永才，郑家明，齐华，邢 岩，李志刚，白 伟

获奖类别：国家科学技术进步奖二等奖

成果简介：该项目属于农业科学技术领域。耕作制度是指一个地区或生产单位作物种植制度以及与之相适应的养地制度的综合技术体系，合理的耕作制度，是实现农业区域性开发、资源合理利用与保护、农业可持续发展的基础。东北地区（包括内蒙古东四盟）是中国粮食主产区，现有耕地面积约 4 亿亩，每年粮食总产约 1 500 亿 kg，其中旱地粮食产量占 73%以上，稳定提高旱地粮食产量对保障国家粮食安全具有重要意义。项目针

对区域旱地作物种植区划不合理、种植模式单一、土壤耕作方法混乱、化肥投入过多等问题，以提高粮食单产和地力保育为核心，围绕耕作制度重大关键科学问题，开展了 14 年的联合攻关研究，取得了重大突破。

（1）制定了全新的耕作制度区划。系统揭示了 1961 年以来东北地区玉米种植界限变化规律，发现不同熟期玉米种植界限表现出明显的"北移东扩"趋势，定量了气候变暖对作物种植界限变化的影响程度。在该基础上，通过对 1978 年以来东北地区旱地耕作制度演变规律研究，将东北地区划分为 6 个耕作制度一级区，并提出相应的区域主要作物发展战略优先序和技术优先序。项目充分考虑了气候变化对耕作制度区划的影响，创新了耕作学研究方法。

（2）构建了资源高效型种植制度。以提高光、热、水、养分等资源利用效率为核心，构建了粮豆轮作、果粮间作、豆科与禾本科间作，玉米、大豆田间优化配置等资源高效型种植制度，阐明了资源高效利用机理，作物产量提高 7.19% 以上，水分利用效率提高 0.15kg/（mm·亩）以上。

（3）创建了地力保育型养地制度。首次提出了白浆土、黑土、棕壤和褐土的高产耕层参数阈值，其中物理指标和养分指标各为 5 项，填补了合理耕层构建参数量化研究上的空白。围绕高产耕层主要物理指标参数阈值，确定了不同土类的轮耕周期，优化建立了翻耕、免耕、深松和旋耕相结合的土壤轮耕体系，经过验证，作物产量提高 6.01%~17.64%；围绕耕层主要养分指标参数阈值，确定了黑土、棕壤和褐土有机肥、无机肥的配施量，系统提出了秸秆还田方式、周期、数量、氮肥配施量等参数，作物产量提高 5.42%~26.42%，土壤有机质含量提高 7.26%~31.39%。

（4）形成了适合东北不同区域的耕作制度综合技术体系。集成建立了北部粮豆轮作综合技术体系、中部局部深松综合技术体系、中南部有机无机配施综合技术体系、西部间套作综合技术体系、蒙东南田间优化配置综合技术体系，实现了技术的制度化，并在区域内普遍应用，作物产量提高 6% 以上，土壤有机质含量提高 7% 以上，水分利用效率提高 0.12kg/（mm·亩）以上。

项目部分内容已获省部级科技奖励 6 项，授权专利 6 件，制定地方标准 4 个，主编及副主编著作 8 部，发表论文 310 篇，其中 SCI、EI 38 篇，总引 2 131 次，培养研究生 184 名，培训农业技术骨干和农民 12.6 万人。累计应用面积 5 486 万亩，增加经济效益 47.49 亿元。总体达到国际先进水平，部分达到国际领先水平。

水稻条纹叶枯病和黑条矮缩病灾变规律与绿色防控技术

完成单位：江苏省农业科学院，浙江大学，中国农业科学院植物保护研究所

完成人：周益军，周　彤，王锡锋，周雪平，刘万才，吴建祥，田子华，李　硕，陶小荣，徐秋芳

获奖类别：国家科学技术进步奖二等奖

成果简介：水稻条纹叶枯病（RSV）与水稻黑条矮缩病（RBSDV）均由灰飞虱传播，是中国和东亚国家及地区的水稻重要病毒病害。21 世纪初以来，这两种病害在中国稻麦轮作区突然先后暴发成灾。其中，2005 年江苏、安徽发病面积 4 000 余万亩，给水稻生产、粮食安全和农村稳定造成严重影响。该项目针对病害暴发成因不明、监测预警手段缺失、高效防控技术缺乏等关键科技问题，经 10 多年联合攻关，成功实现了病害防控从被动应急到主动高效的转变，取得了以下创新成果。

（1）阐明了病害致害成灾规律，确定病害防控关键时空点。查明稻麦轮作区初侵染毒源主要来自前茬麦田，明确病害暴发的主要因素是粳稻面积扩大和免耕套作推行引发传毒媒介——灰飞虱种群数量激增。揭示了 RSV 利用灰飞虱卵黄原蛋白运输途径实现经卵传播、SP 蛋白影响水稻 PsbP 引发条纹症状等分子机制，找到了麦田毒源持续累积、病毒感染和水稻幼苗更易感病的分子依据。明确始穗期麦田、秧苗期秧田、麦播前稻田分别是带毒介体种群增殖、传毒致害和越冬存活的主要场所，也是病害防控的关键时空点。

（2）攻克了病毒监测关键技术，实现病害早期预警。创新性地利用玉米病株瘤状突起为免疫原，攻克 RBSDV 抗体制备难关，成功获得高效特异 RBSDV 单克隆抗体。基于自主研发的两种病毒的单克隆抗体，建立快速准确（3~5 h，准确率 99%）、高通量（500 头/批次）、便捷化（基层农技人员可在田头操作）的田间单头灰飞虱带毒免疫检测技术。创建两种病害的早期预警体系，并嵌入全国农作物重大病虫害数字化监测预警系统，实现了病害中期（20 天）长期（45 天）精准预测，准确率达 90%，被农

业部列为行业标准和主推技术。

（3）创造性地提出了"麦田控毒源、秧田阻传播"的防控新策略，集成应用了"防虫网（切断传毒链条）+"高效绿色防控体系。根据始穗期麦田、秧苗期秧田和麦播前稻田为病害防控三个关键时空点，提出"麦田控毒源、秧田阻传播"的防控新策略，集成了以压低介体基数、切断传毒链条、破坏越冬场所为关键技术的绿色防控体系。根据病害早期精准预测结果，针对两种病害区域性流行风险，分别集成"防虫网+"的绿色防控体系。依托政府部门推广和该项目开展的观摩、培训与示范，显著减少化学农药使用，大面积防效达85%~95%。

该项目整体技术于2013—2015年在江苏、安徽等省累计推广4 668.6万亩次，挽回稻谷损失106.3万t，减少稻田用药5 042.02万亩次，净增间接经济效益20.73亿元。发表论文123篇（SCI论文41篇，总IF=127.15），出版专著1部、科普读物2册、授权发明专利12件，制定农业部行业标准5项。获2015年教育部科技进步奖一等奖和2014年中国植物保护科学技术奖一等奖。

黑茶提质增效关键技术
创新与产业化应用

完成单位：湖南农业大学、湖南省茶业集团股份有限公司、益阳茶厂有限公司、湖南省白沙溪茶厂股份有限公司、咸阳泾渭茯茶有限公司、湖南省怡清源茶业有限公司、湖南省茶叶研究所

完成人：刘仲华、周重旺、黄建安、吴浩人、肖力争、肖文军、尹钟、傅冬和、李宗军、朱 旗

获奖类别：国家技术进步奖二等奖

成果简介：黑茶是六大茶类之一，主产湖南、湖北、四川、陕西、广西等省区。黑茶是中国西部边区人们日不可缺的生活必需品，湖南紧压黑茶在边销茶中约占50%。西部边区人们数百年来的饮用实践表明，黑茶具有促进消化、消脂去腻的独特作用，这对现代食物结构和生活环境下人们预防亚健康具有重大意义，且具有做大产业规模与效益的潜力。然而，传

统黑茶笨拙的外形、简陋的生产环境、粗放的手工作业、不稳定的品质、不明确的健康机理、难以保障的质量安全等问题，严重地阻碍着黑茶产业的健康发展。该项目针对黑茶产业发展的关键技术瓶颈，研究探明了黑茶品质风味形成的机理及黑茶养生功效与作用机制，并通过加工技术创新、工艺设备创新和多元化的产品创新，实现了黑茶产业提质增效与跨越发展。

（1）揭示了黑茶加工中优势微生物及其生态特性、主要化学成分变化规律及品质风味的形成机理，丰富了黑茶加工理论体系；从化学物质组学、细胞生物学、分子生物学水平上，探明了黑茶主要功能成分组成特征，明确了黑茶调节糖脂代谢和调理肠胃的作用机理，挖掘了黑茶的健康养生价值。

（2）发明了"调控发花技术""散茶发花技术""茯茶砖面发花技术""品质快速醇化技术"等黑茶加工新技术，突破了"高档茶、散茶和茯砖茶表面不能发花"的技术瓶颈，缩短黑茶加工周期3~5天，降低加工成本30%以上，提高产品综合效益50%以上，显著提高了黑茶的品质水平和效益水平。

（3）发明了茯砖茶安全高效综合降氟工艺，实现了低成本控制茯砖茶含氟量300mg/kg以下的技术突破，有效保障了黑茶的质量安全；研制了黑茶加工新装备12款，提高了生产效率3倍以上；制定和修订了黑茶国家标准与地方标准19项，推进了黑茶由粗放的传统手工作业向机械化、自动化、标准化的规模生产升级。

（4）该项目不仅全面提升了黑茶品质水平，而且先后研制了方便型、高档型、功能型、时尚型的现代黑茶专利产品20余种，推进了黑茶由单纯的西北边区向内地和国际市场拓展、由低端市场向中高端市场跨越。

该项目技术成果在湖南和陕西大部分黑茶企业中推广应用，全面提升了中国黑茶产业的技术水平、品质水平、效益水平和产业规模。15家技术推广应用企业三年累计新增产值33.98亿元，新增利润7.5亿元；安化黑茶产业综合规模2015年突破100亿元，近十年增长了50倍；安化县茶业税收从2007年的30多万元增长到2015年的1.5亿元，且连续三年过亿元，茶农户均年增收9 000元以上，取得了显著的经济效益和社会效益。

该项目获授权国家发明专利30项、授权实用新型专利12项；制定黑茶国家标准3项、修订国家标准3项，制定安化黑茶湖南省地方标准13个；获SFDA保健食品批文4个，在国内外发表学术论文72篇（SCI收录8篇）。

油料功能脂质高效制备关键技术与产品创制

完成单位：中国农业科学院油料作物研究所，无限极（中国）有限公司

完成人：黄凤洪，邓乾春，汪志明，马忠华，吴文忠，曹万新，刘大川，郑明明，赖琼玮，杨　湄

获奖类别：国家科学技术进步奖二等奖

成果简介：我国油料作物年种植规模达 3.5 亿亩，蕴藏着丰富的草本、木本和微生物油脂等功能脂质资源。功能脂质是指富含特异性脂肪酸、脂质伴随物和脂质衍生物的脂类物质，具有特殊生理营养功能，对慢性疾病有积极防治作用。当前，慢性疾病已成为影响我国居民健康的头号威胁，其中"三高"患者超过 3.4 亿人。因此发展功能脂质产业意义重大，是油料产业升级换代、提质增效的客观要求。制约功能脂质产业发展的根本性问题有：①脂质资源发掘利用率低，脂质功能素材单一；②脂质功能性、稳定性和加工适应性差；③功能脂质产品创制滞后。

本项目在国家 863 计划等项目的支持下，重点开展了以下创新性研究工作。

（1）建立了功能脂质油脂的绿色提质制备新技术，成功应用于草本、木本和微生物油脂中的代表性功能脂质资源，显著缩短了工艺路线，提升了油脂的功能、感官品质和稳定性。系统开展了油料脂质剖析和加工品质特性的研究，建立了我国油料脂质原料基础数据库，研究揭示了营养成分溶出机制和风味形成途径，开发出了油料微波预处理、低温提取和物理吸附精炼等绿色提质新技术，显著提升了油脂得率和油脂品质（多酚 Canolol 含量增加 9 倍、角鲨烯从未检出增加至 11mg/100g），显著降低了反式脂肪酸（从 2%~3% 降低至 0.2% 以下）、苯并芘（从 99×10^{-9} 降低至 5×10^{-9} 以下）的含量，有效消减了油脂苦味、菜青味、鱼腥味等不良风味，显著提高了油脂感官和风味品质，开发出了亚麻籽油、原香山茶油、高 Canolol 菜籽油、ARA 和 DHA 藻油、火麻仁油等系列优质功能脂质油脂。

（2）突破了功能脂质绿色、高效工程化转化关键技术瓶颈，采用酯化、微囊化技术制得了结构稳定、功能显著、应用领域广泛的醇酯和粉末油脂等功能脂质衍生物。研发了适用于单不饱和脂肪酸、多不饱和脂肪酸的无溶剂酯化和固定化酶法酯化技术以及连续反应关键装备，酯化率和纯度分别达到90%和95%以上，反应速率提高2倍以上，反应温度降低20%以上，具有显著的预防动脉粥样硬化功能，并且实现了采用该酯化技术高效制备共亚油酸酯，产品的纯度>93%，品质显著优于国际同类产品。建立了富含多不饱和酸、叶黄素酯等功能因子微囊化制备粉末油脂技术，产品载油量增加10%，包埋效率高达95%，产品贮藏稳定性和抗剪切性能均显著增加，能较好地应用于水相体系中。

（3）以上述功能脂质油脂、衍生功能脂质为主要原料，采用现代制剂技术、营养强化和复配技术，在阐明量效、构效和组效关系基础上，创制了保健食品、营养强化油、营养配方油等三大类适宜人群广、作用机制明确、多途径发挥协同作用的功能脂质产品。

项目共发表学术论文39篇，其中SCI收录21篇；获国家发明专利24件；制定国家标准2项，创制了20个高附加值功能脂质产品，获得国家保健食品批文3件。项目成果已在全国50多家油料和脂质深加工企业应用，社会经济效益显著，为有力推动油料产业转型升级和可持续发展做出了突出贡献。由科技部授权第三方组织的成果评价认为：本项目整体技术处于国际先进水平，部分技术居国际领先水平。成果获得湖北省科技进步奖一等奖、中华农业科技奖一等奖。

棉花生产全程机械化关键技术及装备的研发应用

完成单位：新疆农垦科学院，石河子贵航农机装备有限责任公司

完成人：陈学庚，王吉亮，周亚立，谢国梁，温浩军，杨丙生，于永良，郑炫，齐伟，马明鎏

获奖类别：国家科学技术进步奖二等奖

成果简介：棉花是中国重要的战略物资，劳动力短缺、人均管理定额

低、种植成本高制约中国棉花产业可持续发展，实现棉花生产全程机械化是突破瓶颈的必然选择。项目组围绕新疆冷凉棉区植棉机械化的关键环节，历经 11 年持续研究，创新研发了适应机械化采收的丰产栽培模式、膜下滴灌精量播种技术及装备、种床精细整备联合作业技术及装备、化学脱叶技术及装备。通过引进、吸收国外先进技术，研发出具有自主知识产权的采棉机及机采籽棉储运成套装备，创新建立集棉种处理、种床精细整备、精量播种、膜下滴灌水肥一体化、脱叶催熟、机械收获、储运加工等技术为一体的棉花生产全程机械化技术体系，率先在国内实现棉花生产全程机械化，支撑和推动了中国棉花产业的发展。主要技术创新点如下。

（1）突破了农机与农艺融合关键技术，针对机采棉条件下的膜下滴灌精量播种、宽膜覆盖和水肥一体化管理，建立了包括棉种精选、棉田整理、精量播种、植保管理、脱叶催熟、机械采收、籽棉储运等棉花全程机械化技术体系，实现了大规模推广应用。

（2）攻克了"矮、密、早、膜、匀"超窄行精量播种新技术，针对（72+4）cm 种植新模式，研发出超窄行铺管铺膜精量播种机，一次完成 8 道作业程序；针对棉花膜下滴灌精量播种技术持续攻关，研发出机械式精量播种系列产品。

（3）针对宽膜铺设和精密播种对整地质量要求，研发出种床精细整备联合作业新机具，一次完成整套作业程序，形成地表平整清洁、土壤细碎、上虚下实的良好种床。

（4）解决了高密度栽培模式下施药效果差的难题，顶喷与吊喷相结合，通过立体喷施、扰动叶片来提高雾滴穿透力，解决了棉株受药不均匀难题，开发出新型高架吊杆式喷杆喷雾机系列产品。

（5）通过引进消化再创新，实现了采棉摘锭等关键部件国产化，开发了 4MZ-5 型水平摘锭式采棉机，采净率 96%、含杂率 8%；研发出背负和自走梳齿式采棉机，形成了对水平摘锭式采棉机的有益补充；研制成功机采籽棉储运和开松新设备，为进一步降低采收成本提供了重大装备支撑。项目研发的 6 类 30 多种新产品在新疆大规模推广应用，人均管理定额达到 100 亩。

2013—2015 年新疆棉花全程机械化种植面积 3 829 万亩，实现机械化采收 2 754 万亩，节本增效 146.24 亿元。项目成果在中国的山东、河北、湖北、江苏等棉区示范，并推广到中亚五国、苏丹等国家。2014 年新疆以占全国 42.3% 的种植面积，生产了占全国 59.5% 的棉花总产量；新疆兵团皮棉亩单产达到 155.7kg，比全国平均亩单产高出 58.12kg，比澳大利亚高出 19.80kg，是美国的 2.69 倍。

中国农学会评价意见：项目整体水平达到国际领先；省部级鉴定意见：超窄行距精量播种技术及装备达到国际领先水平，联合整地机整体水平达到国际先进。获省级科技进步奖一等奖 3 项，国家专利 84 项（发明专利 16 项）；出版专著 3 部，发表论文 81 篇；制定国家标准 1 项、行业和地方标准各 1 项、企业标准 8 项。

国际科技合作奖

国际玉米小麦改良中心

国际玉米小麦改良中心（CIMMYT）是非营利性的国际农业研究和培训机构，成立于 1966 年，总部位于墨西哥。由云南省推荐。

CIMMYT 以培育优质、抗病、高产玉米和小麦品种闻名于世，其宗旨是通过提高玉米和小麦的产量来消除贫困，保障发展中国家的粮食安全。CIMMYT 有 1 位科学家获诺贝尔奖、3 位科学家获世界粮食奖。

CIMMYT 为中国农业科技发展做出了多项重要贡献：CIMMYT 热带玉米种质推动中国玉米在高产、广适育种方面取得突破，直接或间接利用 CIMMYT 种质育成了 40 多个主栽玉米杂交种，获国家科技进步奖 3 项；CI-MMYT 小麦种质推动中国小麦在优质、抗病和高产育种方面取得重大进展，利用 CIMMYT 种质育成主栽品种 60 多个，累计推广 7.4 亿亩，获国家科技进步奖二等奖 6 项、三等奖 2 项；玉米和小麦分子育种合作取得实质性进展，在国际顶级期刊 *Nature Genetics* 发表论文 2 篇，获国家科技进步奖一等奖 1 项；联合实验室及联合项目实施，助推中国农业科技发展，并在人才培养和学术交流方面做出重要贡献。有 350 多名中国科研人员到 CIMMYT 做访问学者或培训，他们中的 20 多人现已成为中国玉米和小麦研究领域的领军人才。

2017 年度

国家自然科学奖

水稻高产优质性状形成的
分子机理及品种设计

完成单位：中国科学院遗传与发育生物学研究所，中国科学院上海生命科学研究院，中国水稻研究所

完成人：李家洋，韩　斌，钱　前，王永红，黄学辉

获奖类别：国家自然科学奖一等奖

成果简介：为了突破水稻产量瓶颈，育种家提出了理想株型的概念，希望培育出分蘖数适宜、茎秆强壮、穗大粒多的高产理想株型品种，同时具有优良的食用品质，实现新绿色革命。该项目围绕"水稻理想株型与品质形成的分子机理"这一核心科学问题，鉴定、创制和利用水稻资源，创建了直接利用自然品种材料进行复杂性状遗传解析的新方法；揭示了水稻理想株型形成的分子基础，发现了理想株型形成的关键基因，其应用可使带有半矮秆基因的现有高产品种的产量进一步提高；阐明了稻米食用品质精细调控网络，用于指导优质稻米品种培育。

该项目强调基础理论研究与生产实际应用的结合，将取得的基础研究成果应用于水稻高产优质分子育种，率先提出并建立了高效精准的设计育种体系，示范了高产优质为基础的设计育种，培育了一系列高产优质新品种，为解决水稻产量与品质互相制约的难题提供了有效策略。

研究成果在 *Nature* 等国际权威学术刊物上发表，多次入选"中国科学十大进展"和"两院院士评选中国十大科技进展新闻"，引领了水稻遗传学的发展，具有重要的国际影响。

飞蝗两型转变的分子调控机制研究

完成单位： 中国科学院动物研究所

完成人： 康　乐，王宪辉，马宗源，郭　伟，王云丹

获奖类别： 国家自然科学奖二等奖

成果简介： 项目属昆虫学领域，是针对我国农业虫害暴发机制的重大问题。项目将生态学问题与分子生物学手段有机结合起来，在飞蝗两型转变调控机理方面取得了系列创新成果。

（1）解析飞蝗两型差异基因表达谱和代谢谱。①构建飞蝗散居型和群居型全身及不同组织（脑、中肠、后足）cDNA 文库，测序获得 45 474 个 ESTs（Expression sequences tags，表达序列标签）和 12 161 个 Unigene，发现 532 个飞蝗型变基因。结果在 *PNAS* 期刊上发表。②利用寡核苷酸 DNA 芯片和 RNA-seq 测序技术，获取飞蝗散居型和群居型各发育龄期（卵、1~5 龄若虫、成虫）和型变短期时间过程（散居化和群居化）的转录组表达谱，发现上千个型变相关的差异表达基因，并揭示型变短期和长期过程中基因调控模式。结果在 *PNAS*、*PLoS Genetics* 等期刊上发表。③应用 HPLC/MS 和 GC/MS 联用的代谢组分析手段，鉴定 319 个飞蝗两型特征的标记小分子代谢物，发现群、散两型飞蝗在蛋白质合成、脂质代谢方面存在差异，结果在 *PNAS* 上发表。④通过建立飞蝗组学数据库（Locust DB），具备飞蝗转录组、代谢组、小 RNA、基因组数据查询以及特定信号途径分析等功能。

（2）阐释飞蝗两型转变的启动和维持机制。①发现飞蝗型变的非对称特征，证明嗅觉信号途径在飞蝗型变启动过程中具有关键作用。结果在 *PLoS Genetics* 上发表。②发现多巴胺代谢途径多维度参与飞蝗两型特征的形成（如行为和体色等），证明多巴胺代谢途径是维持两型的核心机制，结果在 *PNAS* 等期刊上发表。③揭示肉碱类分子在型变发生过程中的调控作用，表明飞蝗型变涉及多层次的复杂调控网络，结果在 *PNAS* 上发表。④发现可溶性模式识别蛋白（PGRP-SA 和 GNBPs）等天然免疫分子介导飞蝗两型免疫能力差异，揭示群居型飞蝗应对群体生活的预防性免疫容忍策略。结果在 *PLoS Pathogens* 上发表。

（3）揭示飞蝗两型特征的表观遗传机制。①发展了 miRNA 预测新方法，鉴定飞蝗 miRNA 的组成并揭示两型间存在显著差异表达。结果在 *Genome Biology* 上发表。②提出一种预测 piRNA 和刻画飞蝗 piRNA 的核苷 k 联体方法，预测出 87 536 条飞蝗 piRNA。发现飞蝗两型存在明显的 piRNA 差异表达谱。结果在 *Bioinformatics* 上发表。

8 篇代表作的 SCI 论文共他引 354 次，被国际同行广泛引用和正面评价，应邀在 *Annual Review of Entomology* 等综述相关进展。代表性论文被 *Science* 杂志专文评述，被 *BioMed Updater Journal* 列为国际生态基因组学领域牵头文章，被国际同行认为是近十年蝗虫学领域最令人鼓舞的突破性研究。代表性论文被 Faculty1000 数据库推荐必读。曾获美国昆虫学会国际杰出科学家奖（2013 年），国际直翅类学者学会"RENTS"奖（2013），何梁何利生命科学与技术进步奖（2011 年），第八届"谈家桢生命科学成就奖"（2015 年），第十四届中国青年科技奖（2016），中国科学院百篇优博论文（2013 年）等国内外奖项，并入选中国科学院"十二五"20 项标志性重大进展。

客观评价：飞蝗散居型和群居型之间相互转变现象是国际昆虫学界高度关注的问题。但受限于技术、方法等，其调控机制一直不清楚。项目对飞蝗两型转变机制的研究，率先运用多种组学手段，揭示了型变复杂的分子基础和调控机制，受到国际国内同行的高度评价。该成果不但推动了飞蝗基础研究的发展，其学术影响甚至扩展到基因组学、昆虫学和生态学等多个领域。

植物油菜素内酯等受体激酶的结构及功能研究

完成单位：清华大学，郑州大学，中国科学院遗传与发育生物学研究所

完成人：柴继杰，常俊标，韩志富，李 磊，宋传君

获奖类别：国家自然科学奖二等奖

成果简介：植物没有典型的 G 蛋白耦联受体，研究揭示植物主要通过

细胞膜中存在大量的受体样激酶（拟南芥大约 600 多个和水稻大约 1 000 多个）来承担着生长、发育、抗病和共生等功能。对于植物众多的受体激酶是如何识别不同性质的配体进而引起不同的生理功能是该项目的主要研究问题。通过采用各种前沿的结构生物学方法结合遗传学、分子生物学、细胞生物学和生物化学等手段对植物重要受体激酶的配体识别及活化机理及信号通路的转导机理进行了系统的研究，取得了以下五项重要发现。

（1）通过解析 BRI1-BL 二元和 BRI1-BL-BAK1 三元复合物晶体结构，首次揭示重要植物激素——油菜素内酯的受体识别及受体异源二聚化活化的分子机制。

（2）通过解析模式识别受体 AtCERK1 与真菌病原体细胞壁的主要组分几丁质的复合物结构，阐明了 AtCERK1 特异性识别几丁质的分子机制。更为重要的是，该项目首次提供结构及生化证据表明植物受体激酶的同源二聚化激活机制。

（3）通过解析模式识别受体 FLS2 和共受体 BAK1 与植物致病菌模式分子鞭毛蛋白复合物结构，揭示植物模式识别受体识别多肽模式分子的分子机制及植物受体激酶的异源二聚化活化机制，揭示了 BAK1 是作为共受体直接参与识别细菌鞭毛蛋白，矫正了此前 BAK1 被认为是一个信号放大分子的概念。以上三种结构也揭示了植物受体激酶活化的普遍模式——同源或异源二聚化活化的基本模式。

（4）在番茄中，Pto 作为胞内受体激酶通过与 NLR 型受体 Prf 互作来识别病原菌的效应蛋白 AvrPto 或 AvrPtoB 从而引起植物的免疫抗病反应。AvrPto-Pto 和 AvrPtoB-Pto 晶体结构的解析首次提供结构与生化证据支持植物 NLR 型受体的间接识别模式。同时数据表明 AvrPto 通过抑制而不是促进 Pto 的激酶活性激活 Prf。据此提出了植物抗病新模型——诱饵模型，为后来发现 AvrPto 抑制受体激酶从而促进病原菌致病性具有指导作用。

（5）通过解析 AvrPtoB-BAK1 复合物晶体结构结合生化实验，揭示了病原菌效应蛋白 AvrPto 通过抑制许多植物免疫受体激酶的共受体——BAK1 来抑制宿主免疫反应从而达到致病的目的。这些发现不仅极大地丰富了人们对植物众多的受体激酶的配体识别及活化的认识，也揭示了植物受体激酶在植物与病原菌相互作用中的复杂关系，将为众多的植物受体激酶研究提供模式。

相关研究工作获得了国内及国际同行的高度评价，在多种专业杂志上被邀请撰写综述。8 篇代表论文包括 *Nature* 2 篇、*Science* 2 篇、*Cell Host &*

Microbe 1篇、*Cell Research* 1篇、*Plant Cell* 1篇和 *Current Biology* 1篇。SCI 他引744次。

促进稻麦同化物向籽粒转运和籽粒灌浆的调控途径与生理机制

完成单位：扬州大学，香港浸会大学
完成人：杨建昌，张建华，刘立军，王志琴，朱庆森
获奖类别：国家自然科学奖二等奖
成果简介：水稻和小麦是我国两大粮食作物，促进同化物向籽粒转运和籽粒灌浆是提高产量的重要途径。但在生产上，部分稻麦品种或在高氮水平下茎、鞘中同化物向籽粒转运率低、籽粒充实不良是突出问题，由此造成的产量损失可在20%以上。因此，研究并阐明促进稻麦同化物转运和籽粒灌浆的调控途径，对保证我国粮食安全具有十分重要的意义。要解决这一生产上的重大问题，首先要解析和破解生产问题背后的科学问题。

发现植株衰老、光合作用与同化物向籽粒转运关系的协调性受植株水分状况的调控，首创了协调这三者关系和促进籽粒灌浆的水分调控方法，为解决谷类作物植株衰老与光合作用的矛盾以及既高产又节水的难题提供了新的途径和方法。率先探明了适度提高体内脱落酸（ABA）水平可以促进同化物向籽粒转运，提高ABA与乙烯、赤霉素比值可以促进籽粒灌浆，为促进谷类作物同化物转运和籽粒灌浆的生理调控开辟了新途径。率先明确了ABA通过增强茎鞘和籽粒中糖代谢关键酶活性，促进同化物装载与卸载及籽粒淀粉的合成。获得了ABA调控同化物转运和籽粒灌浆的新认识，为栽培调控和遗传改良提供了新的生理生化依据。

近几年，该项目建立的促进稻麦同化物向籽粒转运和籽粒灌浆的方法，已获得授权国家发明专利7件。探明的促进同化物向籽粒转运和籽粒灌浆的途径及其原理，不仅适用于水稻、小麦和玉米等谷类作物，而且适用于桃树、苹果、棉花等非谷类作物。相关技术先后在江苏、山东、黑龙江等多个省、市示范推广，推广面积3 000多万亩，示范地水稻增产8%~12%，灌溉水利用效率增加30%~40%；小麦增产6%~10%，灌溉水利

效率增加 20%~30%，具有十分广阔的应用前景。

在专家推荐意见中，中国工程院院士张洪程、中国科学院院士匡廷云和林鸿宣等专家一致认为："该成果围绕'协调稻麦植株衰老、光合作用与同化物向籽粒转运关系的途径'和'促进同化物向籽粒转运和籽粒灌浆的生理调控机制'两个科学问题，深入系统研究了促进稻麦同化物向籽粒转运和籽粒灌浆的调控途径和生理机制。经过 18 年的努力，获得了重要创新成果，取得重要科学发现，在作物栽培与生理研究方面取得了突出的学术成就和理论创新，对发展作物生产有重要指导意义。"

2017 年度

国家技术发明奖

水稻精量穴直播技术与机具

完成单位：华南农业大学，上海市农业机械鉴定推广站，中国水稻研究所

完成人：罗锡文，王在满，曾　山，臧　英，朱　敏，章秀福

获奖类别：国家技术发明奖二等奖

项目简介：

（1）课题来源。广东省农业攻关项目（2003B21701）、广州市科技计划项目（2006Z3－E0651）、国家农业科技成果转化资金项目（2007GB2E000235）、2006 年和 2008 年广东省人大议案项目、国家"863"计划重大项目（2006AA10A307）、粤港关键领域重点突破招标项目（2007A020904001）。

（2）技术原理及性能指标。①同步开沟、起垄和穴直播，实现了节水栽培和减少倒伏；行距可选、穴距可调；优化设计了型孔轮式排种器，播种量可在每穴 2~6 粒范围内调控。②采用乘坐式插秧机底盘，四轮驱动，通过性能好，可在较深的泥脚中作业。③排种器由插秧机底盘动力输出轴驱动，减少了采用地轮驱动带来的打滑及播种不均匀现象。④优化了滑板形式，可保证在播种前平整待播田面。⑤选用原插秧机的浮板形式，可控制滑板随田面情况自动升降，实现仿形作业，减少壅泥现象。⑥工作效率高（≥0.3hm²/h）。

（3）技术的创造性与先进性。①首创开沟起垄式水稻精量穴直播方式；②优化设计了水稻精量穴直播排种器，首创弹性随动护种带；③对水稻精量穴直播机整机进行了优化设计，形成了系列产品（普通型、简易型、加装施肥装置型和加装喷施装置型）；④对精量穴直播水稻的产量形

成特性、增产机理和配套农艺技术进行了深入研究。

（4）技术的成熟程度、适用范围和安全性。精量穴直播的水稻长势好，产量较高，生产试验结果表明精量穴直播比人工撒播、人工抛秧和人工插秧分别增产 10%、8% 和 6% 以上；节水、省工、省种、省成本，每亩节本增效分别为 50 元、75 元和 125 元以上。

（5）应用情况。2006 年以来，在广东、广西、海南、湖南、湖北、江西、安徽、浙江、黑龙江、云南和新疆 11 省（区）进行了 6 000 多亩生产试验，包括不同茬口、不同品种和不同土壤条件。

（6）历年获奖情况。2008 年 10 月，2BD-10 型水稻精量穴直播机在南宁参加了第五届中国—东盟博览会，获"中国—东盟博览会农村先进适用技术暨高新技术展优秀参展项目奖"。

生鲜肉品质无损高通量实时光学检测关键技术及应用

完成单位：中国农业大学，北京卓立汉光仪器有限公司

完成人：彭彦昆，黄　岚，汤修映，李永玉，韩东海，陈兴海

获奖类别：国家技术发明奖二等奖

成果简介：该项目针对生鲜肉品质检测前处理繁琐、耗时长、破坏样品、无法精准分级、在线和现场实时检测困难等技术难题，揭示了光在生鲜肉内部的散射规律特征，发明了生鲜肉剩余货架期的无损预测方法，实现了可食用新鲜肉的无损快速判定；发明了生鲜肉品质的特征图谱动态辨识解析建模关键核心技术，建立了定量预测模型及模型库，实现了多品质参数的同时高通量、实时快速、定量检测及精准分级；创制了生鲜肉品质的无损高通量移动式、在线式、便携式等系列光学检测装备，实现了生鲜肉食用品质的在线和现场实时检测。

该项目获授权国家发明专利 32 项、实用新型专利 24 项，登记软件著作权 22 项，出版中英文专著 3 部，发表论文 151 篇（其中 SCI/EI 111 篇），制定行业标准 4 项，自主创新无损检测装备 8 个系列，获农业部"农产品加工业十大科技创新推广成果"。该项目研究成果在我国畜禽屠宰

加工质量安全与品质快速识别评估中发挥了重要的技术保障作用，为生鲜肉品质精准全程监管提供了先进实用的检测手段，提升了监管效率及检测技术水平，经济效益和社会效益显著。

我国是最大的肉品产销国，2015 年总产量约 8 625万 t，由于生鲜肉产销链中屡次出现腐败肉、注水肉等劣质肉产品，严重危害消费者健康，为破解肉品检测长期存在的前处理过程繁琐、测试时间长、在线快速的新鲜肉判定及品质分级困难、严重缺乏智能检测装备等国内外共同关注的技术瓶颈难题，该项目以主要家畜生鲜肉的食用品质为检测对象，在多项国家重点研发计划支持下，历时 10 年，开展了无损高通量实时检测新方法、核心关键技术、系列新型检测装备的研究。主要发明创新如下。

（1）揭示了生鲜肉的光散射规律特征及其与品质属性的关系，发明了基于细菌总数的生鲜肉剩余货架期的无损预测方法，实现了可食用新鲜肉的无损快速判定。发现了生鲜肉内部光的 2 个重要散射规律，探明了物理属性用洛伦兹函数表征。生物属性用冈珀茨函数表征；提出了从扩散轮廓求取峰值、宽度、斜率和渐近值 4 个散射特征参数的方法，构建了多元散射特征光谱，拓展了肉品的独立特征参数数量，实现了生鲜肉细菌总数及剩余货架期的无损实时定量预测。细菌总数的预测相关系数可达 0.96，剩余货架期的预测正确率大于 95%。

（2）发明了生鲜肉品质无损高通量实时光学检测的特征图谱建模关键技术，建立了定量预测模型及模型库，实现了多品质参数的同时高通量、实时快速、定量检测及精准分级。突破了生鲜肉光学信息的快速获取、特征图谱动态辨识和解析、双波段融合等技术难点；通过大样本试验建立了生鲜肉主要品质参数（水分、嫩度、挥发性盐基氮、脂肪、蛋白质、背膘厚、大理石花纹等）的 18 个定量预测模型及 6 个多品质同时检测模型库，各参数预测相关系数均在 0.92~0.96，实现了基于国标的注水肉判定、生鲜肉品质检测及分级。

（3）创制了生鲜肉品质参数的无损高通量光学检测的移动式、在线式、便携式等 8 个系列装备，实现了生鲜肉食用品质的在线和现场实时检测。针对生鲜肉产销链环节的不同需求，研发了 8 个系列检测装备，包括细菌总数检测、多品质参数同时检测、胴体背膘厚和大理石花纹在线分级等装备。移动式检测速度为 0.74 s/检测点、在线式为 1~3 个样品/s、便携为 3~4 s/样品，检测正确率为 92%~100%，相对误差≤4%，技术参数均满足实时在线检测实际需要。

项目获授权发明专利 32 项、实用新型 24 项，登记软件著作权 22 项，出版中英文专著 3 部，发表论文 151 篇（其中 SCI/E111 篇）制定行业标准 4 项，获中华农业科技奖 1 等奖、教育部科技进步奖（高等学校科学研究优秀成果奖）1 等奖、其他奖 10 项。在金锣、雨润等肉品企业和监管部门等进行了推广应用。3 年新增销售额约 19 739 万元、新增利润约 9 297 万元。3 年综合经济效益（含节支降耗等）1 066 亿元，经济效益显著。该项目为生鲜肉品质监控提供了先进实用的检测手段，提高了监管效率及检测技术水平，社会效益显著。

中国农学会组织知名专家对该项目进行了科学评价：整体技术达到国际领先水平。教育部专家鉴定为国际领先水平技术 4 项、国际先进水平技术 2 项。

优质蜂产品安全生产加工及质量控制技术

完成单位： 中国农业科学院蜜蜂研究所，浙江大学，河南科技学院

完成人： 吴黎明，彭文君，胡福良，薛晓锋，田文礼，张中印

获奖类别： 国家技术发明奖二等奖

成果简介： 我国蜂产品生产与出口量均居世界首位，但长期存在生产效率低、传统加工技术落后、质量检测技术缺乏等科技问题，严重制约了我国蜂产业的健康发展和产品提档升级。针对上述问题，经系统研究，取得以下重大发明。

（1）发明了蜜蜂多王群组建技术，创建了低温炼蜂和定量繁蜂新技术，实现了高效生产蜂群饲养技术的革新。发明了以"蜂王双侧去颚、生物法诱导"为核心的蜜蜂多王群稳定建群技术，攻克了长期以来困扰养蜂业的单王群产卵力弱、生产能力低的技术难题。创建了早春控制蜂团表面温度的低温炼蜂技术和以哺育比为指标控制蜂王产卵量的定量繁蜂技术，早春蜂群发病率下降 71.7%、蜂蜜生产能力提高 31.0%。

（2）创建了蜂胶低温湿法超微粉碎技术、物理法抗结晶蜂蜜生产技

术，实现了蜂产品高值化利用。发明了蜂胶低温湿法超微粉碎技术，实现了低温冲击剪切超微粉；建立了蜂胶胶囊加工新工艺，攻克了传统蜂胶粉碎方式粒度大、易分层的难题。设计低温高速气切装置，集多种换热方式于一体，创制了气体射流冲击蜂蜜解晶装备，率先实现了蜂蜜解晶自动化和标准化，与传统解晶方式相比，时间缩短 60% 以上，能耗降低 50% 以上；创建了去 300 目以下晶核抗结晶蜂蜜生产技术，实现了蜂蜜货架期内不结晶。研制蜂胶蜜膏、蜂胶大蜜丸等功能性蜂制品。

（3）构建了主要蜂蜜化学指纹图谱，发明了 10 种蜂产品品质识别技术，为生产、加工、流通和监管提供了技术支撑。通过研究真假蜂胶特征物的组成与结构，明确了水杨苷和邻苯二酚为假蜂胶的特征标识物，建立了蜂胶真伪识别技术；构建主要蜂蜜和掺假糖浆的指纹图谱库，筛选出蜂蜜特征标识物，建立蜂蜜品种与真伪识别技术，解决了蜂产品品种和真伪识别技术难题。建立了新鲜度 F 值定量评判方法，开发了一种速测试剂并实现快速检测，解决了蜂王浆新鲜度评价技术难题。

成果在优质蜂产品安全生产加工与质量控制技术领域取得了重大突破和显著成效，为推动蜂产业健康发展，促进蜂产品安全高效生产、增值加工，保障蜂产品质量安全，提高人民健康水平提供了科技支撑。

黄酒绿色酿造关键技术与智能化装备的创制及应用

完成单位：江南大学，浙江古越龙山绍兴酒股份有限公司，会稽山绍兴酒股份有限公司，上海金枫酒业股份有限公司

完成人：毛健，刘双平，傅建伟，金建顺，俞剑燊，邹慧君

获奖类别：国家技术发明奖二等奖

成果简介：中国黄酒尽管在功能和品质上具有非常高的价值，但是由于黄酒生产工艺控制繁杂、周期长、技术难度大、受季节限制、生产废水多，中国黄酒产业面临着节能减排、效率提升等现实问题。通过转变黄酒等传统发酵食品生产方式，创制优质高效、绿色环保、智能化的生产技术与装备，是"新常态"下黄酒持续发展的必由之路。在国家项目的支持

下，毛健教授团队创新性地对黄酒生产关键技术进行绿色、智能化改造，显著提高了黄酒生产的自动化水平，成功发明了黄酒绿色、安全、智能酿造新技术体系，并实现了工业应用，产品保持了传统黄酒风味特色，有效助推黄酒行业的"供给侧结构性"改革，实现黄酒产业技术转型升级。

项目包括生麦曲高效生产新技术、原酒智能陈化装备控制技术、酸化绿色酿造技术等 4 个子项目。在 3 年多的科技攻关中，该项目获得国家发明专利 13 项，实用新型专利 3 项。整体技术达到国际领先水平，获 2015 年、2016 年中国轻工业联合会技术进步一等奖。项目新颖之处在于，选用了微生物组学技术系统解析黄酒酿造工艺机理，并在此基础上集成创新黄酒酿造关键技术与装备，发明了智能制曲、智能陈化、酸化绿色酿造、代谢调控发酵等新技术。替代了原有手工制曲、陶坛贮酒、浸米蒸饭、自然发酵四个关键工序，从而建立起黄酒绿色环保、优质高效、智能酿造的新技术体系。

国家科学技术进步奖

袁隆平杂交水稻创新团队

完成单位：湖南杂交水稻研究中心，湖南省农业科学院

完成人：袁隆平，邓启云，邓华凤，张玉烛，马国辉，徐秋生，阳和华，齐绍武，彭既明，赵炳然，袁定阳，李新奇，王伟平，吴　俊，李　莉

获奖类别：国家科学技术进步奖创新团队奖

成果简介：从三系法成功到两系法推广，再到正在攻关的第三代杂交水稻育种技术，袁隆平参与、推动了中国杂交水稻研究的历史性进程。袁隆平杂交水稻创新团队依托于 1995 年组建的国家杂交水稻工程技术研究中心，经过 22 年的建设，团队已形成以袁隆平、邓启云、邓华凤为学术带头人，涵盖杂交水稻基础、种质发掘与创新、新品种培育及应用配套技术研发等研究方向的创新群体。团队现有 85 人，其中高级职称 45 人，平均年龄 42 岁，学科门类齐全，人才结构合理，持续领跑世界的创新团队。在获奖团队的 15 位主要成员中，袁隆平院士是队长。其他主要成员中，既有育种专家，也有栽培专家，是杂交水稻推广及超级稻攻关的中坚力量。邓启云研究员，独创选育的广适性光温敏不育系 Y58S，已成为全国超级杂交稻育种的"超级母亲"。截至 2016 年年底，Y58S 被全国 108 家育种单位引种应用，通过省级以上审定在生产上种植的 Y 两优品种有 95 个，还有 13 个 Y 两优新品种已完成所有试验程序将释放到市场，审定区域覆盖南方籼稻全部三大生态区，是我国审定品种最多、应用范围最广的两系杂交稻骨干亲本。Y58S 的"孩子"中，就有超级稻二、三、四期攻关的领跑品种 'Y 两优 1 号' 'Y 两优 2 号' 'Y 两优 900'。邓华凤研究员，是我国第一个水稻温敏核不育系 '安农 S-1' 的发明者，先后主持了国家级课题 6 项，并参加了杂交水稻国际培训班的组织和承办工作。张玉

烛研究员则主要负责水稻高产高效与绿色生产技术研究与示范。他主持研究成功的"蜂—蛙—灯"治虫技术，对水稻主要害虫可起到绿色防控效果。主要队员中，"70 后""80 后"袁定阳、王伟平、吴俊等年轻一代，是分子生物育种技术的探路者。创新团队成果及奖项主要有：

（1）创新两系法杂交水稻理论和技术，推动我国农作物两系法杂种优势利用快速发展。

（2）创立形态改良与杂种优势利用相结合的超级杂交稻育种技术体系，先后率先实现中国超级稻第一、二、三、四期育种目标，创造百亩示范片平均亩产 1 026.7 kg 的世界纪录。

（3）创制'安农 S-1'种质以及'培矮 64S''Y58S'等突破性骨干亲本，为全国 80%两系法杂交稻提供育种资源。

（4）培育'金优 207''Y 两优 1 号''Y 两优 2 号''Y 两优 900'等93 个全国大面积应用品种，累计推广超过 8 亿亩。

（5）创建超级杂交稻安全制种、节氮高效、绿色栽培等产业化技术体系，促进民族种业发展。

（6）团队获国家最高科学技术奖 1 项、科技进步奖特等奖 1 项、科技进步奖一等奖 2 项等国家科技奖励共 11 项，获省部级奖 51 项。

自 1995 年以来，袁隆平杂交水稻创新团队育成审（鉴）定不育系 24 个，审定杂交水稻品种 69 个，获超级稻认定品种 11 个，获植物新品种权48 项，国家发明专利 26 项，制定国家技术标准 1 项。其中，团队成员培育通过审定以及利用团队创制的亲本配组选育的品种 300 个以上，累计在全国推广面积超过 8 亿亩（其中团队培育品种推广 3.5 亿亩），按照每亩平均增产稻谷 25kg 估算，共增产粮食 200 亿 kg，增加经济效益 540 亿元以上。他们为中国杂交水稻研究做出了不可磨灭的贡献。

多抗广适高产稳产小麦新品种'山农 20'及其选育技术

完成单位：山东农业大学，山东圣丰种业科技有限公司
完成人：田纪春，王振林，王延训，邓志英，陈建省，张永祥，赵延

兵，王书平，晁林海，高新勇

获奖类别：国家科学技术进步奖二等奖

成果简介：黄淮麦区是占全国小麦总产 64.9% 的第一大麦区。随着产量提高，该区小麦生产存在 3 个关键问题：①多种病害及非生物逆境胁迫呈加重趋势。②常规育种在跟踪聚合优异等位基因方面有一定局限性。③高产条件下，增穗数与倒伏矛盾突出。为此，项目组历经 16 年创建了与常规育种结合的多位点分子标记辅助育种技术，培育出多抗高产小麦新品种'山农 20'，并大面积推广。

（1）培育出多抗广适高产稳产小麦新品种'山农 20'，获国家黄淮南部、北部两麦区审定，为农业部主导品种和年推广面积超 1 000 万亩的全国三大品种之一。适宜区域广，推广速度快、潜力大。①综合抗性突出。山农 20 聚合了 $Pm24$、$SeSl$ 等 7 个抗病基因。中国农业科学院植物保护研究所（国家抗病鉴定单位）接种鉴定：白粉病免疫、条锈病免疫、慢叶锈。河北农林科学院旱作农业研究所（国家抗旱鉴定单位）鉴定：旱棚和大田抗旱指数分别为 1.102 和 1.106，抗旱性达 2 级（强）标准。②广适稳产。聚合了 $vrn-D1$、$Rht-D1b$ 等 4 个春化、矮秆基因，适宜 7 个冬小麦主产省种植，在高产水浇田、旱地和盐碱地均可大面积推广。③高产优质。聚合了 QGw6A-29、QGns2B-2 等 6 个产量性状 QTL 位点，国家生产试验比对照周麦 18 增产 5.47%，居第一位。农业部 37 个万亩高产创建方抽样验收，平均亩产 709.7kg，5 省（区）创当年当地高产纪录，是农业部实打验收的全国第一个同年份重复超过 800kg 品种。'山农 20'为硬质白麦，商品性好，被农业部评为蒸煮品质优良的小麦品种。

（2）创建了与常规育种全程结合的多位点分子标记辅助育种技术体系，获国家发明专利并转让使用，为新品种培育提供了技术支撑。①开发验证了 22 个产量、品质、抗性等性状的分子标记，为标记辅助选择奠定了基础；②创制了含有特定 QTL/基因位点的亲本材料 18 份，为标记辅助选择提供了重要材料；③创建了多位点标记与表型量化评价结合的辅助选择技术，解决了抗病、产量等数量性状基因跟踪聚合的难题，还育成了'山农 26''山农 102'等审定新品种和 26 个正在参加国家或省区域试验的新品系。

（3）创建了"增群体、防倒伏、增穗重"的'山农 20'高产超高产栽培技术，实现了增穗不倒、穗重不降，大面积高产稳产和快速推广。①增群体：基本苗由 8 万~12 万苗增至 16 万苗，促Ⅰ~Ⅲ位蘖增成穗；

②控春生高位蘖：拔节前控肥水，抑控高位蘖，促茎穗发育，防倒增粒；③重施拔节肥水：拔节后结合浇水施氮钾肥，增穗重。

　　3 年‘山农 20’推广 5 497.02 万亩，经济效益 41.92 亿元；累计种植 8 016.7 万亩，经济效益 61.13 亿元。获 4 项国家专利和 1 项植物新品种权，并转让 6 家育种单位使用。出版小麦分子育种专著 3 部，其中 1 部中文专著获中国科学院出版基金资助，2 本英文专著是 Springer Science 出版的唯一由国内学者撰写的专著，也是国际上首套小麦分子育种的科技专著。发表研究论文 120 篇，SCI 收录 27 篇；培养研究生 86 名；项目的经济、社会效益及对行业科技进步的促进作用十分显著。常规育种与多位点分子标记辅助选择技术相结合方面达到国际领先水平。

早熟优质多抗马铃薯新品种选育与应用

完成单位：中国农业科学院蔬菜花卉研究所

完成人：金黎平，庞万福，卞春松，徐建飞，李广存，段绍光，金石桥，李　飞，邰　刚，谢开云

获奖类别：国家科学技术进步奖二等奖

成果简介：本成果针对早熟马铃薯发展空间大，但适种品种少、主栽品种退化快、病虫害自然灾害多、产量低、品质差等问题，以选育早熟优质多抗的育种目标，收集种质资源，创新育种技术，筛选和创制优异种质，聚合育成新品种，集成脱毒种薯繁育及新品种配套栽培技术，并大面积推广应用。

　　经过 23 年的努力，收集、保存并系统评价了 2 228 份种质资源，建立了低温保存库，筛选出 62 份早熟、优质、多抗的突破性种质材料；首创了茎枝菌液法青枯病抗性和电解质渗漏法耐寒性鉴定技术，开发了早熟、薯形和抗病等 6 个实用分子标记，结合标记辅助选择和常规鉴定技术，建立了高效早熟育种技术体系，创制了 19 份早熟优质多抗育种材料，育成了以‘中薯 3 号’和‘中薯 5 号’为代表的 7 个具有自主知识产权的国审早熟优质多抗新品种，其中‘中薯 3 号’突破了早熟品种不抗旱和广适性差的局限，‘中薯 5 号’突破了早熟品种不抗晚疫病的瓶颈，其他 5 个早

熟新品种各具特色，满足市场和种植区域的多样性需求，扩大了早熟马铃薯种植区域，实现了早熟品种更新换代；建立了优良品种脱毒种薯快繁技术体系，在各区域集成了高产高效配套栽培技术。

本成果还获得了 1 件植物新品种权、2 项国家发明专利，制定 7 项国家和行业标准，发表论文 60 篇；育成新品种在全国累计推广了 524.5 万 hm^2，仅'中薯 3 号'和'中薯 5 号'就推广了 499.9 万 hm^2，其中 2014—2016 年推广 268.3 万 hm^2，新增产值 155.95 亿元。'中薯 3 号'和'中薯 5 号'已经成为国内适应性最广、种植面积最大的 2 个自主培育早熟品种，也是近 10 个省份的主栽品种，在精准扶贫、种植业结构调整中发挥了重要作用。

本成果极大地丰富了我国马铃薯种质资源，创新了育种技术，改变了我国马铃薯早熟品种少、种植面积小的局面，促进了马铃薯行业科技和产业发展，产生了巨大的经济效益。

寒地早粳稻优质高产多抗龙粳新品种选育及应用

完成单位：黑龙江省农业科学院佳木斯水稻研究所
完成人：潘国君，刘传雪，张淑华，王瑞英，张兰民，关世武，冯雅舒，黄晓群，吕 彬，鄂文顺
获奖类别：国家科学技术进步奖二等奖
成果简介：寒地早粳稻区生态条件特殊，种植品种为早粳稻生态型，存在着生育期短、难创高产、稻瘟病和低温冷害频发难以稳产等问题，导致日本品种长期占主导地位，严重威胁着中国粮食安全。项目团队从新品种选育、关键优异种质创新、育种理论探索与技术体系创建与完善等方面历经 20 多年研究，取得了突破性成果。

创新出具有自主知识产权的优质高产多抗寒地早粳稻'龙粳 31''龙粳 25''龙粳 21'和'龙粳 39'，解决了寒地早粳稻品种难创高产和稳产的问题。'龙粳 31'连续 5 年（2012—2016）为中国第一大水稻品种，创中国粳稻年种植面积的历史纪录。创新出'龙花 961513''龙花 97058'

'龙花 95361'等一批具有籼稻或地理远缘血缘的关键优异种质，解决了寒地早粳稻优异种质材料匮乏的难题。挖掘出丰产性、抗瘟性、抗冷性和适应性等方面独具特色的寒地早粳稻基因源，奠定了选育这些突破性品种的物质基础。创建完善了具有独特性的寒地早粳稻育种理论与技术体系，解决了寒地早粳稻育种理论与技术不完善问题，为寒地早粳稻育种开辟了一条新途径。

该项目技术难度大、系统性强、创新性突出、社会经济效益巨大，达到国际同类研究领先水平，该项研究育成的品种在黑龙江、吉林、内蒙古、新疆等省（区）累计推广面积 1.37 亿亩，新增销售额 1 984.21 亿元，新增利润 193.44 亿元，其中，3 年新增销售额 1 546.67 亿元，新增利润 150.91 亿元。发表论文 16 篇，出版《寒地粳稻育种》等专著 2 部，获植物新品种权 6 项，极大地推动了寒地早粳稻产业的发展，为提升粳稻育种水平、保障国家粮食安全做出了重大贡献。

花生抗黄曲霉优质高产品种的培育与应用

完成单位：中国农业科学院油料作物研究所，南充市农业科学院

完成人：廖伯寿，雷　永，姜慧芳，夏友霖，王圣玉，李　栋，任小平，漆　燕，晏立英，王　峰

获奖类别：国家科学技术进步奖二等奖

成果简介：我国是世界花生生产、消费和出口大国。花生是最易受强致癌性黄曲霉毒素污染的作物之一，毒素污染是威胁花生食品安全、危害消费者健康和限制出口贸易的重要因素。我国长江流域和华南等主产区花生黄曲霉毒素污染十分普遍且日趋严重，培育和种植抗黄曲霉的花生品种是控制毒素污染的重要技术途径。针对国内外缺乏花生黄曲霉抗性鉴定技术、缺乏优良抗性种质、缺乏高产优质抗黄曲霉品种等技术瓶颈，本项目在国家自然科学基金、国家 863、国家科技支撑计划等项目的资助下，历经 20 多年的系统研究，建立了适用于育种研究的花生黄曲霉抗性鉴定方法，发掘出一批抗黄曲霉花生种质，明确了黄曲霉抗性的遗传特性，培育

出抗黄曲霉的优质高产花生新品种并大面积应用。

成果的主要课题来源有：国家 863 计划课题"花生高效育种技术及优质高产多抗专用新品种选育"（2001AA241153）；国家自然科学基金课题"花生青枯病疫区黄曲霉毒素污染的遗传控制"（30070521）；国家自然科学基金课题"花生抗黄曲霉特异种质的生物学及利用研究"（30170561）；国际科学基金"Screening for resistance to Aspergillus flavus invasion and aflatoxin production in peanut"（C-1463-1）；国家科技攻关子课题"花生种质资源繁种鉴定和优异种质利用评价"（85-001-03-04-02）。

首次建立了适用于育种研究的花生黄曲霉产毒抗性鉴定方法，对花生样品需求量小，准确性高，测试成本仅为其他方法的 40%，适合大规模抗性育种应用。发掘出花生抗黄曲霉侵染和产毒种质共 16 份，其中抗黄曲霉产毒兼抗青枯病的'台山珍珠'等种质为国际上首次发现。明确了花生黄曲霉抗性的遗传特性，首次建立了抗性的分子标记，发现产毒抗性受 2 对主效基因+微效多基因控制；获得了 4 个抗黄曲霉侵染相关的 QTL，6 个抗产毒相关的 QTL；首次获得黄曲霉侵染抗性 AFLP 标记 2 个和 SCAR 标记 1 个。培育出抗黄曲霉优良花生新品种'中花 6 号'和'天府 10 号'，填补了国内抗黄曲霉花生品种的空白。

建立的花生黄曲霉产毒抗性鉴定方法为国际首创，该方法对花生样品用量小，准确性高，成本低，适于大规模抗性育种应用。利用核心种质资源鉴定和发掘出抗黄曲霉的花生材料 16 份，填补了国内抗黄曲霉花生种质的空白。通过关联分析在国际上首次获得与花生黄曲霉抗性关联的 QTL 位点。在国际上首次明确了花生黄曲霉产毒抗性受 2 对主效基因+微效多基因控制。培育出抗黄曲霉花生品种，填补了国内抗黄曲霉花生品种的空白。项目建立的抗性鉴定方法、发掘出的抗性种质、获得的抗性 QTL 位点和培育的抗病品种等花生抗黄曲霉育种研究需要的一系列成熟技术，已经在国内育种单位广泛应用。该技术体系适用于花生黄曲霉抗性的遗传改良，技术成熟可靠，无安全性问题。

项目建立的花生黄曲霉产毒抗性鉴定方法已开始为国内育种单位提供抗病材料的筛选鉴定服务，推进了花生黄曲霉抗性遗传改良进程。发掘出的抗黄曲霉种质已提供给国内育种单位应用，用于配制杂交组合和培育抗病品种。发掘出的抗病相关 QTL 已应用在分子标记辅助选择育种，提高了育种效率。培育的抗病品种已在全国累计推广应用 3 400 多万亩，产生了较大的社会和经济效益。存在的问题：目前建立的高效花生黄曲霉抗性鉴定技术已能在育种环节应用，但仍需要专门的实验室和检测设备，在科研单位应用存在局限；抗黄曲霉品种仍存在产量潜力低、品质不优等问题，需要进一步改良。"花生黄曲霉抗性遗传改良基础及中花6号的培育与应用"，2010年获中国农业科学院科技成果奖一等奖。

食用菌种质资源鉴定评价技术与广适性品种选育

完成单位：中国农业科学院农业资源与农业区划研究所，四川省农业科学院土壤肥料研究所，福建农林大学，云南省农业科学院生物技术与种质资源研究所

完成人：张金霞，黄晨阳，陈　强，高　巍，王　波，谢宝贵，赵永昌，赵梦然，张瑞颖，黄忠乾

获奖类别：国家科学技术进步奖二等奖

成果简介：食用菌高效转化农林废弃物为优质健康食品，已成为中国粮菜果油之后第五大种植业，产量占全球75%，在促进农民增收中发挥着重要作用。但是，生产中菌种问题引起大面积霉菌侵染、减产绝收频发，长期困扰着产业发展。该项目针对制约产业发展的首要技术瓶颈——菌种问题，开展"食用菌种质资源鉴定评价技术与广适性品种选育"研究，紧紧抓住"资源搜集—鉴定评价—高效育种—广适性品种—示范推广"这一主线，研发23年，重点突破食用菌种质资源精准鉴定评价和高效育种两大技术瓶颈，创建菌种与信息同步的种质资源库，创新种质资源鉴定评价和高效育种技术体系，选育广适性新品种，在全国示范推广。

（1）创建了世界最大的菌种实物和可利用信息同步的国家食用菌标准菌株库，解决了中国食用菌育种长期种质资源匮乏问题。库藏菌株8 000余个，隶属于418种，涵盖全部可栽培种类，占全国保藏野生种质的85%以上，占国内外栽培品种90%以上；全部具DNA指纹和特征特性双数据；对外提供种质2 284份。

（2）建立了物种、菌株、经济性、菌种质量等多层级精准鉴定评价技术体系，突破了种质资源属性特性不清制约高效利用的技术瓶颈，解决了

菌种管理中品种鉴定和菌种质量判别的技术难题。澄清近缘种 19 个；明确库藏菌株遗传特异性和重要性状，鉴评获得广温、高温、抗冻、抗病、丰产等优异种质 274 株；鉴评生产用种 2 100 余份，正名 388 个，遏制了假冒伪劣菌种的使用；支撑了农业部《食用菌菌种管理办法》的制定实施，显著促进了全国菌种质量的提高。

（3）首创结实性、丰产性、广适性"三性"为核心的"五步筛选"高效育种技术，突破性状预测难、田间筛选量大导致效率低的技术瓶颈，促进了食用菌育种技术的发展。创立的以"三性"为核心的"室内鉴定结实性→室内预测丰产性→田间实测丰产性→室内检测广适性→田间综合鉴评"五步筛选育种技术，室内预测缩时 90%，田间筛选工作量缩减 79%，育种效率显著提高。业内广泛采用，成效显著。

（4）育成适合中国园艺设施条件生产的平菇、金针菇、毛木耳等广适性新品种，通过国家（省）认定 31 个，促进了中国食用菌品种的更新换代。应用该项目种质资源和系列技术方法，育成广温耐高温品种 15 个、适宜西部大温差品种 9 个、抗冻品种 4 个、抗病品种 3 个，项目选育品种在同类品种中适应性最强。项目选育的平菇新品种占周年生产规模 60% 以上、占夏季生产规模 90% 以上；选育的金针菇、平菇等新品种占新疆、甘肃等西部地区同类品种生产规模 90% 以上；选育的川耳系列占毛木耳主产区生产规模 95% 以上。

该项目育成新品种 31 个，获国家发明专利 9 项，制定国家（行业）标准 15 项，出版专著 5 部，发表学术论文 52 篇，获中华农业科技奖一等奖 1 项。该项技术在全国 19 省（市、区）推广，3 年累计新增利润 129.45 亿元。中国农学会组织了第三方评价，以李玉院士、方智远院士等为代表的专家组认为，成果居同类研究国际领先水平，具重要创新和广阔应用前景。

中国野生稻种质资源保护与创新利用

完成单位：中国农业科学院作物科学研究所，广西壮族自治区农业科学院水稻研究所，江西省农业科学院水稻研究所，广东省农业科学院水稻

研究所，云南省农业科学院生物技术与种质资源研究所，海南省农业科学院粮食作物研究所，湖南省水稻研究所

完成人：杨庆文，陈大洲，陈成斌，潘大建，戴陆园，王效宁，李小湘，王金英，梁世春，余丽琴

获奖类别：国家科学技术进步奖二等奖

成果简介：野生稻是水稻育种不可或缺的基因资源，"野败"不育株的发现与应用解决了三系杂交稻选育的世界性难题。自 1996 年起，针对中国野生稻濒危严重且本底不清、保护技术匮乏、保护与利用相脱节等问题，制定"全面查清→科学保护→鉴定评价→种质创新→共享利用"技术路线，开展系统研究，成效卓著。

（1）创建地理环境信息与社会人文相结合的野生稻调查技术体系，阐明了 3 种野生稻的分布与濒危状况，新发现 58 个居群，为中国野生稻长久保护与深入研究提供了第一手核心数据。研制以 GPS 精细定位为基础，以居群的地形、气候、土壤、小生境、伴生植物以及当地民族、文化、习俗、农民认知等为技术指标的野生稻调查技术体系。经严格培训的 200 多名专业人员，历时 18 年，完成了全国野生稻调查。发现中国现有普通野生稻、药用野生稻和疣粒野生稻 3 个物种，分布于 7 个省（区）。原记载的 2 696 个居群仅剩 636 个，丧失率 76.41%，濒危严重。新发现 58 个居群中，1 个为中国药用野生稻最北最东居群，1 个为世界疣粒野生稻海拔最高居群。研发数据标准化技术，建立了野生稻居群的地理、环境、人文和图像的 GPS/GIS 信息系统，为野生稻资源监测、起源进化和保护政策研究等提供了精准信息。

（2）建立异位与原生境相结合的保护技术，分别保护了 694 个和 65 个居群，均居世界第一，挽救了 23 个极度濒危居群，为野生稻持久利用提供了基础材料。研发基于遗传多样性的居群采集和异位保存技术，采集并保存 3 种野生稻 694 个居群的 19 153 份资源，保存份数增加 3.42 倍，居世界第一。研究明确了 3 种野生稻居群遗传结构，确定了优先保护居群。阐明了生态环境、交配系统、遗传侵蚀、伴生植物等对野生稻的致濒机理，制定了以消除主要威胁因素为导向的原生境保护技术，保护了包括 23 个列入国家保护规划的极度濒危居群在内的 65 个濒危居群。为野生稻优异基因发掘、种质创新储备了丰富的基础材料。

（3）研制育种目标关键性状表型与基因芯片等相结合的鉴定技术，发掘抗冻、强耐淹等新基因 21 个，创制典型育种目标关键性状新种质 503

份，共享利用培育新品种 114 个，促进了野生稻安全保护与有效利用的协调发展。研制育种目标关键性状野生稻表型鉴定技术，系统评价野生稻 42 239份（次），筛选高抗南方黑条矮缩病、抗冻、强耐淹、雄性不育等优异资源 658 份。创新染色体置换系与 SNP 芯片扫描技术，定位 116 个 QTL 和 21 个新基因，其中抗冻、耐淹基因在栽培稻中未曾发现。整合远缘杂交与分子聚合技术，创制新种质 503 份，首次获得携带疣粒野生稻基因的新种质，育成新不育系 3 个。创新以信息化为基础、以利用促保护的共享利用技术，向 113 个单位提供优异资源、新种质、不育系及其关键信息14 015份（次），育成品种 114 个，2014—2016 年推广5 282.16万亩，新增产值44.14 亿元。

项目组获核心知识产权 4 项，制定标准 6 项，研制关键技术 9 项，育成新品种 13 个，获省级一等奖 2 项，发表论文 161 篇（其中 SCI 11 篇），出版著作 6 部。

基于木材细胞修饰的材质改良与功能化关键技术

完成单位：东北林业大学，中国林业科学研究院木材工业研究所，中国木材保护工业协会，河北爱美森木材加工有限公司，徐州盛和木业有限公司，德华兔宝宝装饰新材股份有限公司，北京楚之园环保科技有限责任公司

完成人：李坚，谢延军，刘君良，王清文，王立娟，王成毓，肖泽芳，柴宇博，王奉强，王海刚

获奖类别：国家科学技术进步奖二等奖

成果简介：项目针对人工林木材密度小、强度低、易变形开裂、腐朽虫蛀和易燃烧等问题，优选功能性试剂对木材多尺度界面进行修饰，通过改变细胞壁层分子结构和调控细胞微观构造，实现木材宏观材性显著改善并具备阻燃和防腐等新功能，同时不断以基础理论创新驱动木材仿生功能化新技术的孕育发展，实现人工林低质木材高效高附加值利用。

项目研发了木材细胞壁反应改性技术，通过对细胞壁物质接枝交联及

细胞壁微孔充胀，改善了木材尺寸稳定性、力学强度和耐腐朽性能；集成创新了木材改性阻燃功能化技术，木材尺寸稳定性高且具有阻燃抑烟和防虫功能；研发了细胞腔乙烯基单体填充增强技术，突破了单体利用率低的技术瓶颈；创新发展了木材仿生功能化基础理论和方法，发明了仿生趋磁短流程非钯化学镀合金技术以及超疏水处理技术，获得了具有优异电磁屏蔽和超疏水效果的功能木材。整体技术在国内外同类研究中处于领先水平，关键技术实现了产业化，产生了显著的经济和社会效益。

这项技术的主要科技创新体现在，创制木材细胞壁反应改性技术、集成创新木材改性防护体化技术、发明木材细胞腔填充增强技术和首创木材短流程化学镀金属合金技术。在绿色药剂合成和改性阻燃协效方面实现了突破，经鉴定达到同类研究的国际领先水平，在木材仿生功能化基础研究方面引领科学前沿。项目相关成果曾分别获得黑龙江省科技进步奖、技术发明奖和自然科学奖一等奖 3 项；获授权国家发明专利 21 项、制定并发布国家标准 2 项、出版著作 8 部，在国内外核心期刊上发表论文 125 篇，其中 SCI 收录 68 篇。关键技术先后在河北、江苏、浙江、北京等地多家木材加工企业进行了产业化，取得了显著的社会和经济效益，为推动木材加工产业技术升级做出了突出贡献。

竹林生态系统碳汇监测与增汇减排关键技术及应用

完成单位：浙江农林大学，国际竹藤中心，中国林业科学研究院亚热带林业研究所，国家林业局竹子研究开发中心，浙江科技学院，中国绿色碳汇基金会，福建省林业科学研究院

完成人：周国模，范少辉，姜培坤，杜华强，施拥军，单胜道，钟哲科，楼一平，李永夫，郑　蓉

获奖类别：国家科学技术进步奖二等奖

成果简介：该项目属林业科学技术领域。森林碳汇是国际气候变化谈判的重要议题，也是中国政府履行温室气体减排的重要内容。竹林在应对气候变化中蕴藏着巨大的潜力，是最符合进入减排市场的森林碳汇类型。

然而竹林特殊的爆发式、可再生生长与隔年采伐特性、碎片化的空间分布、持续的面积异动等使其碳源汇动态不清、时空格局不明，碳汇精准监测与增汇减排技术长期缺乏，严重制约了其固碳功能的科学评价和提升；同时，竹林碳汇项目在国内外都缺失方法学标准，致使碳汇难以进入碳减排市场，成为竹林碳汇科技与产业发展的最大瓶颈。经过15年联合攻关，突破了竹林碳汇领域中四大关键科学与技术难题。

探明了竹林碳源汇特征、碳储量与空间分配格局，明确竹林是一个巨大的碳汇，系统澄清了竹林是碳源还是碳汇的国际争议。研发了通量观测、无线传感联动校验的竹林碳通量监测技术，精确揭示典型竹林碳源汇动态，发现中国竹林年净固定 CO_2 为 1.129 亿 t；基于碳空间格局与碳转移分析方法，探明了中国竹林生态系统碳储量约为 7.802 亿 t，同时阐明全国每年有 1 340 万 t 固碳量转移到竹材产品碳库。

创建了多尺度地面、遥感联合监测技术体系，实现竹林碳时空动态的快速准确测算。构建出竹子异速生长和二元 Weibull 分布模型，实现竹林碳储量的精准测算和任意尺度转换；耦合地面模型和遥感信息，发明"三阶"竹林信息自动识别和冠层参数碳同化反演方法，实现竹林碳储量空间分异信息的快速提取和增汇潜力的准确辨识，面积精度达 90.0% 以上，碳储量估算精度提高了 28.0%。

研发了竹林增碳减排稳碳协同的四大关键技术，显著提升竹林净碳汇能力。基于竹林结构优化与土壤碳平衡调节，研发出地上增汇地下减排双向调控材料与技术，植被固碳能力提高了 27.6%，土壤温室气体排放量减少了 20.5%；发现竹林植硅体碳积累特征和长期稳碳机制，研发了硅肥和富硅生物质复合稳碳技术，封存有机碳能力提高了 2.2~3.5 倍。

研发出 5 项国家、国际标准的竹林碳汇项目方法学，填补了国内外空白，开辟了全新的竹林碳汇产业。创建竹林不同碳库 8 种计量方法模型，确定 10 项计量参数值，建立包含 19 个竹种、48 个模型的竹子生长模型库，突破竹林碳汇计量方法和特征参数缺失的难题，解决了竹林碳汇进入国内、国际碳减排市场的技术瓶颈。

发表学术论文 277 篇（其中：SCI 收录 106 篇，累计 IF = 242.8；一级期刊 81 篇），授权国家发明专利 13 项，软件著作权 16 项，出版专著 9 部，在联合国气候大会上提交竹子应对气候变化技术报告 6 份，获浙江省科学技术奖一等奖 1 项。已累计开发竹林碳汇项目 41.6 万亩，共产生核证减排量 528.2 万 t，通过国家发改委审核，获得额外碳汇收益 2.64 亿元；

已在浙、皖、闽、赣等地累计推广竹林提质增汇减排面积 503 万亩，年均增加固碳量 150.9 万 t CO_2，增加竹材和碳汇综合收益 9.05 亿元，经济、社会和生态效益显著。

中国松材线虫病流行规律与防控新技术

完成单位：南京林业大学，安徽省林业科学研究院，杭州优思达生物技术有限公司，南京生兴有害生物防治技术股份有限公司

完成人：叶建仁，吴小芹，陈凤毛，徐六一，胡　林，朱丽华，黄麟，郝德君，柴忠心，高景斌

获奖类别：国家科学技术进步奖二等奖

成果简介：松材线虫病（又称松树萎蔫病）是一种世界性重大森林病害。该病自 1982 年从国外传入南京，至 2008 年已先后在中国 16 省 251 个县区发生，每年发生面积 100 多万亩，致死松树数百万株。中国现有松林面积 6 亿亩，马尾松等 14 种主要造林树种均为感病松种。鉴于中国大面积松林面临松材线虫病的严重威胁和病害快速蔓延的严峻态势，防控该病成为中国森防工作的重中之重。该项目围绕防控的重大科技难题开展研究，取得的创新成果被广为应用。

（1）创建无菌松材线虫致病性测定体系，明确松材线虫是松树萎蔫病病原，发现松材线虫致病相关的重要基因功能。以松材线虫卵为起点制备无菌松材线虫，无菌条件下致病性测定表明，无菌线虫可致松苗萎蔫。发现过氧化物酶 Bx-Prx 等 7 个基因参与调控松材线虫繁殖和致病力。从致病性和分子机理两个方面明确松材线虫是松树萎蔫病的病原。澄清了多年来围绕该病病原出现的学术观点和防治策略上的混乱，明确了松材线虫是病害防控的主要目标。

（2）建立首个中国松树寄生线虫虫株资源库，阐明松树主要寄生线虫竞争关系。从全国 17 省采样分离鉴定了 20 种松树寄生线虫，以活虫培养和 DNA 方式分别建立了全国首个松树寄生线虫虫株资源库和基因资源库，保存 3 科 5 属 12 种 610 个虫株，其中松材线虫虫株 460 个、拟松材线虫虫

株 110 个、其他寄生线虫虫株 140 个。发现 2 个松树寄生线虫新种。明确松材线虫在松树中具有明显竞争优势。资源库建立为松材线虫病传播路径分析、疫情监测和检疫技术研发奠定重要基础。

（3）揭示松材线虫病在中国的流行动态规律，科学提出松材线虫病的传播路径。发现松材线虫病在中国主要是人为传播，传播载体包括疫木、包装箱和电缆盘等；探明传病媒介松墨天牛传播线虫的规律；发现松材线虫病在中国流行早期两个聚集分布区形成特点；阐明各疫区松材线虫遗传变异规律，提出松材线虫病在国内省际间的传播路径。确定疫情监测检疫是松材线虫病防控的关键。

（4）研发松材线虫病防控新技术，防病减灾成效显著。①松材线虫专项自动化分子检测系统，实现对松木样品中松材线虫的直接检测和检测过程及结果判读自动化。②首创松材线虫恒温扩增试纸条判读检测技术，显著降低检测设备一次性投入，实现检测技术的普及化应用。③创新研发松墨天牛特异光源引诱技术。新技术快速、简便、易行，在中国松材线虫病防控实践中发挥了重大作用。④防控新技术在 17 省推广应用，形成了国家、省、市三级松材线虫病防控网络。受国家林业局委托，举办 23 期全国松材线虫病监测鉴定技术培训班，1 463 名学员已成为中国松材线虫病防控的主要技术骨干。

近五年中国松材线虫病新增疫区、发生面积和病死树数量大幅下降。该成果为国家减少直接经济损失 3.2 亿元，减少间接经济损失 10.6 亿元。项目获授权专利 12 项，其中发明专利 8 项、实用新型专利 4 项，核心期刊发表论文 38 篇（其中 SCI 论文 8 篇），出版专著 1 部，制定国家标准 1 项。

重要食源性人兽共患病原菌的传播生态规律及其防控技术

完成单位：扬州大学，浙江大学，上海康利得动物药品有限公司，浙江青莲食品股份有限公司

完成人：焦新安，方维焕，黄金林，蔡会全，李肖梁，潘志明，宋厚辉，巢国祥，许明曙，殷月兰

2017 年度

获奖类别：国家科学技术进步奖二等奖

成果简介：本成果对我国食源性人兽共患病原菌的传播生态规律分析及其系列防控技术具有重要的理论意义和广泛的应用推广价值，在保障人民健康、畜牧业生产以及进出口食品的国际贸易中有重要价值。通过本项目的实施，提升了我国对食源性人兽共患病病原菌控制及食品安全关键控制技术水平，产生了显著的社会、经济效益。

（1）建立了主要食源性人兽共患病病原菌定性、定量快速检测技术，现代分子分型溯源技术，在大量流行病学调查研究的基础上，建立了我国重要食源性致病菌的菌种库和分子溯源数据库，明晰了重要食源性人兽共患病病原菌在不同宿主、食品、环境之间的传播生态规律。首次实现从动物源头、食品加工与流通至人群以及环境的食源性病原菌的全方位流行病学研究，研究中产生的流行病学数据及其研究方法为人兽共患病防控及安全措施的制定提供了十分重要的科学依据。

（2）建立了副溶血弧菌、空肠弯曲菌和单核细胞增生李斯特菌的失活动力学及在冷链条件下生长预测模型，以禽肉生产加工为模型，建立了食品生产加工流通全过程空肠弯曲菌防控的 HACCP 和禽肉生产加工过程弯曲菌预测与风险分析，在国内率先开展了"从农场到餐桌"的禽肉弯曲菌定量风险评估，初步建立了适合我国国情的禽肉中弯曲菌定量风险评估体系。

（3）建立了醋酸、乳酸和柠檬酸对主要食源性病原菌食品中的灭活动力学模型，为有机酸净化食品行业，尤其是畜禽屠宰及水产品加工领域的病原污染提供实验依据；研制了肠炎沙门菌减毒疫苗候选株、运送空肠弯曲菌 *flaA* 基因的壳聚糖纳米 DNA 疫苗和单核细胞增生李斯特菌候选疫苗株，为食源性致病菌的防控提供了新制剂。

该项目获批国家兽药产品 2 个、发明专利 7 项、软件著作权 4 项，主编著作 1 部，发表 SCI 论文 85 篇，培养博硕士生 150 名，培训基层骨干和核心技术员 1 500 余人。成果推广至 11 个省（市、自治区）的 40 家企事业单位。取得显著社会效益、生态效益的同时，3 年累计新增利润 1.41 亿元，节支 6 125 万元，填补了国际上关于中国食源性病原菌流行特征、定量风险分析和防控干预技术等方面的空白，为提升中国食源性病原菌检测技术水平、防控水平和公共卫生事件快速应急处置能力等提供了关键科技支撑，也为政府决策提供了重要科学依据。

青藏高原特色牧草种质资源
挖掘与育种应用

完成单位：四川省草原科学研究院，四川农业大学，全国畜牧总站，兰州大学，河南农业大学，中国农业大学，四川省草原工作总站

完成人：白史且，李达旭，马　啸，郭旭生，鄢家俊，严学兵，游明鸿，张蕴薇，李新一，何光武

获奖类别：国家科学技术进步奖二等奖

成果简介：青藏高原是中国重要的生态屏障、最大的草原牧区和草地畜牧业生产基地，也是数百万各族牧民同胞赖以生存发展的家园。然而，由于超载过牧等因素，导致草地退化严重，草畜矛盾尖锐。缺少适应当地严酷生境的优良牧草品种和足量的优良饲草，始终是畜牧业生产、生态建设和牧民脱贫致富的重要限制因素。为此，自 1987 年以来，项目针对草地畜牧业生产和生态建设的重大技术需求，开展了系统研究，通过资源挖掘与创制，选育出 14 个青藏高原特色牧草新品种，并建立了相应的丰产栽培、加工利用及草地植被恢复技术体系，通过大面积应用，极大地缓解了家畜冬春饲草不足，减轻了草地放牧压力，提升了草地生态服务功能，有力地促进了该区域生产、生态、生活协调发展。

（1）构建了青藏高原特色草种质资源库和综合评价体系，挖掘创制新材料 465 份。探明了该区域牧草种质资源的种类和分布，收集保存资源 26 643 份，占该区域资源保存量的 80% 以上；建立了基于遗传多样性、农艺性状、营养品质和抗逆特性的多层次综合评价体系，发现了青藏高原是中国披碱草属物种的遗传多样性中心，揭示出与产草量和利用年限具有高度遗传相关的标记性状；为该区域牧草资源合理挖掘利用提供了方法借鉴，为品种选育提供了材料基础。

（2）建立了青藏高原多年生牧草的育种理论与技术体系，选育出 14 个适应该区域严酷生境的牧草新品种，优良品种覆盖率达 75% 以上，率先探明了高寒条件下乡土草种的高度适应性和营养品质形成规律，确立了该区域牧草育种的主要方向和目标。利用挖掘和创制的优良基因资源，采用单株选择、混合选择、杂交等方法选育出 14 个生产性能稳定、适口性好、

适应性强的牧草新品种，产草量比对照增产 10% ~ 68%，粗蛋白含量 9.73% ~ 16.1%，连续多年入选该区域主导品种，有效地提高了在畜牧业生产和生态建设中的良种覆盖率。

（3）创建了新品种丰产栽培、加工利用及草地植被恢复技术体系，为青藏高原地区草地畜牧业生产和草原生态建设提供了综合技术措施。建立了施用多效唑、有机无机肥配施、适时收获等为主的丰产栽培技术，实现种子 5 ~ 6 年持续高产，实际种子产量提高 65.89%，种子质量达国家一级标准；牧草持续稳产 8 ~ 10 年，产量提高 50% 以上；创新了川草引 3 号鹅观草无性繁殖方法，突破了高寒地区长寿命禾草前期结实率低、扩繁难的瓶颈；建立了高寒牧区低温青贮技术体系，青贮料粗蛋白提高 2 ~ 3 个百分点；建立了高寒退化草地植被恢复技术体系，天然草地生产力提高 3 ~ 5 倍，持续利用 6 ~ 7 年；多项技术入选该区域主推技术。

项目育成新品种 14 个，获专利 14 项（发明专利 9 件），制定地方标准 40 项，发表论文 222 篇（SCI 收录 36 篇），出版著作 12 部。项目期累计建种子基地 12.3 万亩，新品种和配套技术用于建人工草地 497 万亩、退化草地治理 2 728 万亩，累计增产青干草 1 630 万 t，可为 7 761 万只羊单位提供冬春补饲草料，已获经济效益 47 亿元。培养了 13 名博士、46 名硕士和一批少数民族高级专家，培训农牧民 3.2 万人次。部分成果获四川省科技进步奖一等奖，中华农业科技进步奖二等奖。

民猪优异种质特性遗传机制、新品种培育及产业化

完成单位：黑龙江省农业科学院畜牧研究所，吉林省农业科学院，东北农业大学，中国科学院东北地理与农业生态研究所，中国农业科学院哈尔滨兽医研究所，哈尔滨玉泉山养殖有限公司，吉林精气神有机农业股份有限公司

完成人：刘　娣，张树敏，刘忠华，李一经，李　娜，张冬杰，杨秀芹，马　红，尹　智，刘春龙

获奖类别：国家科学技术进步奖二等奖

成果简介：民猪是东北地区唯一的国家级保护猪种，具有肉质好、繁殖力高、抗逆性强等优异种质特性，曾经有 30 年的维持保种状态。项目组经过 27 年研究，综合利用现代生物学技术，对民猪优异种质特性的遗传机制进行研究；根据产业化需求，以民猪为素材育成了"松辽黑猪"品种，开展了民猪与巴克夏猪、松辽黑猪与野猪等杂交组合的筛选与确定，对民猪及杂交商品猪的饲养管理、饲料营养、疫病防治和养殖模式等方面进行系统研究及技术集成，并与多家知名企业联合，创立了六大著名商标品牌，取得了良好的经济、社会和生态效益，推动了东北地区优质猪产业的快速发展。

（1）揭示民猪抗病、抗寒、高繁殖力和肉质好等特性的遗传机制，并开发优异种质性状选育和高效扩繁技术。完成了民猪全基因组序列图谱的构建及 SNP 分析，首次在分子水平上揭示了民猪的起源与进化；利用转录组及小 RNA 测序技术分析了民猪呼吸道上皮细胞抗病毒天然免疫反应机制；利用基因编辑技术研究了猪源宿主基因抗蓝耳病病毒分子机制；从表型、基因型检测以及关键基因筛选等多角度探讨了民猪肉质优良的遗传机理。利用对民猪特性分子机制的掌握，研制了基因检测试剂盒用于优异性状选育。研究了影响体细胞核移植效率的因素和相关机理，开发了体细胞克隆扩繁技术，获得的体细胞克隆民猪是国内首例成体体细胞克隆猪。研制出适合民猪的精液冷冻、采精技术。

（2）利用三元杂交方法育成'松辽黑猪'新品种，筛选了民猪杂交利用的优秀组合模式。以民猪为母本，丹系长白、美系杜洛克为第一、第二父本，培育出适合北方消费需求及气候特点的肉猪新品种——'松辽黑猪'，是国内首次采用重叠式不完全小群闭锁及三元杂交育种技术培育的黑猪新品种，群体性状一致性高、遗传进展快，既有民猪繁殖力高和肉质优良特性，又有引入品种的日增重和料肉比优势。2014 年被农业部列为主导品种。通过对多种杂交模式筛选，确定"巴民杂交"为民猪资源利用的优秀模式，后代肉质优良、生长速度快、耐粗饲。

（3）集成创新民猪产业化技术体系，创立六大著名黑猪品牌。对民猪及其杂交商品猪生产进行集成配套技术体系和规范化管理体系建设；开发了民猪产业化信息平台；研制出改善猪肉品质、提升机体免疫力、抗热应激、促进生长的饲料新产品，有效提高了民猪及其商品猪养殖经济效益。与企业联合创立了"山黑""巴民""甜草岗""阿妈牧场""森林猪""建鑫"六大著名商标品牌。"森林猪"和"宁安黑猪"被国家确定为伊春市、牡丹江市宁安县的地理标识。

该项目获知识产权 81 项（国家发明专利 23 项，实用新型专利 28 项，地方标准、企业标准和软件业著作权 30 项）；著作 7 部；论文 517 篇，其中 SCI 论文 95 篇（IF 合计 193.12，TC 合计 972 次）、EI 论文 6 篇、一级期刊论文 47 篇。省部级科技一等奖 3 项、二等奖 3 项，大北农一等奖 1 项。培养博士 8 名，硕士 68 名，博士后 17 名。支持百余家企业、合作社建立养殖场，15 家企业 3 年累计出栏商品猪 80 万头，新增销售额 5.95 亿元，新增利润 1.4 亿元。

《湿地北京》

完成单位： 中国林业科学研究院湿地研究所

完成人： 崔丽娟，张曼胤，赵欣胜，李　伟，刘润泽，张志明，黄三祥，雷茵茹，肖红叶，李胜男

获奖类别： 国家科学技术进步奖二等奖

成果简介：《湿地北京》是由崔丽娟研究员团队完成，2012 年出版的湿地科普图书。该书契合了国家科普创新和生态建设的重大需求，立足于弘扬生态文明，维护首都生态安全，凝练了湿地科学前沿创新研究成果。《湿地北京》的发布填补了我国湿地领域科普的空白。该书以通俗易懂、优美简洁、感情色彩浓郁的语言，通过"湿地之城""湿地之用""湿地之行""湿地之恋"和"北京湿地之生"五部分相互映衬的章节，介绍了北京建城 3 000 多年、建都 800 多年北京湿地的历史变迁、湿地与北京城的历史渊源，湿地文化底蕴、湿地给予人类的无私服务，以及北京湿地的秀美风光和湿地新生的壮美图画。

《湿地北京》具有较高的科普性、艺术性，文中大量穿插历史典故、现实照片和科学数据，内容丰富多彩，行文严谨规范。书中不少调查统计资料都是首次向公众公布，涉及科学观点及科技方法直追学术领域前沿。曾于 2014 年获得第三届"中国科普作家协会优秀科普作品奖"金奖。

《湿地北京》和衍生创作的图书、新媒体传播材料、创意文创产品，以及开展的科普宣传活动共同形成了《湿地北京》系列融合科普作品，实

现了跨媒体的、线上线下相结合的科普传播，在推动北京湿地保护立法进程、提高湿地保护管理水平、提升全民湿地保护意识上发挥了重要作用。

干坚果贮藏与加工保质
关键技术及产业化

完成单位：浙江省农业科学院，华南理工大学，洽洽食品股份有限公司，西北农林科技大学，广东广益科技实业有限公司，四川徽记食品股份有限公司，杭州姚生记食品有限公司

完成人：郜海燕，陈杭君，宁正祥，陈先保，穆宏磊，梁嘉臻，吕金刚，房祥军，赵文革，令博

获奖类别：国家科学技术进步奖二等奖

成果简介：干坚果指核桃、山核桃、巴旦木等一类具较坚硬外壳的果实，富含 80%～90% 不饱和脂肪酸，能有效提高心血管抗氧化能力，是《中国居民膳食指南》提倡每日必食健康食品。近年来该产业发展迅速，2016 年销售额约 720 亿元，年增幅超 20%，成为快速上升的食品重要产业。传统加工常日晒摊晾，长时间高温煮制爆炒等，极易造成组分氧化致品质劣变，影响健康但尚缺乏充分认识。产业存在四大技术瓶颈：①干坚果脂肪酸氧化及品质劣变规律等理论基础不明；②贮藏加工过程氧化劣变控制技术缺乏；③安全高效的脱氧、抗氧和包装材料研发迟滞，亟待更新升级；④缺乏科学的综合调控技术体系。

针对上述难题，经近 10 年产学研合作攻关，取得系列关键技术突破，主要创新成果如下。

（1）揭示干坚果类脂褐素形成机理和不饱和脂肪酸动态氧化规律，为延缓品质劣变奠定理论基础。首次发现坚果氧化终产物类脂褐素，阐明其积累机制：原料初始含水量低时由自由基脂质过氧化途径产生，高时则由糖基化途径形成。揭示不同加工阶段脂肪酸氧化规律：原料贮藏期以水解型酸败和 β 型氧化酸败为主，自动氧化为辅；加工过程水解型酸败和自动氧化同时发生；制品保质主要为自动氧化。上述发现为抗氧化劣变核心技术研发奠定了理论基础。

（2）创建坚果氧化劣变靶向非化学调控与品质保持技术，突破了贮藏加工过程加速氧化劣变的行业瓶颈。率先将射频干燥技术用于坚果原料处理，快速高效加热结合冰温氮气调控贮藏，较传统技术相比，干燥时间缩短 58%，贮藏期延长至 12 个月；研创高压蒸煮、减氧赋味和风味品质保持等靶向调控新技术，过氧化值降低 35.48%，柠檬烯等特征风味物质损失减少 38%~40%。

（3）创制自主知识产权的高活性脱氧剂、新型抗氧化剂和高阻隔包装材料，大幅度降低油脂的氧化率，新脱氧剂总吸氧量提高 66%；研发的天然抗氧化剂二氢杨梅素月桂酸酯，使油脂氧化抑制率从 75.4% 提高到 90.5%；高效阻隔包装氧气透过率降低 72.5%；解决传统加工靠添加化学抗氧化剂的潜在安全危害，提升健康加工水平与安全品质。

（4）构建干坚果采后综合调控技术体系，攻克了加工制品保质期短的技术难题。从原料贮藏入手，加工过程关键控制抗氧化，配套高阻隔新型包装材料，创建环环相扣的干坚果抗氧化加工保质综合调控技术体系，有效控制采后氧化劣变，保持高品质，保质期从 3~4 个月延长到 6~8 个月。

项目获浙江省科学技术奖、中国轻工联合会技术进步奖和中华农业科技奖成果一等奖共 3 项。获授权国家发明专利 31 件，主持制定行标 6 项，参与制定国/行标 14 项，发表论文 83 篇。培养了国务院特贴、浙江省特级专家和国家级龙头企业带头人等高级人才。在第一品牌上市企业洽洽食品等公司成功实现产业化，3 年新增销售额 77.16 亿元，利润 6.99 亿元；推进新技术规模应用，引领产业持续发展，经济和社会效益显著，为推动干坚果加工行业科技进步做出突出贡献。经中轻联组织专家成果鉴定：项目整体技术达到国际领先水平。

高性能纤维纸基功能材料制备共性关键技术及应用

完成单位：陕西科技大学，烟台民士达特种纸业股份有限公司，浙江理工大学，浙江华邦特种纸业有限公司，浙江夏王纸业有限公司，宝鸡科达特种纸业有限责任公司

完成人：张美云，陆赵情，王志新，杨　斌，花　莉，宋顺喜，夏新兴，陈建斌，骆志荣，张素风

获奖类别：国家科学技术进步奖二等奖

成果简介：该项目属轻工业科学技术中造纸技术领域。高性能纤维纸基功能材料具有比重轻、比强度高、比刚度大、耐高温等优异性能，是轨道交通、航空航天等领域具有战略意义的结构与功能材料，其制备理论和技术是国际公认的难题，一直受到发达国家严密封锁，而中国同类材料在纤维制备与分散、流送与成形、热压与增强关键环节存在诸多科学问题与技术瓶颈，严重制约了中国高速列车、飞机制造所需国产先进绝缘、结构减重等功能材料的发展。该项目立足国家战略需求，针对上述问题，在国家 863 重大计划、国家科技攻关计划等项目支持下，历时 20 余年，成功破解高性能纤维纸基功能材料制备共性关键技术，彻底解决了纤维形态单一、分散成形困难、综合性能差等技术难题，为航空航天、轨道交通等国家重大工程提供基础材料保障，打破发达国家长期垄断。主要科技创新如下。

（1）首创造纸用差别化功能纤维制备技术，系统构建纤维品质控制体系，发明湿法沉析与化学溶胀耦合机械叩解技术，实现纤维微结构调控，研制出沉析和浆粕纤维，微细纤维含量≥68%，成本降低 60%。

（2）创新研发长纤维多元组合分散技术，提出高性能纤维共混浆料分散因子理论，发明低温等离子体、超声波空化等组合技术，实现浆料高效分散，纤维长度上限提高至 15mm，匀度指数提升 30%。

（3）创新研发基于纤维分布可控的超低浓湿法斜网成形技术，发明多比例分层调控与铝离子修饰——三元微粒助留助滤技术，实现材料三维结构设计与功能调控，形成互穿网络结构，抗张强度和耐压强度分别提高 42%和 35%。

（4）创新研发基于混杂纤维界面强化的高线压梯级热压增强技术，自主设计多压区热压装备，发明压区温度与压力梯度控制技术，实现纤维分子链段择优取向，解决了材料过羊皮化与局部失效关键问题，材料性能显著提升。

（5）创建高性能纤维纸基功能材料制备共性关键技术体系，集成创新上述 4 项核心技术，成功解决纤维形态、纸张结构、材料性能难以积极响应的技术难题，研制出高性能芳纶绝缘纸基材料、轻质高强芳纶蜂窝芯材、高强无石棉密封材料等产品，主要技术指标达同类产品国际领先

水平。

项目获授权国家发明专利 34 项、软件著作权 4 项；制定国家标准 6 项；发表论文 186 篇，其中 SCI/EI 收录 32 篇；出版著作 4 部；做特邀报告 22 次；培养研究生 45 人，其中博士生 12 人；培养全国优秀科技工作者、中国造纸蔡伦科技奖获得者等高层次人才 15 人次。经鉴定项目整体技术达国际先进水平。

2017 年度

食品和饮水安全快速检测、评估和控制技术创新及应用

完成单位：中国人民解放军军事医学科学院卫生学环境医学研究所，中国科学院大连化学物理研究所，吉林大学，福州大学，中食净化科技（北京）股份有限公司，长春吉大·小天鹅仪器有限公司，厦门斯坦道科学仪器股份有限公司

完成人：高志贤，李君文，关亚风，宋大千，谢增鸿，宁保安，邱志刚，周焕英，金　敏，尹　静

获奖类别：国家科学技术进步奖二等奖

成果简介：食品和饮水作为最主要的疾病传播途径，不仅是地震、洪水等自然灾害后暴发疫情的重要介质，也是恐怖袭击的潜在目标。应急条件下保障食品和饮水安全面临诸多挑战，要求样品前处理高效、检测快速灵敏、评估准确、净化消毒及时。该项目经过近 20 年产学研用联合攻关，突破快检、评估、控制三大核心环节关键技术瓶颈，形成应急条件下食品和饮水安全保障技术体系。

（1）构建快速检测技术体系：攻克高温高压动态密封和强极性萃取相不耐高温的国际技术难题，创建高富集、高特异、低消耗前处理技术，研制的设备打破国外同类产品在全球近乎 100% 的垄断地位；创建仿生光子晶体可视化检测技术、光—电—色谱联用技术，发明 48 通道阵列等吸收波长检测系统，授权 3 项美国发明专利，开发 33 种新材料、214 种试剂盒、8 个核心器件、70 台（套）设备和可检测 148 种指标的数字化、模块化快检箱组，并制定配套检测技术标准 10 项，构建应急条件下从现场快

检到实验室确证的完整技术体系。

（2）建立潜在和典型危害因子安全评估新技术：创建多重耐药基因体外跨种属转移评估模型，发现多种纳米材料可使耐药基因在细菌间跨种属转移效率提高 100~200 倍，开辟潜在危害因子评估新途径，相关工作被 *PNAS* 列为当期"Article Highlight"重点介绍，美国自然科学基金委地球科学部主任 Aruguete 教授评述为"开创性工作"；发现基因组 5′非编码区是消毒剂氯和二氧化氯灭活肠道病毒的敏感靶点，据此建立病毒感染性评估新技术，有效破解以往评估技术假阳性率高的难题；建立人源雌激素受体重组酵母表达测评系统，显著提高了塑化剂等雌激素类物质评估的灵敏度。

（3）构建净化消毒控制体系：创制集净化和消毒于一体的 12 种新型消毒产品，5min 内完成劣 V 类水的净化消毒，达到无色无异味即时饮用，优于国外有机碘饮水消毒片；发明水触媒净化技术，研制 4 类 19 种快速净化设备，无需添加化学物质，5~10min 杀灭致病微生物，高效降解农药、抗生素等化学残留，无二次污染，获日内瓦国际发明展览会"杰出科技创新发明奖"；开发食品和饮水安全信息与预测系统，构建数据实时发报—智能分析—趋势预测一体化监控新模式。

获省部级一等奖 3 项，中国分析测试协会特等奖 1 项、一等奖 1 项；授权美国发明专利 3 项、中国发明专利 40 项；制定标准 13 项；出版专著 8 部，发表论文 539 篇，他引 6 712 次，其中 SCI 论文 218 篇，IF 累计 671，他引 2 989 次。成果用于汶川抗震救灾，准确检出 10t 散装饼干和 5t 猪肉理化和微生物指标严重超标，避免了重大群体食物中毒。2010 年刚果（金）维和营地周边暴发严重霍乱疫情，确诊千余人，死亡 32 人，采用该成果及时检测消毒，实现营区零感染。国家部委和重点机构采购相关设备 9 万台（套），试剂盒 31 万余份，消毒产品 2 800 万粒（片），在青藏铁路、南水北调等重大工程，奥运、G20 峰会等国事安保，汶川、玉树等抗震救灾，苏丹等国际维和，巴基斯坦洪灾、海地地震等国际人道主义救援中发挥了不可替代作用。

鱿鱼贮藏加工与质量安全控制关键技术及应用

完成单位：渤海大学，浙江兴业集团有限公司，蓬莱京鲁渔业有限公司，荣成泰祥食品股份有限公司，浙江海洋大学，大连东霖食品股份有限公司，大连民族大学

完成人：励建荣，马永钧，方旭波，牟伟丽，李钰金，李学鹏，仪淑敏，李婷婷，蔡路昀，沈　琳

获奖类别：国家科学技术进步奖二等奖

成果简介：远洋渔业是国家战略性产业之一，鱿鱼捕捞量占到全国远洋渔业总产量的 40% 左右，具有举足轻重的地位。大力发展鱿鱼捕捞、精深加工和综合利用，提高产业整体效益，具有十分重要的战略意义。但近年来因"甲醛超标"导致国内鱿鱼制品全部下架事件，易腐难保鲜引起的"挥发性盐基氮超标"导致鱿鱼原料进出口受阻现象，以及肉质差（怪酸味）、难加工（凝胶差）、深加工产品少和副产物利用度低等瓶颈问题，使中国鱿鱼产业一度陷入困境，亟需技术上的突破。项目针对上述问题，历经 13 年持续攻关，突破了鱿鱼甲醛控制、原料保鲜、品质改良、精深加工、副产物利用等关键技术，建立了完善的鱿鱼产业链，为中国鱿鱼产业的持续健康发展提供了系统的理论和技术支撑。

（1）系统阐明了鱿鱼原料及其制品中甲醛的内在来源及产生途径，首次揭示了基于自由基途径的鱿鱼内源性甲醛产生机制，研制出安全高效的内源性甲醛捕获剂，首创了鱿鱼制品内源性甲醛控制关键技术和低甲醛鱿鱼制品标准，将甲醛含量控制在安全限值（10mg/kg）以下，破解了"甲醛超标"的行业难题，消除了公众恐慌，为中国鱿鱼加工业的健康发展做出了重大贡献。

（2）突破了鱿鱼原料保鲜和品质改良技术。自主设计了国际领先的超低温氨制冷系统和大型鱿鱼钓船，实了中国远洋渔业装备的升级，填补了国内空白，打破了日、韩等国的技术垄断；建立了以船上 -45℃ 原料超低温保鲜、-8℃ 恒温解冻和生物保鲜为核心的保鲜技术体系，解决了鱿鱼原料易腐败、挥发性盐基氮超标、失水率高等问题，保障了新鲜优质原料的

供应；开发了鱿鱼肌肉高效排酸剂和烫漂保色护皮技术，改良了加工鱿鱼原料品质，解决了秘鲁鱿鱼怪酸味和烫漂鱿鱼色泽差、易脱皮等难题，提高了鱿鱼制品的市场占有率。

（3）突破了鱿鱼鱼糜和新型制品加工技术。开发了秘鲁鱿鱼鱼糜加工和凝胶增强技术，把凝胶强度由 300g·cm 提高到 500g·cm 以上，解决了原料积压问题，使这一优势远洋资源得以规模化利用；研发出鱿鱼鱼糜制品复合保鲜技术，实现了非冻保鲜的突破，产品弹性增加 30%～35%，利润提高 30%；开发了鱿鱼蒸煮保水剂、冻干保护剂和膨化加工技术，解决了鱿鱼制品持水性弱、复水性差及膨化率低等问题；研制了出口系列冷冻调理食品，提高了国际市场份额。

（4）实现了鱿鱼副产物的高值化利用。开发了饲料行业高端诱食剂"海味素"（改性鱿鱼膏），风味比普通产品增强 5～10 倍；开发了高甘油酯型鱿鱼油，使 EPA 和 DHA 含量提高到 50% 以上；同时开发了鱿鱼风味料、鱿鱼软骨素、透明质酸、抗氧化肽等系列高附加值产品，拉长了鱿鱼产业链。

成果的推广应用促进了中国鱿鱼加工产业的快速发展和鱿鱼精深加工产业集群的形成，建成了全国规模领先的鱿鱼加工示范基地。3 年累计新增销售额 73.11 亿元，新增利润 10.97 亿元。项目授权专利 90 项（其中发明专利 43 项），发表论文 208 篇（其中 SCI 35 篇，EI 38 篇），制定相关行业标准 2 个、地方企业联盟标准 1 个，获全国商业科技进步特等奖 1 项。

两百种重要危害因子单克隆抗体 制备及食品安全快速检测技术与应用

完成单位：江南大学，得利斯集团有限公司，国家食品安全风险评估中心，国家粮食局科学研究院，中华人民共和国江苏出入境检验检疫局

完成人：胥传来，匡　华，刘丽强，郑乾坤，徐丽广，韩　飞，马伟，骆鹏杰，吴晓玲，沈崇钰

获奖类别：国家科学技术进步奖二等奖

成果简介：食品多种多样，基质复杂，潜在污染物种类繁多，发展简

便、快速、高灵敏、低成本的检测方法是保障食品安全的根本途径。8 年来，该项目在国家自然科学基金和部委科技计划的资助下，在特异性单克隆抗体的筛选、抗体标记技术以及等离子手性定量检测技术等方面取得了以下重大突破和显著成效。

（1）设计并研制了 200 余种高亲和性和高特异性抗体，抗体亲和常数>109L/mol，与干扰物质交叉反应率<5%。实现了食品中痕量危害因子的高效识别。该项目系统研究了小分子抗原决定簇、生物大分子的空间构象，利用计算机模拟技术和分子动力学等技术，发展了基于理论模型预测抗原抗体作用位点的新方法，有效提高了抗体的特异性和亲和性。其次，在抗体筛选中创新性地引入食品基质，克服了抗体和抗原在实际应用过程中耐受性差、稳定性差的难题，获得了 209 种高耐受性抗体，建成为国内覆盖面最广、种类最全的食品安全用抗体库。在该基础上制备的生物毒素试纸条裸眼灵敏度可达 0.1×10^{-9}，首次创制了重金属免疫分析试剂和产品。

（2）利用高亲和性单克隆抗体，发展定向偶联技术，研发了高效的亲和层析和磁性富集前处理新技术和产品，实现了食品基质中痕量物质的快速捕获。基于计算机预测的抗体结合位点的信息，该项目系统评估了亲合层析柱载体材料的孔径大小、表面功能基团性质，采用预修饰的方式，实现抗体的定向偶联，有效暴露了抗体与抗原的结合表位，将免疫亲和层析柱的绝对柱容量提升了 1 倍，达到 2nmol/mg（抗体）。其次，通过制备"核-壳"型磁珠和表面基团改性，避免了市场现有磁珠非特异性吸附的问题，解决了磁珠比饱和磁化强度和单分散性之间的矛盾，研发了 13 种免疫磁珠，5min 内与食品基质完全分离，提取和富集效率达到 95%以上。

（3）将抗原、抗体与新型纳米材料偶联，制备了系列生物探针，率先提出了等离子手性定量检测技术，实现了食品中痕量物质的超灵敏快速检测。通过对纳米材料的定位、定量修饰，该团队发展了不同光、电、磁性纳米材料标记抗原、抗体的新方法，研制了系列高特异性检测探针，率先发现了组装生物探针在可见光区的特异性圆二色光谱响应，提出了等离子手性定量分析新技术，将检测灵敏度提高到单分子水平，解决了生物快速检测中灵敏度与特异性无法兼顾的难题。与传统仪器方法相比，检测符合率达到 95%以上。

该项目研制的 154 种快速检测产品（65 种试剂盒、50 种试纸条、26 种亲和层析柱和 13 种免疫磁珠）均获得自主知识产权，已在全国 30 多个省（市和地区）的食品行业、检测机构得到广泛应用。3 年在得利斯集团公司、华安麦科等 5 家企业实现了新增销售收入 31.44 亿元。获国家授权发明专利 80 项、实用新型专利 3 项、国际授权发明专利 1 项，发表了 SCI论文 101 篇，出版学术专著 1 部，全部论文他引 >3 500 次，4 篇论文入选ESI 1% 高被引论文，2013 年度获得教育部科学技术进步奖一等奖。培养博士 18 名、硕士 53 名，有效提升了中国食品安全检测科技的自主创新能力，产生了显著的经济效益和良好的社会效益。

花生机械化播种与收获关键技术及装备

完成单位：青岛农业大学，山东五征集团有限公司，青岛万农达花生机械有限公司，临沭县东泰机械有限公司，青岛弘盛汽车配件有限公司，河南豪丰机械制造有限公司

完成人：尚书旗，杨然兵，王东伟，李瑞川，连政国，殷元元，王延耀，王青华，华　伟，刘俊锋

获奖类别：国家科学技术进步奖二等奖

成果简介：花生是我国重要的油料作物，常年种植面积约 7 500 万亩，总产 1 600 多万 t。但因花生生产过程中播种和收获两个关键环节的机械化水平低、劳动强度大、生产成本高，成为制约我国花生产业发展的主要瓶颈之一，关键技术亟待突破。本项目历时 10 余年，在国家科技支撑计划等项目的支持下，对花生机械化播种与收获关键技术及装备开展了系统研究，创建了花生机械化播种与收获技术体系，研制推广了系列新型农业装备。主要技术内容如下。

（1）创建了花生机械化播种技术体系。创新研发了花生单粒和双粒内侧平滑精确充种、膜上苗带覆土、多功能联合作业等播种机械化关键技术，率先提出了筑垄、施肥、播种、覆土、喷药、施水、展膜、压膜、膜上覆土等机械化联合作业策略，形成了通用的标准化机械联合播种技术。与对照机型相比，漏播率降低了 3.1%，排种均匀性、播深合格率、膜上覆土合格率分别提高了 57%、1.69%、6.04%，解决了排种精度差、伤种率高、生产率低等技术难题。研制出播种与集约栽培模式协同增效的关键

技术和适应不同种植要求的 8 种新型花生联合播种装备,有效实现了多环节、集成化播种作业。

(2) 创建了花生机械化收获技术体系。率先提出了挖夹拔送组合式收获、摆拍去土、甩搅式摘果等技术原理,创新了挖掘铲与链(带)组合夹持式、L 形链式分离输送等多项机械化收获关键技术,解决了挖掘漏果多、果土分离难、摘果损失高、荚果破碎多等重大技术难题。与对照机型相比,摘果率由 98.1% 提高到 99.6%,总损失率、破碎率、含土率分别降低了 34.9%、71.7%、55.4%;创制出 10 种新型花生收获装备,实现了分段轻简化与多环节联合收获作业。

(3) 成功实现了农机农艺融合。系统揭示了花生农艺要求与机械理论相互作用的技术原理;根据不同区域、不同品种、不同种植模式和不同收获方式的农艺特点,提出了我国花生机械化生产的解决方案、技术体系及其配套机具;构建了国内首个花生机械化生产信息查询系统;形成了农业部主推的农业轻简化实用技术和农业部颁布实施的《花生机械化生产技术指导意见》,取得了农机农艺深度融合和技术进步相互促进的实质性进展。

项目获授权国家发明专利 9 项,实用新型专利 35 项,软件著作权 3 项,发表学术论文 42 篇;研发 18 种新型花生机械装备,均已通过国家或省级农业机械试验鉴定部门检测,7 种机型被列入国家支持推广的农业机械产品目录,11 种机型被列入省级目录,率先被列入国家目录中仅有的 1 种花生联合收获机均为本团队研制;所研制装备已成为农业部在全国花生主产区推广应用的主导机型,相关技术成果在多家企业实现了产业化;3 年累计销售机器 51 518 台,新增销售额 4.51 亿元,新增利润 8 598.85 万元,新增税收 7 760.61 万元;累计推广面积达 2 865.7 万亩,总经济效益达 117.6 亿元;累计培养农技人员 1.5 万余人,培养研究生 17 人;项目部分成果于 2014 年获得山东省科技进步奖一等奖。

大型灌溉排水泵站更新改造关键技术及应用

完成单位:中国农业大学,中国灌溉排水发展中心,中国水利水电科

学研究院，株洲南方阀门股份有限公司，上海连成（集团）有限公司

完成人：王福军，许建中，陆　力，肖若富，姚志峰，李端明，徐洪泉，严海军，刘竹青，唐学林

获奖类别：国家科学技术进步奖二等奖

成果简介：大型灌溉排水泵站节能与稳定运行是世界难题。相比于泵站新建，泵站更新改造的约束条件更多、技术难度更高。中国大型灌溉排水泵站有效灌溉面积 1.92 亿亩，有效排涝面积 1.37 亿亩，年耗电约 320 亿 kW·h。受河湖水位变幅大、水中泥沙含量高和泵站技术体系不健全等因素限制，大型灌溉排水泵站普遍存在装置效率低、运行稳定性差和灌溉/排水保证率不足的突出问题，依靠传统技术难以改变这种状况。自 1997 年开始，项目组在国家科技支撑计划等支持下，以泵站设计理论与运行控制方法为突破口，攻克了压力脉动大、旋涡强度高、水锤严重和偏离设计工况运行等技术难题，取得如下创新性成果。

（1）创建了离心泵"交替加载技术"，研制出超低压力脉动高效双吸离心泵，攻克了泵站压力脉动大的技术难题。开创性地将叶片载荷分布与水泵流态相结合并用于叶轮设计，使离心泵压力脉动源被削弱、传播机制被阻断，压力脉动由传统约 20% 大幅降低到 5.6%～8.1%，工作寿命提高 60% 以上。

（2）系统提出了瞬态涡街计算模型，创建了以变高度导流墩和 X 形消涡板为结构特征的泵站控涡技术，突破了泵站进水流态均匀度低和运行稳定性差的技术瓶颈。首创了泵站瞬态涡街计算模型，形成了完整的泵站二次整流理论与技术体系。进水池回流系数达到 0.166，水泵振动降低了 60.2%。

（3）创建了"泵站自适应多段式控制模式"，研制出大口径自适应多段式水力控制阀，彻底解决了泵站直接水锤和倒流喘振问题。首次采用水泵自身压力代替外部电控或液控动力源，创制了水力平衡式控制腔，保证了控制阀快关时间与停泵倒流时间相一致，水柱拉断率和喘振率均由 40% 左右降低到了零。

（4）集成创新了浑水条件下泵站流道"流态匹配技术"，制定了泵站高效稳定运行技术规范，解决了泵站偏离设计工况运行问题。创建了泵站多目标变工况设计古法、泵站瞬态泥沙浓度和压力脉动同步测控技术，保证了流态匹配；建立了泵站高效稳定运行技术标准体系。泵站装置效率平均提高 13.4%。成果已在黄河流域 89% 的大型灌溉泵站和长江流域 72% 的

大型排水泵站得到应用，覆盖灌溉排水面积 1.67 亿亩。应用后，泵站能源单耗平均由 5.6kW·h/（kt·m）下降到 4.4kW·h/（kt·m），压力脉动平均由 19.7% 下降到 9.1%，灌溉/排水保证率平均由 69.7% 提高到 78.9%。

该项目获授权国家发明专利 21 项、实用新型专利 20 项、软件著作权 13 项，制定国家标准 3 部、水利行业标准 7 部，出版学术著作 4 部，发表学术论文 359 篇，其中 SCI/EI 收录 223 篇，论文他引 3 658 次。成果被美国、意大利、印度等国科学家作为检验他们方法的依据，提升了中国在该领域的国际地位。经鉴定，成果总体上达到国际领先水平。

高光效低能耗 LED 智能植物工厂关键技术及系统集成

完成单位：中国农业科学院农业环境与可持续发展研究所，中国农业大学，北京大学东莞光电研究院，北京农业智能装备技术研究中心，北京中环易达设施园艺科技有限公司，北京京鹏环球科技股份有限公司，四川新力光源股份有限公司

完成人：杨其长，魏灵玲，宋卫堂，周增产，刘文科，郭文忠，张国义，程瑞锋，李　琨，李成宇

获奖类别：国家科学技术进步奖二等奖

成果简介：植物工厂是一种环境高度可控、产能倍增的高效生产方式，不受或很少受自然资源限制，可实现在垂直立体空间的规模化周年生产，甚至可在岛礁、极地、太空探索等特殊场所应用，对保障菜篮子供给、拓展耕地空间与支撑国防战略具有重要意义。植物工厂发展潜力大，但产业化应用面临成本控制与效益提升等问题，亟待突破光源光效低、系统能耗大、蔬菜品质调控与多因子协同管控难等关键技术难题。

项目团队历经 12 年系统研究，在植物工厂关键技术及系统集成方面取得重大创新和突破。率先提出植物光配方概念并阐明其理论依据，创制出基于光配方的 LED 节能光源及其控制技术装备，显著提高光效。探明了 PAR 单色光、UV 和 FR 对植物产量与品质形成的机制，提出并构建 20 余

种植物光配方；创制出基于 GaN 的高光效 660nm、450nm LED 芯片，以及红蓝芯片组合与荧光粉激发两大类 LED 光源；研发出移动与聚焦 LED 光源及其调控技术装备，实现节能 50.9%。

首次提出了植物工厂光—温耦合节能调温方法，研发出室外冷源与空调协同降温控制技术装备，大幅降低系统能耗。阐明了植物工厂光期热负荷与室外冷源之间的匹配关系及调控机制，首次提出将光期置于夜晚并利用室外冷源调温的光—温耦合技术方法，并研制出协同调温策略及其节能控制技术装备。与传统降温相比，节能 24.6%~63.0%。率先提出光与营养协同调控蔬菜品质方法，研发出采前短期连续光照与营养液耦合调控技术，有效提升蔬菜品质。阐明了水培叶菜光、暗期硝酸盐—碳水化合物代谢机理，提出了采收前短期连续光照提升蔬菜品质方法。研发出光—营养液协同调控蔬菜品质的技术装备，降低叶菜硝酸盐 30% 以上，维生素 C 和可溶性糖含量分别提高 38% 和 46%。研发出光效、能效与营养品质提升的多因子协同调控技术，集成创制出 3 个系列智能 LED 植物工厂成套产品，实现规模化应用。构建了基于光配方、光—温耦合与营养品质提升等多因子协同调控的控制逻辑策略，研发出基于植物生长特征识别与决策模型的智能控制系统，实现对植物工厂多因子协同智能管控；集成创制出规模量产型、可移动型、家庭微型 3 个系列植物工厂成套技术产品。

成果已实现在北京、广东、浙江等 22 个省市区、南海岛礁部队及航天系统应用，产品远销美国、英国、新加坡等国，推广面积 1 200 多万 m²，占国内应用面积的 85% 以上；移动型及微型植物工厂推广 30 000 套以上。3 年直接效益 6.3 亿元，间接效益 35.8 亿元，社会、经济与生态效益显著，应用前景广阔。授权专利 86 件，其中发明专利 42 件（美国等国际专利 4 件），发表论文 112 篇（SCI/EI 论文 38 篇），出版专著 5 部。获军队推广特等奖、省部级一等奖、著作一等奖各 1 项。整体水平达国际先进，光配方构建以及光—温耦合节能技术居国际领先。入选国家"十二五"科技创新成就展，并荣膺 13 项重大科技成果之一，被誉为"农作方式的颠覆性技术"。

全国农田氮磷面源污染监测技术体系创建与应用

完成单位：中国农业科学院农业资源与农业区划研究所，湖北省农业科学院植保土肥研究所，北京市农林科学院，云南省农业科学院农业环境资源研究所，农业部环境保护科研监测所，宁夏农林科学院农业资源与环境研究所，浙江省农业科学院

完成人：任天志，刘宏斌，范先鹏，邹国元，翟丽梅，胡万里，张富林，杜连凤，王洪媛，郑向群

获奖类别：国家科学技术进步奖二等奖

成果简介：改革开放以来，中国农业取得了举世瞩目的成就，以不足世界 9% 的耕地养活了约占全球 22% 的人口，粮食产量实现"十二连增"。同时，中国也消耗了世界 1/3 的化肥，过量不合理施肥、化肥利用率偏低引发的农田氮磷面源污染日益突出，成为水污染的一个重要原因。治理面源污染是践行绿色发展理念、改善水环境的重大举措。长期以来，由于缺乏规范可行的监测技术与核算方法，一直难以把握中国农田面源污染底数和排放规律，制约了减排策略的制定、减排技术的遴选和应用。在国家和省部级重大项目支持下，经 18 年攻坚克难，取得如下创新。

（1）突破了定量难、变异大等农田面源污染监测技术瓶颈，首创了全国农田面源污染监测平台。自主研发了以"单体式渗滤池"为核心的农田地下淋溶面源污染监测技术，破解了池壁优先流效应难题；创新了以"串联式径流池"为核心的地表径流面源污染监测技术，解决了变异大、适应性窄等难题；该技术占地少、成本低、效率高，监测变异系数由 30% 以上降至 10% 以下；制定了 6 项监测技术规范。首创了基于全国六大分区、54 类种植模式的全国农田面源污染监测平台，建成了首个国家农田面源污染大数据。

（2）首次揭示了农田氮磷面源污染的激发效应和本底效应，创建了全国农田面源污染核算方法。南方农田面源污染以地表径流、分散排放为主，北方以地下淋溶、集中排放为主；水、肥是面源污染发生的驱动力和物质基础，施肥后 7~10 天是"危险期"，该期与暴雨（或超量灌水）耦

合形成的"激发效应"是面源污染发生的主要成因;氮磷排放主要源于土壤积累,"本底效应"突出;露地蔬菜、保护地蔬菜氮磷排放是粮食作物的 2~10 倍;同一分区、同一种植模式,施肥是面源污染的主控因子。创建了以分区分类为基础、以实地监测与典型调查相结合的全国农田面源污染核算方法,并在全国得到应用。

(3) 首次摸清了全国农田氮磷面源污染的底数和重点区域,明确了主要农艺措施的减排效果,集成了农田面源污染减排技术模式并得到大面积应用,社会、经济和生态效益显著。全国农田氮、磷年均排放量分别为 184.4 万 t 和 11.7 万 t,占氮、磷化肥用量的 6.3% 和 1.8%;黄淮海平原区、南方平原区是中国农田氮磷排放的重点区域。优化施肥、节水灌溉、横坡垄作、秸秆还田等单项措施的减排效果明显。基于农田氮磷面源污染排放规律和单项农艺措施的减排效果,集成了坡耕地截流减排、保护地碳氮水协同减排等 6 类技术模式并在全国得到应用。仅据湖北、山东等 9 省统计,3 年应用 1.99 亿亩,节约氮磷化肥(折纯)87.0 万 t,减排氮磷 6.41 万 t,经济效益 68.3 亿元。

该成果获国家发明专利 10 项,实用新型专利 9 项,软件 27 项,技术规范 10 项,专著 2 部,论文 256 篇(SCI 收录 47 篇);获 2015 年中华农业科技奖一等奖;被全国各级农业环保机构应用,为全国《农业环境突出问题治理总体规划(2014—2018 年)》《农业资源与生态环境保护工程规划(2016—2020 年)》及《农业部关于打好农业面源污染防治攻坚战的实施意见》等国家规划提供了科学依据和技术支撑。第三方评价表明,成果整体处于国际领先水平。

番茄加工产业化关键技术创新与应用

完成单位:新疆农业科学院园艺作物研究所,中国农业大学,中粮屯河股份有限公司,晨光生物科技集团股份有限公司,新疆农业科学院农业质量标准与检测技术研究所

完成人:廖小军,余庆辉,胡小松,连运河,陈 芳,李风春,杨生保,韩文杰,韩启新,陈 贺

获奖类别：国家科学技术进步奖二等奖

成果简介：项目开展了番茄酱与番茄粉加工贮藏关键技术创新、番茄红素高效制备与产品创制技术研发及专用品种选育与栽培技术体系建立的研究及应用。历经近 13 年努力，全面改变了中国番茄加工业落后状况。主要内容如下。

（1）揭示了加工与贮藏过程品质变化的酶促反应和羰氨反应机制，创新了番茄酱和粉加工贮藏关键技术，解决了品质劣变与能耗高的问题。①揭示了番茄制汁过程调控品质的酶促反应机制，研发了冷破碎和热破碎制汁新技术，冷破碎提高风味 80%、热破碎提高黏度 38%。②研发了"反渗透+蒸发浓缩"和闪蒸杀菌技术，吨产品节水 35%、电 35%、汽 54%；集成了喷雾干燥和振动流化床干燥技术，解决了粉的焦煳与粘壁，吨产品节水 60%、电 17%、汽 13%，连续工作时间延长 2 倍。③揭示了番茄酱和粉贮藏过程非酶褐变的羰氨反应机制，研发了品质低温（0℃ ≤ T < 25℃）调控技术，解决了货架期品质劣变问题。

（2）研发了皮渣番茄红素工业化高效制备关键技术，创制了高值化新产品，解决了皮渣综合利用难和附加值低的问题。①基于茶多酚等抗氧化剂的保护作用和高温短时干燥方法，研发了皮渣番茄红素工业化高效制备关键技术，首次实现了皮渣番茄红素高效提取、降低了溶剂残留和提高了产品纯度。番茄红素提取率 85% 以上，溶剂残留小于 20mg/kg、显著低于 50mg/kg（欧盟食品添加剂标准《E160d LYCOPENE》），晶体纯度 90% 以上。②利用微胶囊稳态化和乳化增溶技术，创制了高值化的微胶囊番茄红素和水溶性番茄红素，提高了产品稳定性，扩大了应用范围，增加了产品附加值。

（3）选育了机械采收、高黏低酸专用品种，建立了加工番茄栽培技术体系，解决了制约番茄产业发展的原料问题。①选育出 10 个加工专用品种，'长红''新番 36 号'等品种适合机械采收，高黏品种'新番 39 号'、低酸品种'新番 41 号'适合高端番茄酱加工，解决了依赖国外品种的问题；通过品种早晚熟配套延长采收期 20 天，加工线利用率提高近 50%。②建立了标准化栽培技术体系，制定了系列技术规程，实现了加工番茄标准化和机械化生产，为产业发展提供了原料保障。

2013 年获农业部中华农业科技奖一等奖、中国轻工业联合会科学技术发明奖一等奖。获美国发明专利 1 项、国家发明专利 20 项、实用新型专利 2 项；制定国家、行业和地方标准 21 项；获植物新品种权 1 个、农作物品种 10 个；发表论文 51 篇。新增生产线 50 条，新增销售额 170.82 亿元、利润 7.49 亿元、创汇 20.21 亿美元；节水 2 619 万 t、蒸汽 623 万 t、电 1.9 亿度，节约成本 6.5 亿元；新品种推广 253.75 万亩，收购番茄近 2 000 万 t，惠及农户 100 万余户。取得了显著的经济、社会和生态效益，全面提升了中国番茄产业技术水平和国际竞争力。

作物多样性控制病虫害关键技术及应用

完成单位：云南农业大学，中国农业科学院植物保护研究所，中国农业大学，华南农业大学，复旦大学，浙江大学

完成人：朱有勇，李成云，陈万权，李　隆，骆世明，卢宝荣，李正跃，何霞红，陈　欣，王云月

获奖类别：国家科学技术进步奖二等奖

成果简介：该项目属于农业科学技术领域。针对农田作物品种单一化病虫害爆发流行，致使大幅度增加农药用量的重大难题，20 世纪 60 年代以来，世界各国从育种角度探索了选育广谱抗性品种的解决路径，由于诸多原因，迄今未能突破。该项目从生态角度，应用生物多样性原理，探明了利用作物多样性控制病虫害的效应及关键因子，揭示了关键因子控制病虫害的机理，创建了作物多样性控制病虫害的关键技术，大面积推广应用累计 3.02 亿亩，减少农药 51.6%~56.2%，对解决作物品种单一化难题获得重大突破，成为国际上利用生物多样性控制病虫害的成功典范，并作为中国面向东盟科技辐射的农业技术，促进了"一带一路"的农业科技合作，2012 年获云南省科技进步奖特等奖。主要创新点如下。

（1）探明作物多样性控制病虫害效应及关键因子。通过禾本科与豆科、禾本科与茄科等作物搭配的 384 组田间小试、中试和放大验证，探明了作物多样性对病虫害的控制效果为 16.7%~88.3%，确证了作物搭配异质性高、群体空间结构立体和播期时间配置合理对病虫害的控制效果显著；明确了异质作物搭配、群体空间结构和播期时间配置是影响控制效果的 3 个关键因子。

（2）揭示了 3 个关键因子控制病虫害的主要机理。①作物异质机理：明确了作物抗性和异质性与病虫害亲和性互作关系，作物搭配抗性和异质性越高，病虫害亲和性越低，控制效果越好；探明作物根系代谢的苯并噁嗪类化合物对病菌的化感效应；探明作物挥发物 Cis-3-Hexen-l-ol、E-2-Hexenal 等引诱害虫产卵非寄主作物，降低虫口密度的化感机理。明确稻鱼互作延伸天敌生物链的生态功能。②群体空间结构：揭示了作物群体结构对病菌的稀释作用和阻隔病害蔓延的生态功能；明确了作物群体立体结构增强通风透光、降低湿度和减少植株结露等不利于病虫害发生的微环境气象学功能。③播期时间配置：明确了发病高峰与降雨高峰的叠加效应，以及调整播期错开高峰的控病机理；阐释了不同播期增强天敌昆虫功能团效应，探明了花期天敌昆虫功能团的增强效应。

（3）创建关键技术并大面积应用，为解决单一化难题获得重大突破。通过机理研究并结合机械化操作要求，制定了异质作物搭配的技术标准，建立了作物行比行宽群体空间结构的技术参数，以及作物播种时间优化配置的技术参数，创建了作物多样性时空优化配置控制病虫害的关键技术，并进行了大面积示范推广，在云南、四川、重庆、贵州、陕西、甘肃等省（市）累计应用面积 3 亿余亩，降低马铃薯晚疫病、玉米大小斑病、魔芋软腐病、玉米螟等主要病虫危害 42.7% ~ 62.1%，减少农药用量 51.6% ~ 56.2%，为解决作物品种单一化病虫害暴发流行而大幅度增加农药的难题取得了重大突破。

该项目应用研究处于国际同类研究前沿，创新点属植物病虫害防治领域，在 *PNAS* 等国内外刊物发表论文 175 篇，出版专著 10 部，获发明专利 12 项，制定并发布技术规范 12 项。2006—2015 年累计应用面积 3.022 5 亿亩，3 年（2013—2015）累计应用面积 1.234 7 亿亩，产生了显著社会、经济和生态效益。

大型智能化饲料加工装备的创制及产业化

完成单位： 江苏牧羊控股有限公司，江南大学，南京理工大学，四川

特驱投资集团有限公司，江苏牧羊集团有限公司

完成人：范天铭，徐学明，陈正俊，范文海，谢正军，武　凯，唐健源，周春景，彭斌彬，孙旭清

获奖类别：国家科学技术进步奖二等奖

成果简介：项目创新研制了新一代大型智能化饲料加工装备，开发了饲料生产全流程智能控制系统，形成了饲料生产大型成套工程高效建设技术，完成国际领先的新技术 12 项，全面引领行业技术进步。主要创新如下。

（1）围绕粉碎、混合、制粒等主机装备大型化的技术瓶颈，提出了基于最大剪应力理论（第三强度理论）的饲料原料斜向多频次高效剪切方法、多相流粉体快慢流区域交互均化方法，建立了基于 Bekker 理论的环模压辊挤压模型；发明了齿坡递进打击粉碎、双轴双层大小螺旋桨叶混合、压辊自平衡浮动制粒等大型饲料装备核心技术，彻底解决了传统结构大型化时难以克服的"环流层""漩涡反流"等难题，创新研发了规格最大、国际领先的饲料加工主机装备。

（2）围绕饲料生产智能化程度低、饲料生产交叉污染的行业难题，发明了基于图像识别原理的粉碎机筛片智能检测技术、基于配方智能分析的混合工艺智能调控技术及基于启发式规则的制粒全程智能控制技术；研发了资源智能调度、交叉污染防治、成套线能源优化及生产管理控制技术，实现了饲料生产全流程的智能化控制。使原有产量 30t/h、需 30 人操控的生产线产量提高到 100t/h、生产人员只需 16 人，引领了饲料生产企业向智能工厂的转型升级。

（3）创立了工程设计模块化、产线配置标准化、物料提升最少化及物料输送最短化的大型化饲料生产成套工程的设计方法，建立了数字化、模块化设计技术与软件平台，实现了物料提升由"三提三落"减为"一提一落"，设计周期缩短到原来的 1/3，工程建设周期缩短到原来的 2/3，成功研发了 60 万 t/年（100t/h）大型饲料加工成套系统，饲料生产吨料电耗由 33 度/t 降至 24 度/t，极大降低了饲料生产成本。鉴定表明，研发的大型化粉碎机、混合机、制粒机及制粒机自动化控制系统均达国际领先水平；大型饲料加工成套设备达国际先进水平。

项目获授权国家发明专利 19 项，实用新型 16 项，软件著作权 5 项，制定国家、行业标准 23 项。3 年共实施大型成套工程 516 项，销售额 76.519 3亿元，利润6.724 0亿元；为用户新增产值 1 650亿元，利润 146 亿

元。项目实现了中国大型智能化饲料装备的自主创新，对带动饲料工业向绿色智能化方向发展，促使产业升级做出了重大贡献。基于在饲料装备设计、制造与推广方面的影响，江苏牧羊控股有限公司于 2015 年获批为国际标准化组织饲料机械技术委员会（ISO/TC293）国际秘书处和国内技术对口单位，引领中国饲料装备企业走上国际化发展道路。

2018 年度

国家自然科学奖

黄瓜基因组和重要农艺性状基因研究

完成单位：中国农业科学院蔬菜花卉研究所，中国农业大学，湖南省蔬菜研究所（辣椒新品种技术研究推广中心）

完成人：黄三文，张忠华，尚 轶，金危危，陈惠明

获奖类别：国家自然科学奖二等奖

成果简介：以黄瓜为研究对象，通过破译黄瓜基因密码为突破口，开创了从"基因组到新品种"的新道路，成功培育了无苦味的美味黄瓜新品种。

第一个蔬菜作物基因组，使我国蔬菜基因组学科实现了从跟跑到领跑的重大跨越。首次利用新一代基因组测序技术，破解了第一个蔬菜作物——黄瓜的基因组遗传密码。黄瓜有23 000多个基因，是开花植物中基因数目最少的。进一步全面揭示了黄瓜的遗传变异，系统阐明了黄瓜的起源和演化过程。证实了黄瓜原产于印度，是当地传统的草药。因为在苦味基因上的改变，变成了大受欢迎的可口蔬菜。黄瓜后来传播到不同地域，形成了3个主要类型：欧亚黄瓜、东亚黄瓜、西双版纳黄瓜。发现东亚黄瓜与印度黄瓜的分离时间是2 000多年前，与张骞出使西域给中国带来这个大众蔬菜的史实相吻合。

黄瓜基因组破译在蔬菜中是第一个，这个项目的成果带动了其他蔬菜（包括白菜和番茄等）的基因组研究。我国科学家在 *Nature*、*Science* 和 *Cell* 等国际顶尖期刊发表10多篇研究论文，推动我国蔬菜基因组学科进入国际领先行列。

从基因组到新品种，基础研究和育种实践的紧密结合。基因组研究推

动了黄瓜基因的"掘金时代"。国内外黄瓜育种家，共克隆和定位了 50 多个农艺性状基因，推动黄瓜育种进入分子设计时代。最有代表性的成果是：本项目发现了控制黄瓜苦味物质合成的 9 个基因，并发现有两个"开关"基因分别在叶片和果实中控制苦味物质的合成。把果实"开关"关上，不让黄瓜变苦；把叶片"开关"打开，利用叶片苦来抗虫。基于上述发现，培育了'蔬研'系列新品种，成功解决了华南型黄瓜品种变苦而丧失商品价值的生产难题，累计推广约 6.7 万 hm²（100 万亩），创造约 80 亿元的经济价值，取得了显著的社会效益。

杂交稻育性控制的分子遗传基础

完成单位：华南农业大学
完成人：刘耀光，罗荡平，王中华，龙云铭，唐辉武
获奖类别：国家自然科学奖二等奖
成果简介：育性发育是高等植物繁育的重要环节，也是作物杂交育种生产的遗传基础。杂交稻的培育与大规模应用是我国重要的科技成果，育性控制是杂交稻育种的关键科学问题，阐明其分子遗传机理有重要理论和实践意义。项目围绕杂交稻育性遗传控制的关键问题，包括细胞质雄性不育与恢复性和杂种不育与亲和性的分子遗传基础，开展了系统研究并取得了创新性成果，发展了作物遗传育种理论，促进了杂交育种实践。

（1）克隆了杂交稻最广泛应用的野败型细胞质雄性不育（CMS）基因 *WA352* 及其育性恢复（RF）基因 *Rf4*，揭示了植物孢子体型 CMS/RF 系统的分子作用机理。克隆了野败型不育基因 *WA352*；发现 *Rf4* 存在多种等位变异分化。揭示 WA352 蛋白和核基因编码的线粒体蛋白 COX11 互作控制绒毡层提前降解产生雄性不育；*Rf4* 和另一恢复基因 *Rf3* 分别在 mRNA 和蛋白水平抑制 WA352 功能而恢复育性。首次提出了"植物 CMS/RF 系统不同层次的核质互作控制不育与育性恢复"的分子机理。阐明了 *WA352* 基因的起源进化机制。发现的不育基因和恢复基因被用于杂交稻育种，提高了育种效率。成果被评述"在作物杂交育种和发展育种新策略具有重要的理论和实践意义"。

（2）克隆了粳型杂交稻利用的包台型 CMS 基因 *orf79* 及其恢复基因，阐明了植物配子体型 CMS/RF 系统的分子作用机理。发现 *orf79* 编码一个细胞毒素膜蛋白，其在花粉特异积累导致雄性不育；揭示恢复基因座 Rf-1 是由 2 个编码 PPR 蛋白的基因 *Rf1a* 和 *Rf1b* 组成的复合座位；发现 RF1A 和 RF1B 蛋白分别以位点特异切割和完全降解 *orf79* mRNA 的不同机制恢复育性。被评价为"提供了植物核质互作的分子机制的新视点"。

（3）克隆了控制籼粳稻杂种雄性不育的基因 *Sa* 和 *Sc*，以及亚洲稻与非洲稻杂种不育基因 *S1*。发现 *Sa* 是由 2 个相邻基因 *SaM* 和 *SaF* 组成的复合座位，揭示出此类复合座位是控制植物杂种不育的普遍性分子遗传基础。发现 *SaM* 和 *SaF* 通过互作控制籼粳杂种不育与亲和性。发现 *Sc* 和 *S1* 座位的复杂结构变异对物种分化中生殖隔离的重要作用。首次在植物中为经典的生殖隔离进化 Dobzhansky－Muller 模型提供了分子证据。发展了在杂交育种克服杂种不育的理论和技术方法。被评论为"在植物杂种不育机理研究方面做出了重要贡献"。项目在 *Nat. Genet*，*Cell Res*，*PNAS*，*Mol. Plant*，*Plant Cell*，*Annu. Rev. Plant Biol.* 等发表相关论文 30 多篇，总他引 1 000余次。

获授权国家发明专利 6 项，成果受到学术界的高度评价，被 5 篇专题文章评述，被"F1000"评论 5 次，入选科技部 973 计划十周年纪念活动代表性成果；获广东省科学技术奖一等奖 1 项，大北农科技奖一等奖 1 项，全国优秀博士学位论文奖 1 项。项目成果被多家育种单位应用并培育出杂交稻新品种。

国家技术发明奖

小麦与冰草属间远缘杂交技术及其新种质创制

完成单位：中国农业科学院作物科学研究所

完成人：李立会，杨欣明，刘伟华，张锦鹏，李秀全，董玉琛

获奖类别：国家技术发明奖二等奖

成果简介：小麦是主要口粮作物，远缘杂交在物种进化、基因组研究与突破性新品种培育方面发挥了重要作用。冰草属物种因其具有穗粒数众多、广谱抗病性、极强抗逆性等特异性状，被认为是小麦改良的最佳外源供体之一，但国际上一直未能获得成功。该项目围绕破解小麦与冰草属间杂交及其改良小麦的国际难题，历时 30 年，实现了从技术创新、材料创制到新品种培育的全面突破。

（1）创立小麦远缘杂交新技术体系，突破小麦与冰草属间杂交关键环节的技术瓶颈。针对杂交不结实的国际现状，创建基于受精蛋白识别免疫系统的幼龄授粉、盾片退化前的幼胚拯救和体细胞培养技术；针对高频率、规模化诱导小麦与外源基因组染色体异源易位技术缺乏的现状，创建了花器官不同发育时期的活体^{60}CO-γ 射线辐照高效诱导异源易位技术，平均异源易位频率达 17.9%；针对外源染色质难以检测与追踪问题，开发了 P 基因组特异标记 17.5 万余个；针对易位系等中间材料育种难以利用的问题，研发了外源标志性状与 P 基因组特异标记追踪、大群体选择的育种材料创制技术。这些技术突破了小麦与冰草属间杂交关键环节的技术瓶颈，并构成了完整的一体化小麦远缘杂交新技术体系。

（2）创制类型多样的遗传与育种新材料 392 份，开创了通过远缘杂交规模化创制新种质和转移多个育种重要目标基因的先河。利用新技术体

系，首次获得小麦与冰草属 3 个物种间的自交可育杂种；创制类型多样的遗传与育种新材料 392 份；揭示了自交可育以及染色体结构重排的遗传机制，解决了利用冰草属物种改良小麦的理论基础问题；创新种质携带来自 P 基因组特异基因 5 111 个；7 个生态环境下的表型与基因型分析发现，创新种质的典型特征为：高穗粒数、高千粒重和对白粉病、条锈病、叶锈病等主要病害具广谱抗性；其中，高穗粒数材料每穗粒数达 97.0~136.7 粒，比 6 个主推品种提高了 64.9%~134.0%；开创了通过远缘杂交规模化转移高产、抗病等多个育种重要目标基因的先河。

（3）建立创新种质高效利用新途径，攻克利用冰草属物种改良小麦的国际难题，驱动育种技术与品种培育新发展。揭示育种新材料多粒基因来自 P 基因组，受主效 QTL 控制，可作为显性标志性状供育种选择，且与千粒重和有效分蘖形成优异基因簇，填补了小麦穗粒数缺乏主效 QTL 的空白，为提高互有拮抗作用的产量三要素亩穗数、穗粒数和千粒重的协调性开辟了新途径；创建"在创新中利用与利用中再创新"的创新种质高效利用新模式，23 个优势育种单位通过验证培育新品种 7 个、参加国家/省区试后备新品种 24 个，涵盖 7 个主产区，且在继承创新种质高穗粒数、广谱抗病性、抗旱等方面表现突出，证实了新种质具有广泛的可利用性和适应性；首次将 P 基因组遗传物质应用于商业品种，为小麦增加了新血缘，而且能够引领高产、优质、绿色生态等育种发展新方向。

项目获国家发明专利 8 项、植物新品种权 2 项；发表论文 79 篇，其中在 *Plant Biotech. J.* 等刊物发表 SCI 论文 45 篇；《利用生物技术向小麦导入冰草优异基因的研究》获首届全国百篇优秀博士学位论文；2017 年获中华农业科技奖一等奖。

扇贝分子育种技术创建与新品种培育

完成单位：中国海洋大学，中国水产科学研究院，獐子岛集团股份有限公司，烟台海益苗业有限公司
完成人：包振民，王　师，胡晓丽，李恒德，梁　峻，王有廷
获奖类别：国家技术发明奖二等奖

成果简介：贝类占中国海水养殖产量近 80%，扇贝养殖是其主导产业，良种匮乏是制约产业发展的关键因素。分子育种是国际育种技术的研发前沿和竞争热点。针对水产生物育种基础薄弱现状，大力发展分子育种技术，促进水产种业跨越发展，是保障水产养殖业健康可持续发展的重大科技需求。"十一五"以来，项目组围绕贝类种业核心技术展开攻关，发明了系列高通量低成本全基因组分型技术，开发了贝类分子育种技术和遗传评估系统，培育出高产抗逆扇贝新品种，实现大规模产业化推广养殖，取得了显著的社会效益和经济效益。

创建了新型高效全基因组标记筛查分型技术：①建立等长标签简化基因组分型技术 2b-RAD，解决国际同类技术流程复杂、成本高、灵活性差等问题；发明高通量液相杂交分型技术，可高效检测 SNP、Indel 等，且突破 SSR 标记不能高通量分析局限，费用较商业芯片节省 90% 以上；开发了首个可实现 DNA 甲基化精确定量的 RAD 类技术。②创新性提出基于混合泊松分布模型的分型算法 iML，解决重复序列干扰难题，准确率较国际算法提高 20% 以上；发明 Domcalling 分型算法，解决 RAD 类技术无法利用显性标记，提高分型效率 40%；研发首个可同时分析共显性和显性标记的软件包 RADtyping。论文发表于国际方法学顶级刊物 *Nature Methods* 等，推动中国水产分子育种技术跃居国际前沿。

研发了贝类分子育种技术与遗传评估系统：①建立贝类分子标记辅助育种技术。构建国际首张精度突破 0.5cm 的水产生物遗传图谱，定位 QTL 55 个，鉴定到生长主效基因 *Prop1*、类胡萝卜素积累关键基因 *BCOlike1* 等 32 个性状关键基因；揭示扇贝应对高温级联网络调控机制，10 余个标记已应用于良种选育。建立了集图谱构建、QTL 基因定位及分子标记辅助选育的技术体系，应用 *BCOlike1* 基因标记育成"海大金贝"。②建立多种全基因组选择育种新算法和模型，开发了 LASSO-GBLUP 模型，解决了数据降维与精准度冲突的国际难题；研发了第一个贝类全基因组选择育种评估系统，育成'蓬莱红 2 号'扇贝新品种，引领了水产育种技术发展。

开发了扇贝高产抗逆新品种培育技术体系：①开发了贝类性状自动测量记录系统；建立了基于心跳频率的扇贝耐温性状精确测定技术；研发了 LIBS 与拉曼光谱的贝壳组分快速分析技术，实现扇贝性状与环境要素高通量快速测定。②构建了扇贝种质库、分子育种信息库、标签库和探针库等。集多种育种技术，与种业企业相结合，构建了扇贝育种网络平台。③应用所研发的分子育种技术，育成系列扇贝新品种。标记辅助选育的富含类胡萝卜素"海大金贝"开创海水动物品质改良先例,高产品种"獐子岛红"经济效益显著;高产抗逆'蓬莱红 2 号'为国际首个全基因组选育水产良种。良种良法,推动中国水产种业跨越发展。

项目 3 年直接产值 30.54 亿元、利润 9.94 亿元。2008—2015 年推广扇贝良种 476.93 万余亩,产量 148.29 万 t,创产值 133.17 亿元,提供就业岗位 14 万余个,社会效益和经济效益显著。该发明属水产品种选育技术学科;获发明专利 19 件,软件著作权 8 件,新品种 3 个,发表论文 25 篇。

猪传染性胃肠炎、猪流行性腹泻、
猪轮状病毒三联活疫苗创制与应用

完成单位:中国农业科学院哈尔滨兽医研究所,哈尔滨维科生物技术开发公司,哈尔滨国生物科技股份有限公司

完成人:冯　力,时洪艳,陈建飞,佟有恩,张　鑫,王牟平

获奖类别:国家技术发明奖二等奖

成果简介:生猪产业事关国计民生,是全面实现小康社会的重要支柱产业。猪传染性胃肠炎病毒(TGEV)、猪流行性腹泻病毒(PEDV)和猪轮状病毒(PoRV)感染是哺乳仔猪死亡的"第一杀手",7 日龄以内仔猪感染死亡率可高达 100%,每年经济损失超过 100 亿元。2010 年后猪病毒性腹泻疫情再次爆发,使生猪产业遭受重创,引起我国政府高度关注。疫苗是防控该类疫病的最有效手段。针对我国这 3 种病毒混合感染日趋严重的现实问题,该项目组历经 12 年科学攻关,发明了我国首个安全高效猪传染性胃肠炎、猪流行性腹泻、猪轮状病毒(G5 型)三联活疫苗(以下简称猪病毒性腹泻三联活疫苗),攻克了 3 种病毒混合感染无疫苗可用的难题,实现了猪病毒性腹泻精准高效防控。主要发明创造如下。

(1)发明了适应传代细胞系的安全性高、免疫原性好,具有独特分子标记的 TGEV、PEDV 和 PoRV(G5 型)弱毒株,攻克了 3 种猪腹泻病毒难以适应细胞、致弱过程中免疫原性减弱、强弱毒株难以区分的世界性难题。通过筛选敏感传代细胞系,优化添加胰酶、二甲基亚砜(DMSO)等辅助因子使病毒成功适应细胞。在病毒致弱过程中,采用敏感细胞系和未

吃初乳仔猪交替继代，结合固相病毒蚀斑克隆及全基因组测序等技术，优选安全性高、免疫原性好的克隆株，独创了猪腹泻病毒分离致弱体系，发明了安全、稳定、免疫原性好并具有独特分子标记的 TGEV 华毒株、PEDV CV777 株和 PoRV G5 型 NX 株三种弱毒株，为三联活疫苗的创制及产业化奠定了关键性基础。

（2）创制了我国首个安全高效的猪病毒性腹泻三联活疫苗，主、被动免疫保护率分别高达 96.15% 和 88.67%，实现了一针防三病。创建了传代细胞系替代原代细胞的生产新工艺，降低约 2/3 的生产成本，突破了原代细胞培养过程中外源病毒污染难以控制的技术瓶颈。制定了疫苗制造与检验规程及质量标准。利用发明的 3 种弱毒株及新工艺，创制了我国首个猪病毒性腹泻三联活疫苗，主动免疫保护率 96.15%，被动免疫保护率 88.67%，对哺乳仔猪、妊娠母猪在内的所有猪只均安全。该疫苗的发明填补了我国无猪病毒性腹泻三联活疫苗、无猪轮状病毒疫苗可用的空白，对单一感染与混合感染均有效，实现了一针防三病。

（3）创立了与疫苗配套应用的检测和监测技术体系，实现了猪病毒性腹泻精准高效防控。根据疫苗毒株独特的分子标记，独创了与该疫苗完全匹配的强、弱毒株鉴别诊断方法，实现了疫苗株与野毒株的鉴别；建立了敏感特异的抗原、抗体检测和监测技术；制定了猪病毒性腹泻诊断行业标准；创立了以疫苗为核心、以诊断为支撑的猪病毒性腹泻精准高效防控技术体系。

获国家发明专利 2 项、国家二类新兽药证书 1 项，制定行业标准 2 项；获黑龙江省技术发明奖一等奖 1 项、中国专利优秀奖 1 项；发表文章 81 篇（SCI 23 篇）。疫苗转让含 4 家上市公司在内的 7 家生产企业，金额 1.10 亿元。疫苗在全国累计应用 2 560 万头份，免疫覆盖仔猪 1.54 亿头，实现销售收入 2.01 亿元。经测算经济效益为 38.94 亿元，社会、生态效益显著。

猪整合组学基因挖掘技术体系建立及其育种应用

完成单位：华中农业大学，湖北省农业科学院畜牧兽医研究所

完成人：赵书红，梅书棋，李新云，朱猛进，乔　木，刘小磊

获奖类别：国家技术发明奖二等奖

成果简介：我国是第一养猪大国，生猪年出栏达 7 亿头，产值超过 1 万亿元，生猪业是我国农业的支柱产业。位于"金字塔"繁育体系顶端的种猪质量是决定生猪产业效益的关键。育种是提升种猪质量的根本手段，分子育种较常规育种更高效，能加快种猪改良进程。分子标记是分子育种的基础，然而，猪多组学数据分析工具与整合挖掘技术不足，导致基因挖掘效率低、分子育种标记少，限制了猪分子育种的应用。针对上述问题，该项目团队通过 14 年的研究，在猪多组学分析方法与工具创新、猪整合组学基因挖掘技术体系创建、分子育种标记高效开发及应用等方面取得了重要进展。

（1）研发出涵盖多组学多层次的方法和工具 10 个。构建了首个猪整合组学数据库，涵盖基因组、转录组、表观组、表型组等多组学信息；开发了 GWAS 新算法 FarmCPU，解决了混合模型的混杂问题，基因检出效率提升 10%~20%，为同期国际最优；开发出 MVP、GAPIT2 两个软件包，实现了 TB 级大数据的高效处理，速度提升 10 倍以上；设计了猪基因表达谱芯片，首先实现了猪高通量转录组分析；发展了猪表达谱芯片非特异过滤方法，将差异基因检出率提高 5% 以上；开发出 4 款功能基因组学研究软件，其中，sgRNAcas9 是国际上首个适用于多物种基因组编辑设计的图形化界面工具。

（2）创建了猪整合组学基因挖掘技术体系，开发出 114 个新分子育种标记。利用文本挖掘技术提取生物学规则，联合多重组学信息构建智能化评分系统，开发出基于"多组学联动评分"的整合组学基因挖掘技术体系，实现了目标性状基因的精准筛选，解决了单一组学基因挖掘效率低、准确性不高的问题。针对产肉、饲料转化效率、免疫等性状，组建了 5 个猪资源群体，开发出 114 个新分子育种标记。

（3）培育出 1 个优质猪母本新品系，创制出 3 个育种新材料。以项目提出的"系统数量遗传学"为指导，创建了多分子育种标记效应与传统估计育种值的一步整合评估法，提高了猪遗传评定的准确性。应用项目技术选育的种猪在农业部种猪质量监督检验测试中心（武汉）集中测定中多次获冠亚军；制定出 1 套适用于优质猪母本选育的综合选择指数，培育出 1 个优质猪母本新品系，筛选出 2 个三元杂优配套组合；对"硒都黑"猪进行了 5 个世代选育，新品种遗传性能基本稳定，获批开展中间试验；恩施

黑猪肉获国家地理标志保护产品证书。

该项目有力地推动了我国猪分子育种技术的发展，丰富了种质创新方法，共获 34 项国家发明专利、7 项软件著作权和 1 项国家地理标志保护产品证书。在 *PLoS Genet.* 等刊物发表论文 86 篇（SCI 论文 67 篇），他引1 227 次；研究成果被国际经典专著收录；获湖北省技术发明奖一等奖和科技进步奖一等奖各 1 项；培养出国家万人计划科技创新领军人才、国家杰青等人才。项目成果应用于种猪企业累计新增销售额达 15 亿元，新增利润超过 1.8 亿元，种猪辐射效益超过 200 亿元，社会效益和经济效益显著。

菊花优异种质创制与新品种培育

完成单位：南京农业大学，昆明虹之华园艺有限公司
完成人：陈发棣，房伟民，陈素梅，管志勇，滕年军，姚建军
获奖类别：国家技术发明奖二等奖
成果简介：菊花原产中国，是我国十大传统名花和世界四大切花之一，观赏性与经济价值高。项目实施初期，我国菊花商业主栽品种多为国外引进，品种抗蚜性差、耐寒性差和种性退化是制约我国菊花产业发展的瓶颈。该项目历时 26 年，针对菊花缺乏抗蚜、耐寒等优异种质资源的重大问题，以菊花种质创新和优质高抗新奇特菊花新品种培育为核心，挖掘菊花近缘种属优异抗性种质资源，创建属间远缘杂交和转基因育种新技术体系，创制优异新种质，培育优质高抗新奇特菊花新品种，构建脱毒种苗高效繁育技术体系，实现新品种大面积推广应用。主要技术发明点如下。

（1）鉴定出菊花近缘种属抗蚜、耐寒等优异抗性种质 78 份。先后收集保存菊花及其近缘种属植物 5 109 份，保存数量居全国首位；率先创建了菊花离体缓慢生长保存技术，保存时间达 12 个月，解决了圃地保存易混杂、丢失和感病问题；建立了菊花近缘种质抗蚜、耐寒等重要抗性评价体系，鉴定出抗蚜种质 19 份、耐寒种质 16 份及其他抗性种质 43 份，首次发现了黄金艾蒿、细裂亚菊分别是菊花抗蚜、耐寒育种的最优种质。

（2）建立基于整体植株接种转化法的转基因育种技术平台，实现了菊

花抗蚜、耐寒等重要抗性的定向改良。从抗性育种核心种质中挖掘出菊花抗蚜、耐寒等重要抗性优异基因 16 个；建立了高效遗传转化体系，创制转 WRKY48 抗蚜、转 ICE1 耐寒等转基因新种质 65 份，实现了抗蚜、耐寒等重要抗性的定向改良。

（3）创建了以远缘杂交和分子育种相结合的菊花育种新技术体系，育成优质高抗新奇特系列菊花新品种。率先阐明细胞程序性死亡引起的杂种胚胎败育是菊花远缘杂交障碍的主要原因，建立了重要性状分子标记辅助选择技术。创制抗蚜、耐寒等远缘杂种 254 份，首次获得菊属与'黄金艾蒿''芙蓉菊''菊蒿''太行菊'等 6 个属间抗性杂种和 3 属 4 物种聚合新种质。突破了抗性和花色、花型、株型等性状的综合改良，率先育成绿色、乒乓型和风车型等优质高抗新奇特菊花新品种 49 个，约占国内商业品种的 30%。

（4）发明了菊花病毒多重检测技术，建立菊花优质脱毒种苗繁育技术体系。率先创建了菊花多种病毒的多重 RT-PCR 检测技术；通过二次茎尖培养、热处理和病毒唑结合茎尖培养建立菊花脱毒提纯复壮技术，解决了种性退化问题；以脱毒母本为原原种，结合冷藏、激素处理和嫁接等建立菊花优质脱毒种苗生产技术体系，实现了专业化、规模化生产，年出口种苗约 1 亿株。

该项目获发明专利 28 项，获植物新品种权 48 个、日本登录品种 1 个，制定省级地方标准 7 项，发表论文 199 篇，其中 SCI 收录 87 篇；获省部级一等奖 2 项及华耐园艺科技奖等行业奖。累计新增产值 27.6 亿元，利润 10.2 亿元；菊花新品种的推广应用在推进美丽乡村建设、休闲旅游农业发展和精准扶贫中发挥了重要作用，社会与经济效益显著。该项目提升了我国菊花育种水平，引领了我国菊花产业发展。

国家科学技术进步奖

梨优质早、中熟新品种选育与高效育种技术创新

完成单位：南京农业大学，浙江省农业科学院，中国农业科学院郑州果树研究所，河北省农林科学院石家庄果树研究所

完成人：张绍铃，施泽彬，王迎涛，李秀根，吴　俊，李　勇，胡征龄，杨　健，陶书田，戴美松

获奖类别：国家科学技术进步奖二等奖

成果简介：梨是我国第三大水果，栽培面积 1 674.1 万亩，总产量 1 938.8 万 t，在农业种植业中居重要地位。针对我国梨品种结构不合理、晚熟梨过多、果实品质较差、传统杂交育种效率低、培育优异性状聚合的新品种极其困难等突出问题，该项目历时 20 多年，在国家 863 计划等项目支持下，重点开展梨高效育种技术创新与优质早、中熟新品种选育，取得突破性成果，带动了我国梨育种技术变革、品种更新换代和产业转型升级。

（1）创建涵盖最丰富地理生态型的梨种质资源库，挖掘优异种质，建立骨干亲本资源库，并作为育种材料。系统收集世界范围不同生态型梨属植物全部 22 个种的 1 635 份资源；创建分子与表型相结合的梨种质资源综合评价体系，并开展资源的规模化评价；创建首个梨 DNA 指纹图谱数据库，以及包含成熟期、果实品质、抗性等 29 个重要性状的表型数据库；构建包含新世纪、雪花梨、幸水等 180 份优异种质的骨干亲本资源库。

（2）揭示梨的分子遗传基础，创建梨高效分子辅助选择和远缘杂交育种技术体系，应用于育种实践，显著提高育种效率和精准度。解决高杂合

植物基因组组装的世界性难题，绘制了国际首个梨全基因组及遗传变异图谱；建立世界首个梨基因组数据库，系统挖掘调控梨成熟、色泽、石细胞及抗性等重要性状功能基因 42 个；构建最高密度梨遗传连锁图谱，精确定位 11 个品质性状 32 个 QTL，占国内外同类 QTL 数量的 72.7%，发明果实色泽等性状的可用分子鉴定标记 13 个，并获得国家授权发明专利，创建了分子标记辅助选择高效育种技术体系；建立以花粉"速冻缓融"长期保存、促进杂种萌发成苗为核心的远缘杂交育种技术体系。上述育种技术的应用，显著提高新品种选育效率。

（3）育成了优质早熟、中熟及特色红梨新品种 12 个，推广面积占我国杂交育成品种栽培总面积的 60% 以上，改变了我国长期以来传统地方晚熟梨过多的产业格局，显著优化了梨品种结构、提早了市场供应期。利用"骨干亲本+种间远缘杂交+分子标记辅助选择"高效育种技术，创制 122份优异种质；育成早熟品种翠冠、早白蜜、宁早蜜、宁酥蜜和夏清，使鲜果供应期提早了 30 天，其中翠冠推广面积 132 万亩，约占我国早熟梨总面积的 65%；育成中熟品种黄冠、清香、夏露、早魁和冀蜜，其中黄冠推广面积 156 万亩，约占我国中熟梨总面积的 70%，也是国际上栽培面积最大的梨杂交育成品种；育成红梨品种红香酥和宁霞，其中红香酥推广面积 41万亩，约占我国红梨总面积的 60%。新品种被全国 45 家育种单位利用，进一步育成了 96 个新种质和 7 个新品种。

（4）创新梨提质增效栽培技术，实现了良种良法配套。创建梨"刻槽高接"品种更新技术，发明倒"个"形高光效新树型，解决了品种更新慢、传统树型不合理及果实品质差等问题；发明梨树液体授粉技术，授粉用工量节省 90%，实现节本增效；研发梨优质高效生产技术，制定了《梨花粉制备与质量要求》《梨施肥技术规程》等标准 10 项。

该项目已获得省部级科技成果奖一等奖 4 项、授权国家发明专利 43项、实用新型专利 6 项；育成早熟、中熟及特色红梨新品种 12 个；制定标准 10 项；发表论文 272 篇，其中在 *Genome Research* 等期刊发表 SCI 论文78 篇（被 SCI 论文引用 694 次）；出版《梨学》专著。新品种和新技术在全国推广应用，其中在河北、江苏、浙江等 15 个省推广应用面积达 439.5万亩（新品种常年栽培面积 295.4 万亩、新技术 3 年累计推广 144.1 万亩），2015—2017 年新增利润 158.4 亿元，经济和社会效益显著。

2018 年度

月季等主要切花高质高效栽培与运销保鲜关键技术及应用

完成单位：中国农业大学，中国农业科学院蔬菜花卉研究所，云南省农业科学院花卉研究所，华中农业大学，南京农业大学，西北农林科技大学，昆明国际花卉拍卖交易中心有限公司

完成人：高俊平，马　男，穆　鼎，张　颖，包满珠，罗卫红，张延龙，张　力，周厚高，刘与明

获奖类别：国家科学技术进步奖二等奖

成果简介：花卉产业是国家构建现代农业产业体系总体战略的重要组成部分。我国切花年销售额超过 1 050 亿元，占花卉终端销售总额的 37.5%，是花卉产业中的主体产品。项目之初，切花生产布局不合理，温控能耗高；花期调控不精准，供需错位，生产效益低；采后技术缺乏，运销损耗大。项目组自 1992 年起，联合全国花卉科研核心力量，选定占产值 70% 以上的月季、菊花和百合，针对上述瓶颈问题，持续 24 年攻关，取得如下创新性成果。

（1）创建了 3 种切花种植布局的数字化模型和良种繁育技术体系。①针对切花生产能耗高、品质差的问题，创建了 3 种切花气候——良种资源高效配置的季节性种植布局模型，支撑了全国切花生产布局规划的制定，实现了主产区规模化生产，温控等生产能耗降低 68.9% 以上。②引进收集了 554 个品种，筛选出 59 个优势品种，占主栽品种的 85.2% 以上。③明确了 3 种花卉种源的种性退化机制，开发了以"病原物防控"和"种源匀质化"为核心的规模化良种繁育技术，优质种源均一率达 95% 以上。推广区内月季和菊花优质种苗占有率分别达到 85.1% 和 82.6%；百合优质商品球生产周期缩短了 1 年，自给率由 6.4% 提高到 55.6%。

（2）创建了以花期调控为核心的高质高效栽培技术体系。突破了月季等 3 种切花开花期难以控制、采收期不集中、优质花率低等难题，首次发现了菊花幼年期决定因子 CmNF-YB8 和长日照开花抑制子 CmBBX24。解析了光、温影响菊花、月季和百合成花的分子机制，创建了以光温调控为核心的花期精准控制技术体系，实现了周年应时供给和优质生产，优质花

率提高了 23.0% 以上。

（3）创建了以乙烯和失水联控为核心的采后保鲜技术体系。针对鲜切花高达 30.4%~39.5% 的采后损耗，首次明确了月季的乙烯代谢是一种介于跃变和非跃变的特殊模式，阐明了乙烯和失水胁迫的互作原理；解析了月季、菊花和百合采后品质劣变机制，创建了以乙烯和失水联控为核心，包括真空预冷、保鲜剂处理、气调包装储运等环节在内的环保高效的采后保鲜技术体系，使 3 种切花采后损耗平均降低 20 个百分点，支撑了我国切花集中生产、分散消费产业模式的建立。

授权发明专利 18 项；制定国家、地方等标准 30 项；编著 13 部，发表论文 257 篇，其中 *Nature Communications*、*Plant Cell* 等 SCI 论文 65 篇，他引 4 409 次。项目技术覆盖切花生产的各关键环节，推广应用 133.8 万亩，占全国同类花卉的 54.9%，产值占 70.1%。辐射 837 家龙头企业，带动花农 17.2 万户，3 年新增效益 89.6 亿元以上。项目技术为北京奥运会提供了高品质的颁奖用花，获得奥组委特别嘉奖。中国农学会专家组评价为"在种植布局模型、适宜品种筛选、花期精准调控和采后运销保鲜等方面取得创新性成果""总体上达到国际先进水平，在菊花的成花调节和月季开花衰老的乙烯调节机制等方面处于国际领先水平"。部分成果先后获教育部自然科学奖一等奖和科技进步奖一等奖各 1 项。

该科研团队创制了以周年供应为目标的高效生产新技术和花卉产品采后品质调控新技术，并集成创新了花卉节本增效生产流通技术体系。该成果推动了我国月季等三大商品花卉高效生产和流通基础理论与技术的创新，解决了"鲜花种在哪里合适""如何种得好""如何运出去"这三大问题，让鲜花消费走进千家万户。

大豆优异种质挖掘、创新与利用

完成单位：中国农业科学院作物科学研究所，东北农业大学，黑龙江省农业科学院佳木斯分院，黑龙江省农业科学院绥化分院，呼伦贝尔市农业科学研究所

完成人：邱丽娟，常汝镇，韩英鹏，郭　泰，李英慧，付亚书，关荣

霞，朱振东，孙宾成，刘章雄

获奖类别：国家科学技术进步奖二等奖

成果简介：大豆是我国重要的植物油脂和蛋白质来源，也是重要的动物饲料来源。20 世纪 90 年代，针对大豆生产上疫霉根腐病、灰斑病和干旱/盐碱等危害严重，大豆品种油分含量低，优异种质资源发掘滞后，高油、抗病新种质创制难度较大等问题，中国农业科学院作物科学研究所研究员邱丽娟联合东北农业大学、黑龙江省农业科学院佳木斯分院和绥化分院以及内蒙古自治区呼伦贝尔市农业科学研究所等主产区优势单位，按照生物技术与传统技术相结合、优异种质挖掘与育种利用紧密衔接的思路，历时 20 余年，在优异种质挖掘、抗逆、高油等重要性状 QTL/基因发掘，抗病优质新种质创制，新品种培育和推广利用方面取得显著成效。

该项目综合利用引进与收集的大豆资源，构建多样性丰富的核心种质和应用核心种质，解决资源选择难题。构建抗病、优质等重要性状鉴定技术体系，鉴定抗病（灰斑病、花叶病毒病、疫霉根腐病等）、优质（高脂肪、高蛋白等）等优异资源 949 份，其中抗病 230 份，包括抗疫霉根腐病 8 个生理小种的广谱抗源'鲁豆 4 号'等。具有两个以上优异性状的资源共 149 份，包括抗灰斑病和疫霉根腐病的'Ohio'、抗疫霉根腐病和胞囊线虫的'灰皮支黑豆'等双抗优异资源 9 份，抗疫霉根腐病且高油的'铁丰 23'、抗灰斑病且高蛋白的'绿皮豆-2'等抗病优质资源 8 份，为东北大豆抗病、优质新品种培育提供了优异资源。

该项目首次构建大豆泛基因组，揭示了基因组遗传变异特征，开发多样性丰富的分子标记，为基因发掘和分子育种提供了信息和工具。挖掘抗灰斑病、抗花叶病毒病、抗疫霉根腐病等抗性相关主效 QTL/基因 27 个，高脂肪含量、高蛋白含量等优质相关主效 QTL/基因 20 个，百粒重、单株荚数等产量相关主效 QTL/基因 25 个。建立了分子标记聚合育种技术体系，创制出聚合 5 个耐疫霉根腐病 QTL 新种质'CH19'，聚合抗疫霉根腐病、花叶病毒病和胞囊线虫病 QTL 新种质中品'03-5373'，聚合抗疫霉根腐病、灰斑病和高油 QTL 的合交'9526-1'等抗病优质新种质 7 份。

项目组与东北大豆主产区优势团队结合，通过梯级杂交和连续改良，结合分子育种技术体系，建立优异资源和新种质的育种利用研发平台。聚合多个优异性状，培育抗病优质高产新品种共 39 个，提升了东北大豆育种和生产水平。育成优质抗病新品种 17 个。其中国审品种 6 个，区域试验对照品种 7 个，农业农村部推介生产主导品种 6 个。17 个品种平均含油量

21.55%，超过国家高油品种标准 21.50%，其中 12 个高油品种平均含油量为 22.35%，最高达 23.57%，比普通品种高 3~4 个百分点，抗一种或几种病害，解决了优质和抗逆协调改良的难题，2006—2017 年累计推广 1.25 亿亩，新增经济效益 97.82 亿元，在提高生产水平和实现农民增收中发挥了重要作用。

该项目获国家发明专利 9 项，植物新品种保护权 10 项，制定标准 1 项；出版专著 4 部，发表论文 166 篇，其中在 *Nature Biotechnology*、*PNAS*、*Plant Journal* 等 SCI 期刊上发表 56 篇，完全他引 1 694 次；获省部级一等奖 3 项。核心种质、优异资源和基因组信息等材料、信息和技术等共享利用效果显著，为推动我国大豆应用基础研究步入国际行列做出了重要贡献。

黄瓜优质多抗种质资源 创制与新品种选育

完成单位：中国农业科学院蔬菜花卉研究所

完成人：顾兴芳，张圣平，苗 晗，王 烨，谢丙炎，方秀娟，刘伟，梁洪军，李竹梅

获奖类别：国家科学技术进步奖二等奖

成果简介：黄瓜是重要蔬菜作物，也是我国第一大设施蔬菜，面积和产量居世界首位，是农民增收的高效产业。生产上原有品种存在复合抗病性差、商品品质欠佳、易出现苦味等问题，严重影响产量、品质和收益。针对上述问题，该项目历时 27 年，以提高品质和抗病性为主要目标，大规模发掘优异种质，创建高效育种技术，培育优质多抗新品种并推广应用。取得如下重要成果。

（1）创建了 8 项先进高效的抗病性鉴定和品质评价技术，发掘出珍贵的黄瓜优异种质 19 份。研制出黑星病、病毒病等 8 种主要病害的抗病鉴定技术和瓜把长度、黄色条纹等品质评价技术，颁布行业标准 10 项。由中国、美国、荷兰等国家收集的 5 637 份种质中，挖掘出抗病毒病的'铁皮青'、兼抗黑星病和枯萎病的'Brunex'和'450'、无苦味短瓜把的'北

京刺瓜'等 19 份珍贵种质，为优质和抗病基因挖掘及育种亲本创制奠定了基础。

（2）构建了首张栽培黄瓜高密度遗传图谱，创建了国际领先的分子标记多基因聚合育种技术，选择效率提高 5 倍以上。利用黄瓜基因组大数据，构建了国际上第一张超饱和含有 10 629 个 SNP 的遗传图谱；首次发现了果实苦味基因 *Bi-3* 和显性果皮有光泽基因 *G1*，阐明了苦味形成的多基因互作机制和有光泽、抗黑星病、抗病毒病等性状的遗传规律；首次开发出与无苦味、有光泽、抗黑星病、抗病毒病等 21 个性状紧密连锁的分子标记，平均准确率为 93.8%。

（3）率先创制出聚合无苦味、有光泽等 5~6 个优质基因和抗黑星病、病毒病等 5~10 个抗病基因的高配合力自交系 12 个，攻克了优质和抗病基因难以聚合的技术难题。以挖掘出的优异种质为基础，通过常规杂交育种或结合分子标记多基因聚合技术，首次创制了聚合 6 个优质性状且抗 10 种病害的自交系 '01316'；含有显性光泽基因 G 且抗黑星病、枯萎病等 8 种主要病害的优质多抗自交系 '1101'；抗 5 种病毒的自交系 '0559G' 等。突破了密刺型黄瓜不抗黑星病、水果型黄瓜不抗病毒病的育种瓶颈。

（4）利用创制的优质多抗自交系，育成适应保护地、露地等不同生态型的新一代优质多抗新品种 8 个，实现了密刺型黄瓜优质多抗育种的突破。首次培育出聚合 5~6 个优质基因和 8~9 个抗病基因的保护地新品种 '中农 16 号' '中农 26 号' 等，占辽宁、河北等设施黄瓜主产区总面积的 50% 以上，引领了中短瓜条密刺型黄瓜的高品质育种方向。培育出聚合抗 5 种病毒、兼抗 3 种以上主要真菌性病害的露地栽培新品种 '中农 106 号' '中农 18 号' 等，成为广东、云南等 7 省区的主栽品种，占主产区的 30% 以上，实现了南菜北运黄瓜主栽品种的更新换代。培育出 '中农 19 号' '中农 29 号' 等水果型新品种，抵御了国外品种对中国市场的冲击。

获知识产权 11 项，审定品种 7 个，制定行业标准 11 项，发表论文 97 篇，获北京市和农业部一等奖各 1 项。新品种累计推广 1 187.9 万亩，新增经济效益 91.61 亿元，3 年推广 493.52 万亩，新增效益 36.97 亿元。实现了黄瓜常规育种与分子育种相结合的重大变革，促进了黄瓜产业的可持续快速发展。

高产优质小麦新品种'郑麦7698'的选育与应用

完成单位：河南省农业科学院小麦研究所，商丘职业技术学院，河南省种子管理站，陕西省种子管理站

完成人：许为钢，王会伟，张　磊，马运粮，张慎举，董海滨，张建周，齐学礼，郭　瑞，杨娟妮

获奖类别：国家科学技术进步奖二等奖

成果简介：黄淮南部麦区小麦产量占我国小麦总产量42.2%，是我国最大的优质强筋小麦适宜生产区，随着小麦生产发展，优质强筋品种逐渐表现出三方面问题：①产量水平明显低于普通高产品种；②食品加工适用范围不够宽泛；③综合抗性不强。项目组针对上述难题，通过创新高产育种途径与育种方法，育成高产优质强筋小麦品种'郑麦7698'，并发展成为我国小麦生产的主导品种。

（1）创新了"高产蘖叶构型"和"增强花后源功能"的高产育种途径，育成的'郑麦7698'引领我国优质强筋小麦品种产量水平迈上亩产700kg的台阶，解决了优质强筋品种产量水平普遍低于高产品种的难题。通过研究品种演变，创新了"春生高位蘖无或少且不拔节，叶片直立"的高产蘖叶构型和"改良光合与同化物运转特性"的增强花后源功能的高产育种途径。通过株型、光合性能和同化物积累运转特性的定向改良，育成的'郑麦7698'具有耐密植和高光效特性，高产性突出，8年14次机收测产中10次亩产超700kg，最高亩产756kg，屡创我国强筋小麦高产纪录。

（2）创新了"基因—理化特性—食品特性递进选择，并融入中国大宗面制品特性选择"的强筋小麦品质育种技术体系，育成的'郑麦7698'为优质面包和优质面条兼用品种，并可制作良好品质的馒头，为提高我国大宗面制食品的质量提供了新的品种类型。通过研究麦谷蛋白亚基品质效应和优化品质选择参数，并利用21个品质相关基因的分子标记，建立了基因-理化特性-食品特性递进选择的育种程序，经强筋特性、中国大宗面制品所需的淀粉和面粉色泽等特性的表型及基因型均衡选择，育成的'郑麦7698'经国家粮食局粮油质量检验测试中心鉴定：面包88.4分、面条

87.8 分、馒头 81.5 分，食品加工品质优良，适用范围广。

（3）建立了小麦耐高温强光特性筛选技术，应用多项选择技术，育成的'郑麦 7698'对高温强光、水分亏缺胁迫和条锈病、白粉病具有较好的综合抗性，利于高产稳产。建立了小麦耐高温强光特性的叶绿素荧光筛选技术，并针对本麦区生育后期高温强光和水分亏缺常年发生的特点，通过选择叶片持绿性和测定叶绿素荧光参数，获得了'郑麦 7698'对高温强光及水分亏缺的良好抗性；采用抗病性田间鉴定和抗病基因分子标记选择，育成的'郑麦 7698'中抗条锈病和白粉病，具有较好的耐胁迫能力。

（4）建立了以"缩行距促高产、稳氮量保品质"为主要技术措施的生产技术规程，促进了'郑麦 7698'大面积生产应用。通过配套生产技术的示范推广，发挥了'郑麦 7698'的高产性能和优质特性，并实现了优质粮贸易和专用粉产业化开发。'郑麦 7698'为农业部推荐的主导品种和 3 年年推广面积超 1 000 万亩的全国三大优质小麦品种之一。累计收获面积 4 721.8 万亩，新增效益 24.36 亿元，3 年累计 3 678.5 万亩，实现了优质商品粮生产、优质商品粮贸易和优质专用粉开发相结合的产业化。

项目获植物新品种权 1 项、发明专利 1 项，发表论文 28 篇，出版专著 1 部，制定地方标准 1 项，获河南省科技进步奖一等奖 2 项。

农林剩余物功能人造板低碳制造关键技术与产业化

完成单位：中南林业科技大学，大亚人造板集团有限公司，广西丰林木业集团股份有限公司，连云港保丽森实业有限公司，河南恒顺植物纤维板有限公司

完成人：吴义强，李新功，李贤军，卿　彦，胡云楚，刘　元，陈秀兰，詹满军，陈文鑫，段家宝

获奖类别：国家科学技术进步奖二等奖

成果简介：我国人造板年产量超过 3 亿 m³，位居世界第一。木材年消耗量 6 亿 m³，进口依存度超过 52%，严重制约人造板行业可持续发展。然而，我国农林剩余物年产量超过 15 亿 t，其中农业秸秆约 9 亿 t，大部分被

直接焚烧，造成了严重的资源浪费和环境污染。同时，人造板行业正面临着生产能耗高、环境友好性差、产品功能单一、附加值低等制约行业发展的重大技术瓶颈。为此，在国家科技支撑计划、国家林业公益性行业科技重大专项、国家自然科学基金等 20 余项国家、省部级项目资助下，历经10 余年科技攻关，系统开展农林剩余物功能人造板绿色胶黏剂及高效制备、锌锡掺杂液固双相环保阻燃抑烟、多元体系坯料分级节能快构、高效节能成形技术及装备研究，构建了农林剩余物功能人造板低碳制造技术体系，突破了农林剩余物人造板绿色环保、阻燃抑烟、防水防潮以及节能生产等关键技术，推动人造板产业结构调整升级和行业重大技术进步，对保证木材安全、生态安全，实现绿色发展具有重大现实意义。主要创新点如下。

（1）创制农林剩余物人造板绿色功能胶黏剂及其高效制备技术，发明硅镁钙系无机、有机—无机杂化、醇胺网络交联系列胶黏剂，突破胶黏剂环保性和耐水性差、生产效率低等重大技术难题，功能人造板可实现无甲醛释放，尺寸稳定性提高 60% 以上，胶黏剂生产效率提高 55% 以上。

（2）发明农林剩余物人造板锌锡掺杂液固双相环保阻燃抑烟技术，攻克了多元协同耦合、多相立体屏障阻燃技术难题，填补火灾过程智能温控反馈技术国际空白，功能人造板阻燃等级可达不燃级（A2 级）。

（3）创新农林剩余物功能人造板多元体系坯料分级节能快构技术，攻克高效均布联合施胶、铺装/预压一体成型、反向温度场闪构等核心技术难题，功能人造板生产效率提高 25% 以上，能耗降低 20% 以上。

（4）集成创新农林剩余物功能人造板高效节能成形技术及装备，解决了人造板压控潜伏与网络预锁衍生固化、无间歇切换连续热压关键技术难题，无机人造板压控自加热成形技术填补国际空白，生产效率提高 20% 以上，能耗降低 30% 以上。

项目技术先后获教育部科技进步奖一等奖、梁希林业科学技术奖一等奖、中国产学研合作创新成果奖一等奖等省部级奖励 6 项；鉴（认）定成果 4 项；主持或参与制（修）定国家标准 9 项、行业标准 12 项；获授权国家发明专利 53 件；发表论文 133 篇，其中 SCI、EI 收录 50 篇，出版专著 3 部；培养研究生 36 人。

项目整体技术在国内外同类研究中处于领先水平，成果先后在大亚人造板集团有限公司、广西丰林木业集团股份有限公司、连云港保丽森实业有限公司、福江集团有限公司等 30 余家企业进行了推广应用，产生了重大经济、社会和生态效益。

林业病虫害防治高效施药关键技术与装备创制及产业化

完成单位：南京林业大学，南通市广益机电有限责任公司

完成人：周宏平，许林云，崔业民，茹　煜，蒋雪松，张慧春，郑加强，贾志成，李秋洁，崔　华

获奖类别：国家科学技术进步奖二等奖

成果简介：我国人工林病虫害发生面积约占林业有害生物总发生面积的 80%。林业病虫害是"无烟的森林火灾"，不仅危害严重、损失巨大，而且在防治上具有艰巨性和长期性，直接威胁生态安全。长期以来，我国林业病虫害防治施药专用装备一直处于空白。本项目针对植株高大、冠层浓密、病虫害突发性强、蔓延迅速等林业病虫害的重大防治难题，创造性地开展了以"高射程""强穿透""高附着"和"精确对靶"为防治需求的施药关键技术研究，研制了多元化、系列化、自动化及多功能集成的林用施药装备并产业化推广应用。项目成果对发展现代林业、实现绿水青山具有重要的战略意义。主要研究成果如下。

（1）建立了射程高、穿透性强、沉积效果好的施药技术体系，实现了从地面到空中、从低矮苗木到高大林木病虫害的快速高效立体防治。创新提出低量风送高射程喷雾技术，解决"高大"林木病虫害防治难题；突破快速弥漫渗透的大型烟雾载药发生技术，解决林木冠层浓密、郁闭度高的雾滴"穿透性"高效防治难题；创新研发"附着率高、黏附性好"的航空静电喷雾技术，解决航空施药的高空飘移污染难题；首次提出三出口风送喷雾技术，解决苗木及矮化密植果园病虫害防治的云滴穿透与定向输送难题。

（2）首次提出了林木冠形特征获取及实时分析方法，构建了多源信息融合技术，实现了精确对靶变量施药。针对植株疏密和冠形不一的特点，创新提出基于机器视觉技术的动态树木特征图像和基于激光探测技术的动态树木特征点云的信息获取方法，创建了信息实时在线处理算法；开发了

林木、药剂、装备及环境等多源信息融合的决策系统，减少无效喷雾，实现精确对靶变量施药。

（3）创制了多元化、系列化、自动化及多功能集成的林用施药装备，实现了产业化和推广应用。创制了地面与空中防治结合、车载与便携式结合、机械化与自动化结合的 7 个类别、18 个型号的系列化、多功能集成的立体式林用高效施药装备，其最大垂直射程 45m，最大喷烟量 420L/h，生物农药活性 90%以上，农药有效利用率 50%以上，地面最高作业效率喷雾360 亩/h、喷烟 690 亩/h。

首次制定了本项目成果的林业行业标准，保证项目技术规范及顺利实施；授权国家发明专利 19 项、软件著作权 4 项；发表学术论文 149 篇（SCI/EI 收录 52 篇），制定行业标准 4 部，出版专著 1 部。

到 2017 年，已形成林用施药装备的规模化生产能力及广泛推广应用，覆盖全国各地，出口 14 个国家和地区，累计产值 10.77 亿元。10 多年来，地面和空中防治装备累计防治面积达 5.4 亿亩次，有效控制了病虫害的发展和蔓延，社会和生态效益巨大。

高分辨率遥感林业应用技术与服务平台

完成单位：中国林业科学研究院资源信息研究所，国家林业局调查规划设计院，中国科学院遥感与数字地球研究所，西安科技大学

完成人：李增元，高志海，张煜星，陈尔学，张　旭，覃先林，夏朝宗，李晓松，凌成星，李崇贵

获奖类别：国家科学技术进步奖二等奖

成果简介：为满足我国森林资源调查、湿地监测、荒漠化监测、林业生态工程监测和森林灾害监测等林业调查和监测业务发展对高空间、高光谱和高时间分辨率遥感海量数据处理、产品生产和系统服务的重大应用需求，该项目研究解决了高分辨率遥感林业调查和监测应用关键技术，形成了满足我国林业监测业务需求的高分辨率遥感林业应用技术体系；研制了高分辨率林业遥感应用服务平台和应用系统，实现了高分辨率林业应用专

题产品生产、共享与服务。该项目成果对提升林业调查和监测的智能化和自动化水平具有重要的现实意义。

项目的主要技术创新内容如下。

（1）针对林业资源区划调查业务需求，创新了森林、湿地和沙化土地高分辨率遥感精细分类方法，提高了林业资源动态监测和精准监管的技术水平。充分发挥高空间、高光谱和高时间分辨率遥感的多源协同观测优势，突破了最佳分析单元的生成、最优分类特征自动化选择及高效稳健机器学习分类模型构建等技术，有效提高了森林、湿地和沙化土地类型分类的精度和自动化程度，提升了林业资源区划调查和监测的效率和精细化水平。

（2）针对林业资源变化与灾害监测业务需求，构建了主要林业生态要素遥感估测模型和方法，突破了林业资源定量监测的技术瓶颈。综合利用多源高分辨率遥感数据和地面调查数据，创新了森林蓄积量、沙地稀疏植被覆盖度、林火燃烧强度等专题要素高分辨率遥感定量估测的模型和方法，解决了模型构建及其参数优化的关键技术，提高了模型的稳健性，实现了专题要素的自动化遥感精准估测。

（3）针对海量高分辨率遥感数据处理和林业应用服务业务需求，创新了云架构下资源协同管理和林业专题产品生产流程定制技术，实现了高分辨率林业遥感应用平台的高效稳定运行和按需服务。结合国家财政修购专项支持，共投入3 000多万元，构建了基于高性能计算环境和云架构的高分辨率林业遥感应用服务平台。平台具有PB级的数据存储能力，计算节点数达48个，集群的计算能力大于5T flops，数据日处理和专题产品日生产能力均达到0.2TB，服务时效保障率达90%以上。平台具备80个并发用户同时使用的能力，支持GF-1、GF-2、GF-3、GF-4等海量高分辨率卫星数据的批量化和自动化辐射校正、几何校正和正射校正处理，实现了高分辨率遥感数据并行处理和远程多客户端的同步操作运行，以及专题产品的网络发布与共享，面向全林业行业开放应用。

项目成果的主要技术经济指标：森林、湿地和沙化土地高分辨率遥感精细分类精度均达85%以上，大区域遥感监测精度普遍提高了5%～10%；森林蓄积量遥感定量估测精度达75%以上，沙地稀疏植被覆盖度估测精度达85%以上；高分辨率林业遥感应用服务平台具有PB级的数据存储能力，计算节点数达48个集群，计算能力大于5T flops，实现了海量卫星数据的批量化和自动化预处理，日处理和生产能力均达0.2TB，面向全林业行业开放应用，服务时效保障率达90%以上。

项目成果及其应用：授权国家发明专利3项，获软件著作权16项；发表研究论文93篇，其中SCI收录17篇，EI收录23篇；出版专著5部，制定高分专项标准规范9项。截至2017年，该项目成果已经在13项全国性和7项地方性林业调查与监测业务中得到广泛应用，共向国家林业局大兴安岭林业调查规划设计院等50多家林业调查规划设计单位和管理部门分发高分数据和产品12万多景，按替代国外高分辨率遥感数据开展全国性林业调查和监测，共节约成本约1.2亿元。在森林资源规划设计调查中高分辨率遥感数据替代国外数据率达69%，在林业生态工程和石漠化监测中替代率近100%，支撑森林资源监测频率由3~5年1次提高到1年1次，促进了自主高分辨率遥感数据在林业资源调查监测、监督管理和资产评估中的广泛应用，提升了林业调查的科技含量和技术水平。

该项目获中国地理信息产业协会2017年地理信息科技进步奖一等奖，获2017年中国林业科学研究院重大科技成果奖。

灌木林虫灾发生机制与生态调控技术

完成单位：北京林业大学，山西农业大学，国家林业局森林病虫害防治总站，宁夏回族自治区森林病虫防治检疫总站，建平县森林病虫害防治检疫站

完成人：骆有庆，宗世祥，张金桐，盛茂领，曹川健，温俊宝，张连生，孙淑萍，陶　静

获奖类别：国家科学技术进步奖二等奖

成果简介：灌木林是生态脆弱区重要的植物群落，具有特殊的生态防护功能，尤其在西北荒漠地区，但灌木林虫灾发生非常严重。课题完成单位针对灌木林植物群落结构的特点，坚持生态功能为主的效益取向，以易行、高效、覆盖面广的策略，开展虫灾防控技术攻关。

本成果由北京林业大学主持，联合8个单位，在14个重要科研项目资助下历经14年完成。以沙棘、沙蒿和柠条等灌木林中大面积成灾的主要害虫为研究对象开展系统研究。主要创新体现如下。

（1）首次系统明确了6种主要害虫的生物生态学特性。如沙棘木蠹

蛾、沙蒿木蠹蛾、沙蒿大粒象和柠条绿虎天牛等，为准确把握监测与防控的关键环节与技术，有效防控虫灾奠定了坚实的理论基础。

（2）多层次多角度揭示了灌木林重大害虫的成灾机制。如沙棘木蠹蛾、沙蒿钻蛀性害虫和柠条绿虎天牛的成灾机制，为提高灌木林稳定性的林分经营技术提供了理论指导。以沙棘木蠹蛾为例，明确大面积单一感虫树种（中国沙棘）的人工林是灾害发生的关键因素；其次，中国沙棘最利于木蠹蛾的产卵和幼虫发育，是其感虫的主要机制；同时，从分子生物学和群落生态学角度，明确了灾害发生的内在因素和外在因素。

（3）开发成功 6 种害虫引诱剂及应用技术参数集。如沙棘木蠹蛾、沙蒿木蠹蛾、沙柳木蠹蛾和榆木蠹蛾性诱剂，以及柠条绿虎天牛和沙蒿大粒象植物源诱剂等，明确了诱剂组分及配比，建立了高效的人工合成路径与技术，构建了成熟的林间监测和诱杀技术参数集，专一性强，监测准确率与诱集率高。

（4）系统挖掘天敌资源与开发利用优势天敌。明确了沙棘、沙蒿、柠条等灌木林主要害虫的天敌种类及优势种的自控效果。共发现寄生蜂、寄生蝇等天敌 214 种，包括新属 3 个，新种 33 种，中国新记录属 9 个，中国新记录种 34 种；首次发现沙蒿主要钻蛀性害虫的重要寄生天敌麦蒲螨，具有自然寄生率高、寄主谱广、寄生虫种和虫态多等特点，非常符合灌木林害虫生态调控的要求，并构建了高效的人工扩繁和应用技术体系。

（5）研发了灌木林虫灾的遥感监测技术。明确了不同受害程度沙棘的特征光谱值，沙棘木蠹蛾灾害与沙棘树势、年降水量及立地因子的关系，揭示了辽宁建平沙棘木蠹蛾灾害的多年演变规律。同理，以宁夏灵武市为例，通过耦合遥感影像上的树势判定与实地虫口调查，生成了沙蒿林的不同虫灾等级发生区图，指导虫灾管理。

总之，以致灾主体和成灾主因研究为基础，集成了以昆虫信息素和遥感技术为主要监测手段，以天敌利用、化学生态调控、高效灯诱、植物群落调控为主的灌木林虫灾防控技术体系及模式。

本成果共开发新产品 12 个，获授权专利 21 项，其中国家发明专利 12 项；发表论文 142 篇，其中 SCI/EI 源 36 篇；出版专著 2 本；已获省部级科学技术奖一等奖 1 项，二等奖 5 项。举办推广培训班 6 期，在 6 省区进行了大面积示范与推广，取得了显著的防灾成效及生态效益。

该成果有效地解决了我国西部灌木林重大虫灾防控中的关键技术问题，极大提高了防控技术水平。经与国内外同类研究的比较，本成果在灌

2018年度

木林的虫灾发生机制、害虫引诱剂开发与应用、遥感监测及虫灾调控等方面，处于国际领先水平。

猪抗病营养技术体系创建与应用

完成单位：四川农业大学，浙江大学，四川铁骑力士实业有限公司，新希望六和股份有限公司，通威股份有限公司，重庆优宝生物技术股份有限公司，福建傲农生物科技集团股份有限公司

完成人：陈代文，车炼强，詹　勇，吴　德，余　冰，虞　洁，张克英，何　军，韩继涛，张　璐

获奖类别：国家科学技术进步奖二等奖

成果简介：我国养猪业一直面临各种疫病的威胁和困扰。针对生产中存在的动物健康问题，四川农业大学教授、副校长陈代文通过营养技术改善猪抗病力，缓解疾病危害，减少生猪养殖用药，经过 20 年的研究与应用，实现了理论突破和技术创新。该项目以营养与免疫为核心，系统研究了营养与影响健康的关键因素之间的互作关系，旨在通过营养措施改善猪免疫力、促进受损机能修复，以缓解疾病危害，减少用药量。揭示了猪抗病营养原理，构建了抗病营养技术体系，研发系列饲料新产品，在饲料和养猪企业推广应用，产生了巨大的经济和社会效益。

（1）揭示了藏猪、荣昌猪和 DLY 猪抗病力及 RIG-1、IPS-1 等抗病基因表达差异，发现精氨酸、维生素 A 等营养素可上调抗病基因表达。

（2）发现了 21 种营养素和 18 种添加剂可通过影响 TH1/TH2 系统平衡和免疫分子表达，增强猪一般免疫力。

（3）探明了维生素、氨基酸等 11 种营养素对圆环病毒、大肠杆菌等 7 种病原攻击下仔猪的保护效应，发现营养可通过抑制病原复制或活力促进特异性抗体分泌，缓解病原危害。

（4）揭示了肠道发育关键时间节点，探明了肠道微生物功能及其与营养、宿主关系，弄清了 15 种营养素、18 种营养源及 10 种添加剂，通过改善肠黏膜形态结构、调节分泌功能、增强免疫机能、维持肠道菌群平衡等途径保障仔猪肠道健康。

（5）发现了应激和霉菌毒素可改变猪免疫功能及营养代谢与需求规律，优化营养方案可调节内分泌、免疫机能和营养代谢，缓解其危害。

（6）发现了宫内发育受阻（IUGR）猪存活率低、生长迟缓与肠道发育不完善、免疫功能异常、菌群紊乱等生物学缺陷有关，胎盘印记基因及养分转运关键基因表达异常是 IUGR 形成及生后缺陷的重要机制；母体及早期营养干预可通过改善胎盘养分转运、一碳代谢及线粒体功能降低 IUGR 发生率并矫正生物学缺陷。

关于该项目的核心价值，陈代文解释的通俗易懂，就是研究猪的营养餐，用科学的手段解决养猪高效、安全、生态、优质等一系列问题。营养是动物生长和健康的物质基础，以提高抗病力为目标的动物营养理论和技术体系在国内外尚属空白。该项目在国际上首创基于营养—微生物—宿主互作、以营养与免疫为核心的猪抗病营养理论，率先构建了抗病营养研究范畴，围绕营养与肠道健康、病原性和饲料源性致病因子互作规律开展系统研究，从整体、组织、细胞及分子水平探明了营养的抗病功效及机制，揭示了营养—肠道微生物—宿主免疫之间的互作关系，实现了学科交叉，创建了抗病营养理论。同时，针对我国猪只健康水平低、国内外饲养标准不能维持猪最佳抗病力的营养需要等实际问题，率先构建了提高猪免疫力、缓解病原微生物危害、确保肠道健康、抗应激、防霉抗霉、挽救弱小仔猪等六大关键技术，成为当前健康养殖核心营养技术。

截至目前，该项目获国内外授权发明专利 43 项（其中国际发明专利 7 件、国内发明专利 36 件）；出版专著及教材 7 部，发表论文 227 篇（SCI 论文 106 篇），总被引 2 109 次，国际同行引用达 633 次并给予专栏评述；建立猪抗病营养参数 51 个，开发抗病饲料和添加剂新产品 30 个，获国家重点新产品 1 个，制定国家标准 1 项。

该项目实行产、学、研结合，以大型养殖场和饲料企业为骨干，以 40 个国家生猪产业体系试验站为示范基地，在我国 26 个生猪主产省市和大中型企业得到推广和应用。培养研究生 103 名，培训技术人员 5 万人次，从 2006 年开始应用至今，已获经济效益 72.9 亿元，少用抗生素 6 000 t，少死亡猪 200 万头，少排粪污 400 万 t，经济效益和社会效益十分显著。

2018 年度

高效瘦肉型种猪新配套系培育与应用

完成单位：华南农业大学，广东温氏食品集团股份有限公司，中国农业大学，北京养猪育种中心，广东省现代农业装备研究所

完成人：吴珍芳，王爱国，罗旭芳，胡晓湘，张守全，蔡更元，李紫聪，徐 利，黄瑞森，严尚维

获奖类别：国家科学技术进步奖二等奖

成果简介："猪粮安天下"，猪肉占中国肉类消费总量的 63%。20 世纪 90 年代以来，中国从温饱向富裕型国家转变，规模化瘦肉型养猪业兴起，但作为产业核心的原种猪主要依赖进口。项目面向国家重大需求，由百余名研究骨干、千余名科技人员和 3 万余农户历时 20 年，持续开展种猪本地化选育，自主培育出高效瘦肉型种猪新配套系并大规模产业化应用，创产值 2 399 亿元，并以年 20% 以上增长。培育了世界最大养猪企业，创建了中国特色现代养猪产业新模式，引领养猪业跨越式发展，为中国总体实现小康做出重要贡献。

创建了中国瘦肉型种猪四系配套育种新体系。在三系杂交配套体系基础上，系统、全面评鉴 18 个品系 223 个家系、1.5 万余头种猪个体，通过种质资源创新、专门化品系选育和四系杂交配套筛选，实现高性能种猪资源创制、多性状高效改良，扩大了杂种优势利用。培育出 8 个专门化品系组成 2 个四系配套的"华农温氏 1 号猪配套系"和"中育猪配套系"，并通过国家审定。两个新配套系肉猪日增重、饲料转化率和瘦肉率分别达 928g/1 035g、（2.49∶1）／（2.31∶1）和 67.2%/66.1%，与中国饲养的国内外种猪配套系最高水平相比，生长速度快 10.8%、饲料转化率高 7.7%、瘦肉率高 1.5%。

创新了瘦肉型种猪分子育种技术。创建了基于简化基因组测序的种猪全基因组选择新技术，打破国外芯片技术垄断，实现了种猪早期选择，提高了选种准确性。研制了国内首张检测猪基因表达的 cDNA 芯片，验证了一批功能基因和分子标记；发现了 *Lats2* 等 19 个基因的育种价值和 INF-γ 等 35 个分子标记及其效应；创制了低密度 SNP 芯片，开展分子标记辅助育种，实现了肉质、抗性、繁殖力和产品整齐度等同步改良提高。

创新了瘦肉型种猪遗传评估和性能测定技术。创建了国内外最大的育种数据管理系统，数据记录超亿条，日交互量达 300 万条，实现了大数据自动采集、高度集成和种猪个体快速、实时遗传评估。创新了种猪个体采食自动测定新设备和肌内脂肪含量活体测定新方法，实现了群养条件下种猪个体饲料转化率精准测定和肉质性状无损评定。创新了种猪体细胞克隆等扩繁和养殖技术。通过解析调控猪克隆胚胎发育效率分子机理，发明了多项提高克隆效率新方法，建立了稳定高效成年猪体细胞克隆技术体系，效率提高 3.8 倍，实现了优良种猪遗传价值高效传递。

制定出配套养殖技术标准 28 项，开发出生猪智能养殖管理软件 7 项，研制了系列配合饲料，充分发挥种猪遗传性能。创建了中国现代养猪产业新模式并取得巨大经济和社会效益。在全国 30 个省市，为 500 余家猪场提供优质种猪和技术，累计推广种猪 559 万头，生产肉猪 13 685 万头，创产值 2 399 亿元、利润 510 亿元；其中 3 年产值 1 151 亿元、利润 272 亿元，农户增收 97 亿元。成果支撑广东温氏集团快速成长为世界最大养猪企业，其 2017 年养猪产值达 352 亿元，并牵头组建"国家生猪种业工程技术研究中心"。创建了以"高校+公司+家庭农场"为核心的养猪产业新模式，形成了中国现代养猪产业发展新格局。

获国家畜禽新品种（配套系）证书 2 个、授权发明专利 26 件、实用新型专利 21 件、软件著作权 9 项；主编著作 6 部，制定国家（行业）标准 5 项，发表论文 340 篇（被引 1 960 次）。获广东省科学技术奖特等奖 1 项、一等奖 2 项、大北农科技奖一等奖 1 项。2017 年中国农学会的成果评价结论为"培育的瘦肉型种猪成果达到国际领先水平"。

长江口重要渔业资源养护技术创新与应用

完成单位：中国水产科学研究院东海水产研究所，中国水产科学研究院淡水渔业研究中心，上海市水产研究所，上海海洋大学，江苏中洋集团股份有限公司

完成人：庄　平，徐　跑，张　涛，张根玉，赵　峰，唐文乔，徐钢春，钱晓明，施永海，徐东坡

获奖类别：国家科学技术进步奖二等奖

成果简介：项目属水产资源领域。长江口是全球最大河口之一，海陆交汇，资源丰富，在全球生态系统中的作用不可替代。长江口具有"三场一通道（繁育场、索饵场、越冬场和洄游通道）"特殊生态功能和丰富的生源要素，使东海成为中国渔产最高的海区，长江流域成为中国淡水渔业的"摇篮"。然而，沿岸高强度开发和资源过度利用，使长江口生态功能受损、渔业资源衰退、濒危物种增加，成为全球 50 个生态敏感区之一。养护长江口渔业资源，不仅使渔业增产、渔民增收，更在保障生态安全、促进生态文明建设上具有重大意义。该项目自 1996 年起，从长江口渔业资源衰退成因及机制、关键生态功能修复、重要资源养护等三个依次递进的层面开展系统研究，取得了多项创新性成果和关键技术突破。

（1）创建覆盖长江口全水域的数字化监测评估体系，阐明了长江口渔业资源衰退成因及机制，奠定了生态修复和资源养护理论基础。建立了固定站和流动站相结合的长期监测网络体系，开发了卫星 PAT 和声呐跟踪实时精准数据获取专利技术，年均获数据 20 万个，自主研发了评估软件，填补了基础数据空白；研究发现河口型繁育场快速萎缩、生态系统食物网受损、洄游通道受阻、群落结构失衡是渔业资源衰退的关键成因，并阐明了其机制。研究成果为国家设立"长江口国家级水产种质资源保护区""长江口中华鲟自然保护区"和制定"长江春季禁渔""刀鲚特许捕捞"等制度提供了科学依据。

（2）创新生态修复新方法，重建了关键栖息地生境，促进了长江口水域生态功能恢复，重要渔业资源增殖成效显著。发明了"底播生物+漂浮湿地"重建繁育场生境技术，创建了放流亲体以增殖繁育群体的新途径，将中华绒螯蟹繁育场由 56km^2 恢复到 260km^2，使枯竭 21 年的蟹苗（年均1t）恢复并稳定在年均 30～50t 的历史最好水平，成功修复了全球最大中华绒螯蟹繁育场，成为国际上恢复渔业资源的典型范例；开发"柔性鱼礁"索饵场再造技术，中华鲟幼鱼饵料生物丰度增加 49.2%；查明了长江口鳗苗主要洄游通道，据此提出的"一控二限"综合管控措施被农业部采纳，鳗苗产量由年际 1～4t 波动，恢复并稳定在年均 4t。

（3）攻克长江口珍稀鱼类养护技术，有效保护了濒危的刀鲚、暗纹东方鲀、中华鲟等鱼类资源。阐明了刀鲚应激反应神经内分泌信号通路及"心源性猝死"机理，发明了低盐消除应激反应技术，攻克了"出水死"技术难题，实现人工驯养；揭示了刀鲚、暗纹东方鲀洄游鱼类性腺发育启动机制，发明了仿生境微流调控方法，突破了性腺发育停滞瓶颈，建立了全人工繁育技术体系，为增殖放流奠定基础，发展珍稀物种养殖减轻了市场对天然资源的依赖；研发了抢救受伤中华鲟成套技术，抢救成活率从30%提高到75%。

该成果获国家授权发明专利 54 项、实用新型专利 44 项、软件著作权 5 项，制定标准 12 项，发表论文 271 篇、专著 9 部。该成果在沿江沿海广泛应用，保护增殖了长江口渔业资源，促进了生态平衡和渔民增收，3 年项目完成单位直接效益 12.96 亿元，生态、社会和经济效益重大，获省部级科技进步奖一等奖 3 项。

优质肉鸡新品种京海黄鸡培育及其产业化

完成单位：扬州大学，江苏京海禽业集团有限公司，江苏省畜牧总站

完成人：王金玉，顾云飞，谢恺舟，戴国俊，张跟喜，施会强，俞亚波，王宏胜，侯庆永，朱新飞

获奖类别：国家科学技术进步奖二等奖

成果简介：现代种业是国家农业战略性核心产业，中国是鸡肉消费大国，而纯国产的优质肉鸡新品种一直未能取得突破。为满足中国日益增长的对优质黄羽肉鸡的迫切需求，打破国外肉鸡品种垄断，解决含外血的黄羽肉鸡配套系肉品质差、抗病抗逆性弱、产蛋少、用药多等诸多关键问题，项目组利用中国丰富的地方遗传资源，历经 17 年研究，取得了重大突破，成功培育出中国唯一通过国家审定的、具有自主知识产权、不含外血的黄羽肉鸡新品种（非配套系）——京海黄鸡。2007 年被江苏省确定为全省主导品种，2014 年被农业部确定为全国主导品种。该品种的育成不仅提升了中国肉鸡种业的核心竞争力，而且也为优质肉鸡产业化开发提供了强大的品种支撑。主要技术内容和技术经济指标如下。

（1）创建了京海黄鸡重要经济性状精细化育种技术体系，育成了不含外血的肉鸡新品种——京海黄鸡。精心挖掘和系统筛选育种素材，对重要经济性状的遗传基础进行深入研究，创建了京海黄鸡性早熟选择技术和最

2018年度

佳约束选择指数模型，进行综合选育，提高了选择精准度，并系统建立了精细化育种信息库 9 个，为中国优质肉鸡选育提供了典型示范。育成的京海黄鸡新品种 [（农 09）新品种证字第 20 号]，不含外血，具有"优质、早熟、抗逆、产蛋多"四大特点。健雏率达 98% 以上，开产日龄为 130 天，66 周龄产蛋数达 197.98 个，繁殖性能在肉鸡品种中处于国际领先水平。

（2）创建了京海黄鸡优异性状分子标记辅助育种技术平台，成功选育了 6 个特定性状的京海黄鸡新品系。在全基因组范围内，挖掘、筛选出京海黄鸡优异性状的候选基因及调控通路，在验证了优异性状相关候选基因 59 个、SNPs256 个的基础上，确定并应用了与生长和繁殖性能相关的分子遗传标记 5 个。采用主基因选择法、基因组选择法等技术构建了与鸡早期生长、繁殖、屠宰、抗病等性状有关的标记辅助育种研发平台 4 个，结合 Falconer 双向选择法、Tallis 约束选择法等技术，培育了京海黄鸡新品系 6 个，其中利用首次发现的指纹 J 带培育的和特定新品系成果达国际领先水平。

（3）创建了"服务带动型"京海黄鸡产业化体系和推广新模式，加快了京海黄鸡产业化进程。充分利用新品种及 6 个特定品系的遗传资源优势，建立了良繁体系与标准化生产体系，提升了京海黄鸡技术服务和产业化水平；加强利益联结，创建了京海黄鸡"网络式服务"等平台和推广新模式，成为农业部倡导的、在全国推广的"服务带动型"典范。

授权专利和主要知识产权获国家畜禽新品种证书 1 个；获省畜禽新品种证书 1 个；获授权和申请国家专利 26 项，其中授权专利 19 项；国家标准 1 个、省级地方标准 4 个；专著 5 部；发表论文 216 篇（SCI 20 篇）；成果获 2011 年度教育部科技进步奖一等奖。应用推广及效益情况自 2006 年获得新品种证书以来，京海黄鸡新品种已在全国 11 个省、市推广应用，推广量达 1.7434 亿只，获经济效益 48.198 亿元。提供就业岗位 7 000 多个，直接带动 1 700 多家企业、专业合作社及养殖大户参与京海黄鸡产业化开发。同时还带动了相关产业的发展，取得了重大经济、社会和生态效益。

地方鸡保护利用技术体系创建与应用

完成单位：河南农业大学，河南三高农牧股份有限公司，广东金种农牧科技股份有限公司，贵州柳江畜禽有限公司，河南省淇县永达食业有限公司，河南省惠民禽业有限公司，湖南省吉泰农牧有限公司

完成人：康相涛，田亚东，李国喜，孙桂荣，韩瑞丽，李转见，闫峰宾，蒋瑞瑞，赵河山，苏耀辉

获奖类别：国家科学技术进步奖二等奖

成果简介：中国地方鸡资源丰富，但长期存在保护与利用、高产与优质难兼顾，品种多、逐一配套困难，品种创新不足等问题。针对上述问题，项目组历经16年研究与实践，创建了地方鸡保护利用技术体系，取得以下创新性成果。

提出"单流向"利用保护和"通用核心系"培育理念，创建地方鸡保护利用技术体系，实现地方鸡保护与利用可持续发展。遵循遗传信息单向流动原则，从地方鸡保种群扩繁利用群，仅对利用群进行创新利用，用后淘汰，实现"单流向"利用保护；建立按领域培育"通用核心系"标准，创新青胫、黄胫、乌鸡和土蛋鸡等四个领域保护利用技术，通过"通用核心系"与地方鸡配套，实现以用促保，形成的"一种地方鸡品种资源的保护与利用的育种方法"获发明专利授权。

创建的地方鸡保护利用技术体系，成功应用于全国15.9%地方品种；获批国家级保种场1个、肉鸡核心育种场2个、蛋鸡良种扩繁推广基地1个，国家地理标志产品2个。

创新地方鸡"快速平衡"育种技术，突破该品种选育进展慢以及高产与优质难兼顾的技术瓶颈。建立导入外血快速提高生产性能并维持高产与优质平衡的常规育种方法，以及分子标记全程跟踪结合表型量化评价基因聚合效应的分子育种方法；优化出土蛋鸡和优质肉鸡配套系的外血含量最高阈值分别为62.5%和37.5%。集成24项授权发明专利，创新地方鸡"快速平衡"育种技术，使品系培育时间缩短1.5个世代、成本降低50万元/世代，实现快速低成本育种、高产与优质有机统一。培育11个通用核心系，创新8套制种技术，解决了地方鸡直接利用性能低、逐一选育配套

困难多等技术难题。核心系特色明显、性能突出，与原品种相比，8 周龄生长速度提高 8.2%～21.5%、平均产蛋率提高 6%～10%。以核心系为纽带，创新涵盖四个领域 8 套制种技术，解决了青、黄胫类黄麻羽鸡配套制种成本高、乌鸡类不能多系配套、土蛋鸡类外观和蛋用性状不符合土鸡要求等问题。尤其是青、黄胫类优质白羽肉鸡制种技术支撑了优质冰鲜鸡、分割鸡产业发展。已组装出 12 个配套系并中试推广，实现了低成本、简捷化制种。

育成 2 个国审新品种，制定 2 个国家级标准和外省级地方标准，推动了地方鸡品种自主创新、标准化生产和产业化开发。'三高青脚黄鸡 3 号'为农业部推介主导品种，其育成开创了中国地方鸡保护利用并举先例，父母代矮小节粮，可用于生产土鸡蛋，商品代肉蛋兼用。'金种麻黄鸡'为广东省高新技术产品，是国内首个双矮脚父本配套的三黄肉鸡新品种，父母代产蛋率高、耗料量少，商品代肉质好、抗逆性强和性成熟早。3 年，两个品种在同类产品中市场占有率分别为 16.2% 和 13.7%。制定 8 项标准，推动了良种良法配套。

该项目授权发明专利 25 项，占中国鸡育种领域 21.6%，居国内首位，其中青胫类、乌肤类和显隐性白羽类分别占同品类的 66.7%、57.1% 和 66.7%，快速平衡育种和保护利用育种专利在领域内为国内独有；发表论文 166 篇，其中 SCI 论文 41 篇；3 年创直接经济效益 3.07 亿元，社会效益 199.33 亿元。项目组先后入选教育部和农业部两个国家级创新团队。2016 年获得河南省科学技术进步奖一等奖。

"中国珍稀物种" 系列科普片

完成单位：上海科技馆
完成人：王小明，李 伟，叶晓青，项先尧，丁建新，丁由中，夏建宏，张维赟，郝晓霞，崔 滢
获奖类别：国家科学技术进步奖二等奖
成果简介："中国珍稀物种" 系列科普片荣获 2018 年度国家科学技术进步奖二等奖，包括 14 部：《中国大鲵》《扬子鳄》《震旦鸦雀》《岩羊》

《文昌鱼》《川金丝猴》《松江鲈》《藏狐》《黑颈鹤》《海南坡鹿》《金毛羚牛》《长江江豚》《大熊猫》《蒙新河狸》。上海科技馆由此成为国内首个以科普项目获得国家科学技术进步奖的科普场馆，显示了上海科技与文化跨界融合所散发出的独特魅力，也是推进全球科创中心建设的成功实践，对打造更具科普资源整合力、创新发展支撑力、国际行业引领力的科学技术博物馆集群而言意义重大。

该项目聚焦我国特有的珍稀物种，以生活习性为主线，以生物演化为脉络，全面反映我国珍稀物种的保护现状和研究进展，开创了一种科学家主导下科普工作者和影视专业人员合作的全新模式。不仅如此，还在动物题材中融入传统元素，展现物种背后所蕴含的文化典故，用讲故事的方式把科学阐释与艺术加工相互结合，既保证了影片的深度、广度，也提升了影片的观赏性。先后在国内外 10 余个公共电视频道、7 家新媒体网站，上百家科普场馆、数十所大中小学以及地铁、航空等线上线下渠道播放，覆盖了 40 多个国家上亿人次观众，并开发了衍生科普读物等文创产品。

半纤维素酶高效生产及应用关键技术

完成单位：中国农业大学，北京瓜尔润科技股份有限公司，华中农业大学，山东隆科特酶制剂有限公司，山东龙力生物科技股份有限公司

完成人：江正强，杨绍青，闫巧娟，刘燕静，李　斌，李延啸，郭庆文，张　伟，王兴吉，夏蕊蕊

获奖类别：国家科学技术进步奖二等奖

成果简介：半纤维素资源的高效生物转化及利用具有重大的经济、社会和生态效益，是目前国际上研究的热点和难点，该项目围绕半纤维素的生物转化，在半纤维素水解酶的发掘、高效制备、益生元转化及应用等方面开展了长期、系统研究，取得了系列创新性成果，攻克了半纤维素资源高效利用的技术难题。项目成果及相关产品应用于山东龙力生物科技股份有限公司和蒙牛乳业有限公司等 50 多家企业，项目打破了国际跨国公司在半纤维素酶生产及益生元转化应用领域的技术垄断，带动了我国发酵、食品、饮料等产业的发展和技术进步，产生了重大经济、社会效益和生态

效益。

半纤维素作为第二丰富的可再生资源，具有结构复杂性和多样性，其益生元转化是国际上研究的热点和难点；而酶制剂作为国家战略性产业之一，是食品工业等快速发展的催化剂。半纤维素酶主要包括木聚糖酶、甘露聚糖酶和葡聚糖酶，在半纤维素生物转化过程中发挥着关键性作用。益生元作为肠道微生态调节剂对提高国民健康水平具有重要意义。我国在半纤维素酶及益生元等方面起步较晚，研究基础薄弱，产业发展还存在诸多技术瓶颈，该项目在国家杰出青年科学基金、863 计划等支持下，经过 10余年攻关，取得了一系列关键技术突破，主要创新点如下。

（1）发掘了 11 种具有自主知识产权的新型半纤维素酶，阐明了其酶学特性和催化作用机制，为工业化生产和应用奠定了基础。开发了半纤维素酶高通量定向筛选技术，从 6 000 多份样本中选育出 13 株高产半纤维素酶的优良菌株，如米黑根毛霉 CAU432 等。克隆表达 20 个半纤维素酶基因，发掘出 11 种具有自主知识产权和优良酶学性质的半纤维素酶，丰富了我国半纤维素酶品种。率先解析了 5 个半纤维素酶的晶体结构，阐明了催化作用机制。

（2）解决了高效制备半纤维素酶的难题，突破了半纤维素酶工业化生产的技术瓶颈。采用密码子优化、多尺度优化和代谢流调控等高效表达 7种性能优秀的半纤维素酶，创立了"三高（高底物转化率、高生产强度和高产量）"新型高密度发酵技术，发酵产酶水平达到国际上同类酶的最高水平。耐高温木聚糖酶的产酶水平（80 360 U/mL）比野生型提高 10.5倍、甘露聚糖酶（85 200 U/mL）和葡聚糖酶（55 300 U/mL）的产酶水平分别为国际上同类酶最高报道的 3.5 倍和 3.6 倍。

（3）发明了半纤维素高效预处理技术耦合半纤维素酶转化益生元产业化关键技术，攻克了半纤维素资源高效利用的技术难题。针对我国益生元产业化技术落后的问题，根据不同半纤维素结构创立了高效预处理方法耦合特异性半纤维素酶生产益生元技术。利用高温蒸汽爆破玉米芯耦合耐高温木聚糖酶水解，显著提高低聚木糖的生产效率（30%）和品质（木二糖和三糖达 70%）；开发醇促降解等预处理协同特异性甘露聚糖酶，生产高品质魔芋甘露寡糖技术（产品中聚合度小于 7 的甘露寡糖达 80%，同类产品仅 50% 左右）；创新性集成连续逆流提取同步酶解工艺，制备瓜尔胶可溶性膳食纤维，在国内率先实现了瓜尔胶系列益生元的工业化生产。

该项目发表论文 75 篇（其中 SCI 收录 52 篇）；申报国家发明专利 30

项，其中授权 20 项；授权实用新型专利 4 项；制定国家和行业标准 2 项以及产品企业标准 6 项。项目产品推广至国内乳品、饮料、功能食品及饲料等不同领域 50 余家企业应用。目前，半纤维素酶国内市场占有率从 5% 提升至 30% 以上；低聚木糖市场占有率达 85% 以上。获得中国轻工联合会科技进步奖一等奖 1 项和国家专利优秀奖 1 项，推动了我国酶制剂和益生元制品行业发展和技术进步。

特色海洋食品精深加工关键技术创新及产业化应用

完成单位： 大连工业大学，獐子岛集团股份有限公司，大连海晏堂生物有限公司，大连上品堂海洋生物有限公司，大连晓芹食品有限公司，大连乾日海洋食品有限公司，北京同仁堂健康（大连）海洋食品有限公司

完成人： 周大勇，朱蓓薇，董秀萍，邵俊杰，秦　磊，吴厚刚，吴海涛，李冬梅，王学俊，孙　娜

获奖类别： 国家科学技术进步奖二等奖

成果简介： 该成果针对特色海洋食品精深加工、综合利用及配套装备等产业发展核心环节的共性关键技术问题开展攻关，建立了系统的技术体系，其主要创新点如下。

（1）创建了特色海洋食品加工过程品质精准控制技术。建立了低温嫩化技术、质构控制技术、质地固化及模拟技术和中餐特色海洋调理食品加工技术，实现了特色海洋食品的高质化加工。

（2）建立了特色海洋食品中营养及功能性成分的高值化利用技术。建立了多糖、多肽和油脂等成分的分析方法学体系，获取了其在特色海洋食品中的数据并构建了信息库，有效地建立了综合利用技术，实现了高值化利用。

（3）开发了特色海洋食品加工新技术配套装备及生产线。在开发了自动清洗、脱壳取肉、输送、调理、连续预煮、多功能熟化和自动称重分级等设备的基础上，构建了与海参和贝类加工新技术配套的生产线，实现了自动化加工。

该成果获辽宁省科技进步奖一等奖 2 项（2012、2014 年度）、鉴定成

果 4 项；获授权专利 70 余项，其中国际发明专利 4 项；主编专著 3 部；发表 SCI 论文 80 余篇；制定或参与制定标准 40 余项，其中国家标准 1 项、地方标准 4 项。系列成果在国内数十家企业进行了产业化应用，还输出到俄罗斯和中美洲等国家和地区，创造了巨大的经济效益和社会效益，推动了特色海洋食品加工产业可持续健康发展。

羊肉梯次加工关键技术及产业化

完成单位：中国农业科学院农产品加工研究所，中国农业机械化科学研究院，宁夏大学，山东省农业科学院原子能农业应用研究所（山东省辐照中心、山东省农业科学院农产品研究所），内蒙古蒙都羊业食品股份有限公司

完成人：张德权，张春晖，王振宇，陈　丽，潘　满，李　欣，罗瑞明，李　铮，柳尧波，穆国锋

获奖类别：国家科学技术进步奖二等奖

成果简介：我国是羊肉生产与消费第一大国，产量、消费量均超过世界的 1/3，但从初加工到深加工、生鲜到熟制的梯次加工技术缺乏，高附加值产品匮乏，深加工率不足 3%，且货架期短、品质劣变重，制约了我国肉羊产业持续发展。中国农业科学院农产品加工研究所研究员张德权牵头完成的"羊肉梯次加工关键技术及产业化"项目历经 15 年联合攻关，按照理论、技术、装备、产品创新的技术路线，突破了屠宰分割、保质保鲜、精深加工技术落后的难题，在羊肉梯次加工的理论、技术、装备、产品创新及产业化方面取得重大突破，首次系统解析了我国羊肉加工特性，创建了羊肉加工适宜性评价技术，研发了梯次加工关键技术与装备，突破了"羊肉加工特性不清分级分割准确率低、品质劣变重货架期短、工业化程度低品质保持难"三大技术瓶颈，实现了羊肉加工从"手工经验"向"标准化工业化"的升级跨越。

该项目首创我国羊肉分级分割技术体系。根据我国羊肉消费和加工方式，对四大肉羊主产区 46 个品种的品质特性进行了系统挖掘与整理，探清了我国羊肉加工特性，构建了专用数据库；创建了我国专用的羊肉分级

模型和中式涮制、烤制、酱卤、风干适宜性评价模型，攻克了长期以来模型缺乏的问题，实现精准判别；发明了同步机械去皮技术装备，替代进口装备，效率提高 1~1.5 倍，皮张带肉率降低 50% 以上，实现连续生产，3年国内市场占有率达 30% 以上；研建分波段近红外分级模型，发明近红外无损分级技术，打破国外垄断，分级准确率较国外同类产品提高 20 个百分点；研发了标准化分割软件、计算机视觉辅助分割技术，填补国内空白，分割准确率较国外同类技术提高近 20 个百分点；牵头研制了我国羊肉分级和分割标准，构建了分级、分割技术体系，并产业化应用，结束了长期依赖进口的局面，增值 20% 以上。

项目团队首次发现并揭示了蛋白质磷酸化负向调节羊肉品质的内源机制以及不同包装、温度下微生物影响羊肉品质的外源机制，阐明了冰温/亚过冷延滞并抑制蛋白质磷酸化的保质机理和冰温/亚过冷抑菌保鲜的效应，构建了微生物测报模型，研制了羊肉冰温/亚过冷保质保鲜技术装备，解决了贮藏损耗高的难题，与世界最先进的冰温技术相比，损耗降低 2倍；研发了一百余种柔性组合保鲜模块，构建了"冷藏/冰温/亚过冷 +"栅栏保质保鲜技术体系，突破了羊肉货架期短的难题，货架期从 7 天延长到了 45 天以上，满足各种生产模式和销售需求。

该项目打破了国外技术垄断，引领了行业发展，解决了我国羊肉加工技术落后、装备依赖进口的局面。羊肉标准化分级分割率由 2003 年的4.8% 提高到 2017 年的 92.5%，工业化深加工率由不足 3% 提高到 17%，实现了由作坊式生产向工业化标准化跨越，推动了行业科技进步、转型升级。

十五年来，项目获授权专利 48 件，发表 SCI/EI 论文 88 篇，出版著作5 部，获农业农村部一等奖、全国商业科技进步奖特等奖、专利优秀奖各1 项；牵头制定了系列羊肉加工标准，规范全行业发展。项目技术在前十强羊肉加工企业、四大肉羊主产区推广应用，推广率达 41.1%，解冻、调理技术援助非洲和南美国家，产品远销中东、中亚、南亚等地；项目技术深受中华老字号和肉羊屠宰加工企业青睐；新建生产线 25 条，累计新增销售额 84.60 亿元，新增利润 7.73 亿元，取得了显著的经济和社会效益。

主要蔬菜卵菌病害关键防控技术研究与应用

完成单位：山东农业大学，中国农业大学，河北省农林科学院植物保护研究所，浙江大学，中国农业科学院蔬菜花卉研究所，辽宁省农业科学院，青岛中达农业科技有限公司

完成人：张修国，刘西莉，王文桥，张敬泽，杨宇红，刘长远，高克祥，米庆华，李　屹，刘　杰

获奖类别：国家科学技术进步奖二等奖

成果简介：蔬菜卵菌病害是蔬菜生产中的毁灭性病害，包括土传疫病和气传霜霉病，严重影响蔬菜安全生产与经济效益，其有效防控一直是国际性难题。我国蔬菜种植面积大，卵菌病害易流行成灾，源于缺乏早期预防和综合治理技术体系。项目整合全国蔬菜卵菌病害优势研究团队与技术力量，立足"预防为先、综合治理、安全生产"的理念，系统开展了我国蔬菜卵菌病害关键防控技术及其综合治理技术体系研究，取得了重大理论创新与技术进步，具体如下。

（1）研制出蔬菜卵菌病害早期快速检测预警技术体系，适时制定早期预防技术策略。研制出大白菜霜霉菌 rDNA ITS 分子检测片断，将病菌诊断时间由 7 天缩短为 2~4h，适时早期诊断与监测田间大白菜霜霉病发生危害特性；首次研制出 LAMP 引物辣椒疫霉、黄瓜疫霉快速检测技术和烯醇化酶 En1 基因引物辣椒疫霉检测技术，有效检测土壤和寄主辣椒疫霉菌或黄瓜疫霉菌（灵敏度达 $10^9 \mu g$ DNA/g 土样）。建立了辣椒、黄瓜疫霉菌，大白菜霜霉菌快速、灵敏、准确检测技术，适时预测病害发生与危害趋势，制定早期有效防控技术策略。

（2）探明主要蔬菜卵菌病害致害流性及蔬菜品种抗性丧失的主导原因，建立了蔬菜品种抗性鉴定技术体系与高效防控技术策略。探明了重要蔬菜卵菌病害辣椒疫霉菌群体遗传多样性及其致病遗传分化特性，明确了我国辣椒疫霉菌小种、交配型划分与分布特性，界定了系列关键致病因子协同参与侵染致害过程，阐明了辣椒疫霉病及其他卵菌病害致病流行、难防难治的主要原因；克隆鉴定了 3 个 PGIPs 抗性基因，获转基因抗病种质

材料，基于 PGIPs 抗性基因对卵菌抗性分析，阐明了环境胁迫诱导、优势小种流行及品种不合理布局是导致蔬菜卵菌致病流行和蔬菜品种抗性丧失的主要原因；针对重要蔬菜卵菌创建了抗病性鉴定评价标准化技术体系，筛选优抗辣椒疫病品种资源 46 份、轻抗黄瓜霜霉病品种资源 5 份、优抗大白菜霜霉病自交系 240 份、杂交组合 409 份，选育出不同抗病背景的辣椒新品种 4 个和大白菜新品种 4 个。

（3）研制重要蔬菜卵菌病害多项关键治理技术，创建综合治理技术体系。提出"预防为先、综合治理、安全生产"的策略；研制出病害早期检测预警技术；制定了"卵菌抗药性风险评估"行业标准，明确了蔬菜卵菌化学药剂敏感性，研制出高效精准化防技术；研选出高效生物防治、生态防控、高效栽培及品种合理布局等关键防控技术；集成组装多项关键技术，创建以早期预警、预防为基础，品种合理布局抗灾，生态防控、生防控害和精准用药减灾为目标的蔬菜卵菌病害综合治理技术体系。

项目授权技术发明专利 32 项，制定行业标准 4 项、地方技术规程 10 项，注册菌肥产品 2 项，培育蔬菜新品种 8 个，发表论文 53 篇（SCI 18 篇），培训技术人员和农民 10 万人次。集成蔬菜卵菌病害综合治理技术，2010—2016 年先后在山东等五省推广应用 1 214.85 万亩次，防效 80% 以上，增产幅度 8%~15%，减施农药 30%，累计新增利润 64.99 亿元。项目实施促进了蔬菜卵菌病害理论研究和防控技术的发展，为开展其他作物卵菌病害防控理论创新与应用技术进步提供了科学典范与成功经验。

多熟制地区水稻机插栽培关键技术创新及应用

完成单位：扬州大学，南京农业大学，安徽省农业科学院，江苏省农业科学院，江苏省农业技术推广总站，常州亚美柯机械设备有限公司，南京沃杨机械科技有限公司

完成人：张洪程，吴文革，李刚华，霍中洋，张瑞宏，习　敏，杨洪建，王　军，史步云，张建设

获奖类别：国家科学技术进步奖二等奖

2018 年度

成果简介：针对中国南方多熟制地区水稻机插栽培普遍存在"苗小质弱与大田早生快发不协调、个体与群体关系不协调、前中后期生育不协调"，导致产量、品质不高不稳与多熟季节矛盾加剧的突出问题，由扬州大学联合南京农业大学、江苏省农业科学院、江苏省农业技术推广总站等单位，经 10 多年攻关研究与集成应用，取得以下突破性重要创新。

（1）创建了"控种精量稀匀播，依龄控水精准旱育与化控"的机插毯苗"三控"育秧新技术，突破了稀播成毯、壮苗早发的技术瓶颈。率先建立了精准控种控水与化控为主要内涵的机插钵苗育秧新技术，开创了带蘖中苗无植伤机插栽培新途径。培育出秧龄 25~30 天的健壮钵苗，30%~50%带蘖，栽后活棵快分蘖早，群体质量显著提高，不仅比毯苗机插增产 8.1%~11.2%，且可改善米质，并有效缓解多熟制茬口矛盾，利于周年高产优质高效。

（2）阐明了毯苗、钵苗机插水稻生长发育与高产优质形成规律，创立了"三协调"高产优质栽培途径及配套的生育诊断指标体系，建立了毯苗与钵苗少本精准机插、肥水耦合统筹优化生育动态的调控技术。创制了秸秆还田整地新机具、行距无级可调插秧机与新型钵苗高速插秧机，配套了相应工艺，有效提高了整地质量与机插适应性及精准性。省种 18.2%~50.0%，机插合格率提高 15%以上，氮肥利用率提高 5 个百分点，减少灌水 1~2 次。

（3）以"三控"育壮秧、少本精准机插、精准生育诊断与肥水耦合优化调控等关键技术的突破性创新为主体，创建了毯苗、钵苗机插水稻"三协调"高产优质栽培技术新模式，集成应用了适应不同稻区毯苗、钵苗机插高产优质配套栽培技术，在各地涌现出一批高产典型。其中在江苏兴化基地 2014—2016 年连续 3 年创造了稻麦两熟制条件下机插水稻百亩方平均亩产超 900kg 的纪录，展示了巨大的增产潜力。

该成果先后获发明专利 10 件、实用新型专利 14 件，开发应用 1 套水稻精准机插决策系统，编著出版专著 2 本，制定省级地方标准 10 项，制定技术挂图 2 幅，发表论文 66 篇。技术成果先后被农业部与江苏省列为主推技术，引领了中国水稻机械化栽培技术发展，促进了多熟制地区水稻机插栽培与生产水平的提升。2014—2016 年，在苏、皖、鄂、赣等 4 省累计应用 10 077.1 万亩，新增稻谷 316.9 万 t，增效 127.3 亿元。其中江苏累计推广 5 338.9 万亩，新增稻谷 183.8 万 t，节本增收 13.3 亿元，累计新增效益 70.3 亿元。经济、生态、社会效益显著，应用前景广阔。

沿淮主要粮食作物涝渍灾害综合防控关键技术及应用

完成单位：安徽农业大学，中国科学院南京土壤研究所，安徽省（水利部淮河水利委员会）水利科学研究院，河南农业大学，江苏省农业科学院，安徽省农业科学院

完成人：程备久，张佳宝，李金才，王友贞，陈黎卿，顾克军，刘良柏，刘万代，蔡德军，武立权

获奖类别：国家科学技术进步奖二等奖

成果简介：沿淮地区是指鄂豫皖苏四省淮河沿岸 50~80km 的大片低洼平原，耕地面积约 1.4 亿亩，光温水热资源丰富，是我国重要粮食主产区和增产潜力最大的地区之一。因降水时空分布不均，地势低洼，洪涝灾害多年平均成灾面积占全国同期的 39%，面广、频发、重发的涝渍灾害长期困扰着粮食生产稳定性和增产潜力的提升。针对传统种植模式适应性差、品种涝渍抗性弱、防灾减灾栽培技术缺乏等问题，在国家科技支撑计划等项目支持下，历经 18 年联合攻关，创建了"创新种植结构避灾、增强作物耐渍能力抗灾、调水改土技术减灾"涝渍灾害综合防控新思路、新模式和新技术，主要创新如下。

（1）首创沿淮行蓄洪区"旱稻—小麦"结构避灾新模式，创新了旱稻"精量机直播旱管"轻简栽培技术。首次揭示旱稻在该区生态适应性强，率先提出"旱粮调旱稻"结构避灾新策略，破解了传统"玉米（大豆）—小麦"模式产量低而不稳的难题；发明新型板茬宽幅小麦旱稻兼用施肥播种机，首创旱稻免耕开沟条播、侧位精准施肥、覆土镇压保墒一体化作业的轻简化精量播种方式，首次明确潮土旱稻旱管补灌的盈亏临界点，制定技术规程 4 套；新模式较原模式稳产增产、亩增效 233.8~423.0元，在该区应用面积占比 93.2%。

（2）攻克作物涝渍抗性和减产机理以及定量评价技术瓶颈，创新了沿淮小麦和玉米"抗涝渍品种+壮株健群栽培"抗灾技术体系。揭示小麦孕穗期和玉米三叶期为涝渍害敏感期，期内涝渍危害阈值分别为 7 天和 3

天；创建作物涝渍抗性快速判别、能力鉴定和综合评价指数，解决了涝渍抗性快速鉴定和定量评价的难题。自主育成国审'皖麦52'等抗涝渍新品种4个，发明立式主动清秸防堵等多功能免耕玉米播种机，创新了夏玉米抢时早播错开敏感期、种肥机同播壮苗抗涝渍栽培关键技术，以及小麦精播降密健壮群体、均氮壮株抗涝渍栽培关键技术；使小麦、玉米抗性指数分别平均提高15.2%和20.5%。

（3）首创沿淮行蓄洪区"旱稻—小麦"结构避灾新模式，创新了旱稻"机直播—临界点补墒"轻简栽培技术。揭示行蓄洪区旱稻生态适应性强，率先提出"旱稻替旱粮（玉米/大豆）"结构避灾新策略；发明新型板茬宽幅旱稻施肥播种机，创新免耕开沟条播、侧位精准施肥、覆土镇压保墒一体轻简化精量播种方式，明确潮土旱稻全程雨养条件下补墒临界点；百亩连片旱稻实收亩均619.2kg。

（4）集成创新沿淮三大粮食作物涝渍灾害综合防控技术体系，创建周年大面积稳产增效技术新模式。配套研发新型涝渍生理恢复剂、农机等新产品及新技术，编制行业和地方标准11项；创建了涝渍风险极高区"旱稻—小麦"周年避灾抗灾减灾稳产增效及风险中、高区"玉米—小麦"周年减灾抗灾丰产增效新模式；3年应用1.47亿亩，小麦玉米增产555.9万t，累计增效137.01亿元。获知识产权31项，其中国家发明专利10项；论文155篇，其中SCI论文46篇；省部级一等奖4项、二等奖3项。中国农学会评价认为"成果总体水平国际先进、部分国际领先，为沿淮主要粮食作物涝渍防控、稳产增潜提供了系统化解决方案，引领了涝渍灾区机械化、良种化、轻简化、标准化综合减灾新方向"。

苹果树腐烂病致灾机理及其防控关键技术研发与应用

完成单位：西北农林科技大学，河北农业大学，全国农业技术推广服务中心，陕西省植物保护工作总站，陕西西大华特科技实业有限公司，北京百德翠丰农业科技发展有限公司

完成人：黄丽丽，曹克强，李　萍，范东晟，冯　浩，王树桐，王亚

红，高小宁，孙广宇，王　鹏

获奖类别：国家科学技术进步奖二等奖

成果简介：中国是世界第一苹果生产大国，面积和产量均占世界50%。苹果树腐烂病一直是苹果安全生产的最大障碍，造成果树树皮腐烂、枝干残缺，平均发病率达65%，年损失超过100亿元，流行年份导致大量死树毁园，甚至绝收。长期以来国内外对其致病机理和成灾规律缺乏深入系统的认识，制约了高效防控技术的研发，生产上只能依赖刮除腐烂树皮的滞后治疗措施，治愈率低，无法从根本上控制病害。为此，项目组开展了十多年联合攻关，取得如下创新成果。

（1）探明了我国苹果树腐烂病菌群体组成，澄清了长期以来学名误用混用问题，深入解析了病菌生物学特性及其适应性定殖树干的致病机理。①发现病菌群体由3个种组成，优势种 *Valsa mali*（占群体83.1%）和新种 *V. pyri* 均可侵染苹果和梨，澄清了 *V. ceratosperma* 并非我国病原菌。②阐明了病菌对低温、低 pH 值和低氮适应性强是其引发树干冬春季发病的重要生物学基础。③深入解析了病菌适应性定殖树干及其分泌的果胶酶、效应蛋白和毒素引起树皮溃烂的机理。

（2）揭示了分生孢子传播时空规律和微孔口入侵新途径，明确了发病率与无症带菌率呈正相关，找出了入侵关键时期，改变了仅由伤口入侵的传统认知，破解了病斑形成和复发之谜，全面系统阐明了病害成灾机理。①揭示了分生孢子全年产生释放，主要分布在果园 0.5~2.5m 高度范围，传播高峰期为苹果树萌芽至幼果期。②系统解析了分生孢子通过树体表面裂缝和自然孔口等大量微孔口入侵定殖的新途径，及菌丝在皮层、韧皮部和木质部的定殖扩展致害过程，找到了防控关键位点。③发现了树体无症带菌率高（54.4%）导致新病斑不断形成、木质部带菌导致旧病斑复发和刮治效果差，揭示了病害持续高发复发的成因。

（3）提出了"早预警、诱抗性、阻侵入、毁残体"防病新策略，研发出预防病菌入侵关键技术，创新了安全高效综合防控技术体系，突破了滞后的以治为主的技术瓶颈。①发明了分生孢子传播和树体带菌早期预警技术2项，用于指导防病。②开发了落花期"诱抗剂+菌肥"免疫技术及产品，激活树体抗病力。③研发了幼果期树干淋刷药液技术及高效低毒杀菌剂——噻霉酮等产品2个，有效阻止病菌的入侵和定殖。④建立了果园修剪枝残体资源化利用技术或集中隔离/杀菌，阻断初侵染来源。⑤创建了以阻止病菌入侵为核心、以自主研发4项关键技术与常规技术相结合的安

2018年度

全高效综合防控技术体系，并在全国苹果产区推广应用。

项目在全国 9 省区建立示范点 103 个，通过试验示范和技术推广，3 年示范推广累计 1 923 万亩，防效 89.2%，发病率≤7%，挽回产量 345.1 万 t，累计增收节支 94.5 亿元，培训技术人员和果农累计 50 余万人次，技术成果辐射全国 70%苹果产区，解决了苹果树腐烂病防控重大难题，产生了重大的经济和社会效益。获国家发明专利 7 项，农药、肥料登记证 4 个，发表论文 116 篇（SCI 29 篇），出版专著 1 部、科普书籍 9 本，培养研究生 78 名，获省级一等奖 2 项、大北农一等奖 1 项。项目理论和技术成果已应用于该领域教科书或相关研究，引领了世界果树枝干病害防控研究前沿，保障了苹果产业的健康持续发展。

杀菌剂氰烯菌酯新靶标的发现及其产业化应用

完成单位：南京农业大学，浙江大学，江苏省农药研究所股份有限公司，安徽省农业科学院，江苏省植物保护植物检疫站，安徽省植物保护总站，黑龙江省农垦总局植保植检站

完成人：周明国，马忠华，侯毅平，王洪雷，陈　雨，杨荣明，段亚冰，刁亚梅，郑兆阳，关成宏

获奖类别：国家科学技术进步奖二等奖

成果简介：镰刀菌可引起小麦赤霉病、水稻恶苗病等多种作物重大病害。由于国内外缺乏高抗品种及常用杀菌剂的抗性发展，镰刀菌病害成为日益加重的疑难病害，不仅造成产量损失，而且罹病农产品还污染镰刀菌毒素威胁食品安全。项目针对重大社会需求，研究发现肌球蛋白-5（Myosin-5）是杀菌剂极其重要的新靶标，揭示了肌球蛋白抑制剂氰烯菌酯的选择性及药理学机制，研发了以肌球蛋白抑制剂为核心技术的稻麦镰刀菌病害安全高效防控新技术，构建了技术推广新策略，实现大面积应用，提高了农药创制和镰刀菌病害及毒素控制的科技水平。

（1）发现极其重要的杀菌剂新靶标肌球蛋白-5，探明氰烯菌酯的毒理学和选择性机制。发现生命活动不可或缺的肌球蛋白-5 是氰烯菌酯的作

用靶标及该蛋白第 216、217、418 和 420 位残基是药敏性关键位点。探明氰烯菌酯抑制靶蛋白马达作用的毒理学机制及基于靶蛋白在不同物种中分化的选择性机制，只对与禾谷镰刀菌肌球蛋白-5 具有 97% 以上同源性的几种镰刀菌具有抑菌活性。国际杀菌剂抗性行动委员会（FRAC）认定肌球蛋白-5 属杀菌剂史上继酶蛋白和结构蛋白之后的首个第三类杀菌剂选择性新靶标——马达蛋白，作用方式编码"B6"。

（2）揭示了肌球蛋白-5 药敏性分化规律及调控机制和潜在抗药性风险。发现肌球蛋白-5 至少在 12 个氨基酸残基可发生总频率为 23.9% 的药敏性下降遗传变异，揭示了各位点变异频率及潜在的低、中、高抗药性风险。阐明了 Myosin-5 内含子 II 和伴侣蛋白、丝束蛋白、肌球蛋白 2B 相关基因，以及氧化还原和活化代谢途径对氰烯菌酯敏感性的调控作用及机制。FRAC 基于该成果制定了全球科学使用肌球蛋白抑制剂氰烯菌酯的抗性治理策略，单独编码为 47。

（3）研发了以肌球蛋白抑制剂为核心技术的稻麦镰刀菌病害及毒素可持续控制的协同增效减量用药系列新技术。基于 DON 是致病因子和氰烯菌酯抑制毒素合成及其选择性毒理学机制的研究成果，研发了 95% 氰烯菌酯原药清洁生产工艺和扩大抗菌谱、治理抗药性、控制毒素的 25% 氰烯菌酯、48% 氰烯·戊唑醇、20% 氰烯·己唑醇和 30% 氰烯·丙硫菌唑悬浮剂及 12% 氰烯·种菌唑种衣剂等 5 种增效用技术，获农药正式登记证 4 个，实现产业化，较多菌灵用药量减少 60%。

（4）发明了单碱基变异的抗药性 LAMP 简便、高通量检测技术，构建了在常用药剂抗性地区技术推广的新策略，使该成果得到快速推广应用，社会经济效益巨大。基于 LAMP 技术探明苏、皖、沪、豫、黑等省市镰刀菌病害加重的原因是常用多菌灵和咪鲜胺产生了抗性。3 年在这些地区有针对性地推广肌球蛋白抑制剂系列新产品防控赤霉病和恶苗病达 9 000 多万亩，减少用药 4 650 t，减损粮食 340 万 t，减少农民经济损失 220 多亿元，显著降低了谷物毒素含量。

该成果发表研究论文 39 篇，其中 SCI 收录 28 篇，授权发明专利 9 项，制定地方标准 2 项，主编和参编中、外著作 6 部，举办和参加各种培训会议宣讲 70 余次，国际学术会议上主题报告 6 次，为提升我国农药创制及重大作物镰刀菌病害防控的科技水平做出了重要贡献。

2018 年度

我国典型红壤区农田酸化特征及防治关键技术构建与应用

完成单位：中国农业科学院农业资源与农业区划研究所，中国科学院南京土壤研究所，农业部耕地质量监测保护中心，湖南省土壤肥料研究所，江西省农业科学院土壤肥料与资源环境研究所，福建省农业科学院土壤肥料研究所，成都新朝阳作物科学有限公司

完成人：徐明岗，徐仁扣，周世伟，马常宝，李九玉，文石林，鲁艳红，彭春瑞，张　青，詹绍军

获奖类别：国家科学技术进步奖二等奖

成果简介：我国农田土壤普遍酸化且日趋严峻，威胁国家粮食安全和农业可持续发展。由于存在酸化定量难、驱动因子贡献率不明确、酸化和酸害阈值难以获得等瓶颈，缺乏精准防治技术。本项目面向典型红壤区集约化种植农田，通过点面结合、示范和推广结合的方法，经 20 余年的不懈攻关，取得如下创新性成果。

（1）通过多点位长期监测及土壤大数据库，突破了土壤酸化时空跨度大难以监测的技术瓶颈，首次实现了红壤酸化的定量化。基于 6 个典型省域 100 多个持续 30 年监测点数据的整合分析，发现红壤农田酸化呈现明显的阶段性，1995—2008 年平均降低 0.6 个 pH 单位，pH 值 5.5 的农田面积增加 7 000 万亩；由此绘制出了我国第一张红壤酸化趋势图，为分区分类防控奠定了基础。建立酸化速率估算方法，预测 6 省农田土壤 20 年后需改良面积占比 73% 以上。

（2）探明了红壤酸化主控因子，揭示了化学氨肥驱动、有机肥阻控土壤酸化的机制。依托长期监测大数据库和大量辅助实验及数学模型，揭示化学氨肥是农田土壤酸化的主要驱动力，贡献占 66% 以上；随氨肥用量增加，其对酸化贡献呈指数增加。阐明有机肥能有效阻控土壤酸化，其机制有 4 个：富含碱性物质（58～372 cmol/kg）、络合降低活性铝（95% 以上）、增加土壤酸缓冲能力（66%～81%）、降低硝化潜势（67%）。

（3）率先构建了土壤酸化效应模型及酸化阈值预警方法，创建了减酸控酸为核心的酸化防治关键技术。建立土壤酸化效应模型和作物响应模

型，获得不同作物系统最佳施氮量及主要作物的 pH 临界值（酸害阈值）。最佳施氮量（kg N/hm²/年）：水稻 100、小麦 150、玉米 200，最佳有机无机肥配比：100 kg N+550 kg 干猪粪（10%有机 N）、150 kg N+990 kg 干猪粪（18%有机 N）、200kg N+1650 kg 干猪粪（30%有机 N），创建了控酸氮用量减施技术和双配双增阻酸技术。确定了石灰需要量及施用间隔年限，形成了石灰精准施用降酸关键技术：pH 值 4.5，75~160kg/亩，2.5~3 年；pH 值 4.5~5，45~90kg/亩，2~2.5 年；pH 值 5~5.5，25~50 kg/亩，1~2 年。

（4）集成创新了不同酸度土壤防治的综合技术模式，大面积推广应用，社会和经济效益显著。根据土壤酸度特征及土壤养分状况，遵循"分类管控""防治结合""改良与培肥双赢"的理念，整合关键技术及配套技术，提出了极强酸土壤降酸治理、强酸性土壤控酸增产、酸性土壤调酸增效以及弱酸土壤阻酸稳产等 4 个综合防治技术模式，经多省大田试验示范，提高土壤 pH 值 0.2~0.6 个单位，农作物平均增产 11%~27%。

成果共获授权专利 19 项，其中，国家发明专利 17 项；制定行业和地方标准各 1 项；发表论文 171 篇，其中 SCI 收录 64 篇；出版专著 7 部。2013—2015 年，在湖南、江西等省累计推广 8 099 万亩，累计增收 91.6 亿元。既促进了酸化农田区农业高产稳产，又促进了畜禽粪便和秸秆等有机废弃物资源的高效利用，推动了国家耕地质量建设政策和行动落实，带动了酸性土壤调理剂等相关产业发展。

畜禽粪便污染监测核算方法和减排增效关键技术研发与应用

完成单位：中国农业科学院农业环境与可持续发展研究所，江苏省农业科学院，华南农业大学，中国科学院生态环境研究中心，广东温氏食品集团股份有限公司，全国畜牧总站，农业部农业生态与资源保护总站
完成人：董红敏，廖新俤，常志州，魏源送，陶秀萍，黄宏坤，杨军香，张祥斌，朱志平，尚 斌
获奖类别：国家科学技术进步奖二等奖

成果简介：畜禽粪便污染防治和资源化利用是党和政府高度关注的重大民生工程，但由于排放规律不明、监测核算方法处于空白、减排与利用技术效率低、经济适用模式缺乏，造成污染底数不清、大量粪便没有得到有效处理和利用，资源浪费和污染严重，成为影响农业绿色发展的难题。经18年持续攻关，取得如下创新。

（1）首创了我国畜禽粪便污染核算方法，揭示了排放规律和成因，探明了减排路径。针对不同区域、畜种、粪便处理利用差异导致的核算难题，构建了全国畜禽粪便污染监测网和实地监测数据库；探明了粪便收集率、利用率和处理效率对污染排放影响显著；创建了畜禽粪便污染产生和排污系数分别核算的方法，建立了畜牧业第一套产排污系数，获得六大区域、5种畜禽、3种清粪工艺、6种处理利用方式的系数3150个，是国务院组织的第一次全国污染源普查和农业环保部门畜牧业源污染减排核算的通用方法；明确猪和奶牛排放贡献大，成为治理重点，提出污水源头减量、过程污染控制、提高处理利用效能的减排路径，为国家减排政策制定提供了科学依据。

（2）首创了污水源头减量工艺，发明了污水沼液再生利用、堆肥臭气减排与氨氮回收利用关键技术与装备。以污水减量为核心，创建了改饮水、清粪和输送，粪尿和雨污自动分离的"三改两分"工艺和配套装备，污水减量30%~65%；研发了以沼液利用为目的双膜组合技术，产水达到回用标准，沼液体积减少80%；发明了基于pH-ORP联合控制的污水处理技术与设备，实现精准曝气，节能30%；发明了基于MAP原理的养分保留与氨气减排堆肥技术、仓式生物基氨氮回收除臭技术和设备，臭气强度降低90%。为减量化、无害化和资源化提供关键技术设备。

（3）集成创建了种养结合、清洁回用、集中处理3个系列的技术模式，不同类型多元利用，实现减排增效。首次提出以土地承载力测算和综合养分管理为基础的种养结合模式，实现了粪肥高效利用和环保认可；创建了以"三改两分"工艺和处理水场区再利用为核心的清洁回用模式，实现污水近零排放；创新了基于含固率和运输半径为定价依据的收储运合作机制的集中处理模式，集成暂存处理一体化装备、能源化和肥料化技术，实现了资源增值和商业化持续运行。

成果在14个省5226个养殖场或处理中心、8035个家庭农场中应用，年减排COD 267.9万t、总氮8.7万t、总磷3.9万t，经济效益20.09亿元，社会和环境效益显著。成果被《国务院办公厅关于加快推进畜禽养殖废弃物资源化利用的意见》《农业环境突出问题治理规划（2014—2018）》《畜禽粪污资源化利用行动方案（2017—2020）》等国家政策和重大行动采用，为国家畜禽粪便污染减排和资源增效提供科学和技术支撑。获授权专利46项（发明专利20项），著作5部，论文252篇（SCI 50篇）、他引2 836次，制定国家标准5项、行业和地方标准5项；获2017年中华农业科技奖一等奖。

2019 年度

国家自然科学奖

组蛋白甲基化和小 RNA 调控植物
生长发育和转座子活性的机制研究

完成单位： 中国科学院遗传与发育生物学研究所

完成人： 曹晓风，刘春艳，宋显伟，陆发隆，刘　斌

获奖类别： 国家自然科学奖二等奖

成果简介： 表观遗传是指 DNA 序列不变的情况下发生的可遗传的基因表达的改变，其机制主要包括 DNA 甲基化、组蛋白修饰和小 RNA 调控等。表观遗传在调节生长发育和应对环境变化等各个生物学过程中发挥了重要的调控功能。转座子是指能够在基因组中移动并整合到新位点的 DNA 片段，一度被视为"垃圾 DNA"。

转座子在基因组中是如何被稳定的以及它们的生物学意义一直是科学界的谜团，因此成为 *Science* 杂志提出的 125 个最具挑战性的重要科学问题之一。该项目组瞄准这一关键科学问题，针对表观遗传调控转座子活性和植物发育开展了系统深入的研究，取得了一系列具有重要理论意义和应用前景的原创性成果。

（1）鉴定了植物首个组蛋白 H3K27 去甲基化酶，揭示了其调控基因表达和植物发育的分子机制。H3K27 甲基化在多细胞生物的不同细胞类型命运决定中发挥着重要的调控作用。此前人们对于植物中 H3K27 甲基化是如何被去除存在着巨大争议。该项目组率先建立了植物体内组蛋白去甲基化酶活性检测体系，鉴定了首个植物 H3K27 去甲基化酶，阐明了组蛋白甲基化调控基因表达和植物发育的机理，*Nature China* 评价"该研究填补了组蛋白修饰调控机制方面的一个重要空白"。

（2）发现了植物组蛋白甲基化调控转座子沉默的表观新机制。转座子异常跳跃会引发基因组不稳定并导致性状改变，多种癌症的发生与转座子异常跳跃密切相关。该项目组阐述了植物组蛋白甲基化在调控转座子沉默中的重要功能与机制，并为与转座子跳跃相关的癌症研究提供了新线索。

（3）系统阐明了水稻小 RNA 生物合成途径及对生长发育的调控机制，首次在基因组水平上证实了转座子是调控元件。小 RNA 的发现揭示了困扰科学家多年的基因沉默现象的本质。项目组在国际上开辟了水稻小 RNA 生物合成研究的新领域，阐明了水稻 DCL 家族成员催化不同类型小 RNA 的生物合成，揭示了小 RNA 调控水稻生长发育的作用机制。

麦克林托克因在玉米中发现了转座子而获得诺贝尔奖。但她提出的"转座子调控元件"假说一直未在基因组水平上得到证实。项目组发现水稻中大量散布于基因附近的 MTE 类转座子可产生小 RNA，并精细调控旁侧基因的表达，从而控制重要农艺性状。该研究首次在基因组水平上证实了麦克林托克的假设，揭示了转座子可以作为调控元件精细调控宿主转录组，在生物进化和环境适应性中具有重要的意义，为从表观遗传角度进行作物分子育种提供新的线索和手段。

8 篇代表性论文发表在 *Nature Genetics*、*PNAS*、*Plant Cell* 等国际权威期刊上，他引 880 次，其中 SCI 他引 756 次。该项目第一完成人曹晓风被选为国际植物表观遗传学专家委员会委员，被邀请作为欧盟 FP 项目的咨询专家，应邀在国内外会议和知名学术机构做特邀报告 100 余次。该项目组在植物表观遗传调控方面取得的系统性原创成果，开辟了水稻小 RNA 生物合成研究的新领域，引领了植物表观遗传学学科的发展，产生了重要的国际影响。

国家技术发明奖

农产品中典型化学污染物精准识别与检测关键技术

完成单位：中国农业科学院农业质量标准与检测技术研究所，北京勤邦生物技术有限公司，哈尔滨工业大学

完成人：王　静，何方洋，金茂俊，佘永新，金　芬，杨　鑫

获奖类别：国家技术发明奖二等奖

成果简介：项目成果中对硫磷、毒死蜱、三唑磷、克百威、β-内酰胺类、四环素、头孢类、林可霉素、泰妙菌素等快速检测试剂盒被北京三元食品股份有限公司、黑龙江完达山乳业股份有限公司等上市公司及龙头企业用于 15 万余份乳制品、果蔬等农产品的日常产品质量监督控制。

农兽药残留、违禁添加物等化学污染物是影响我国农产品质量安全的重要因素，严重威胁消费安全和人民健康。精准检测是第一时间发现问题、政府实施有效监管的核心技术手段。针对农产品中化学污染物精准检测仍存在前处理特异性差、核心识别材料制备难、检测通量低及灵敏度不高等难题，该项目经十余年系统研究，以检得准、检得快、检得多为目标，在分子印迹设计、核心识别材料创制、免疫检测增敏等核心技术上取得了以下突破。

（1）发明了双模板及虚拟模板分子印迹纳米微球（MIP）制备技术，创制了 14 类具特异性和高选择性的 MIP 固相萃取产品，解决了样品前处理"类特异性"差和假阳性的技术难题。针对同类污染物一次性提取困难，提出双模板分子设计理念，诱导聚合物表面形成更多结合位点，实现了具有类特异性识别能力 MIP 的一步法制备，对目标物的结合与识别能力提高 3~7 倍。设计了虚拟模板分子，合成高选择性 MIP，解决了吸附量低

和模板渗漏导致假阳性的技术难题。创制了能分别富集 20 种三唑类农药、17 种三嗪类农药、10 种磺酰脲类农药等 14 类特异性识别 MIP 固相萃取产品，为污染物精准检测提供了新的前处理方法。

（2）发明了亲脂链臂半抗原设计和化学发光免疫检测增敏技术，探明了影响竞争免疫检测敏感性的关键因子，开发出 56 种稳定准确的试剂盒（试纸条）。创建了基于化学污染物亲脂性与半抗原链臂长度互作的半抗原结构设计技术，揭示了抗体筛选体系中引入样品基质对提高抗体抗干扰能力的重要性，制备了 44 个高亲和性和抗干扰抗体，亲和力常数高达 1.8×10^{10} L/mol，提升了 2 个数量级。发明了基于酚羟基与杂环胺类化合物的化学发光增敏技术，研制了基于 4-羟基-4-碘联苯和对咪唑苯酚的化学发光核心增敏配方，研发了 56 个化学发光、荧光、酶等标记的精准检测产品，灵敏度提高 2~40 倍。

（3）突破了复杂基质干扰的技术难题，创建了模块化样品前处理技术，研发了 34 套高通量确证检测技术。针对农产品中痕量化学污染物与样品杂质分离难度大的问题，发明了功能化磁性纳米多孔介质高效分离和净化技术，结合 MIP 固相萃取、混合分散固相萃取等前处理技术，构建可精准配置的模块化样品前处理技术，研发了 34 套 600 余种污染物的高通量检测技术，检测限 5~20μg/kg，实现了农产品中典型化学污染物的高通量检测。

自 2005 年以来，项目成果形成的方法与产品先后在农业农村部农药检定所、北京市食品安全风险评估中心、中国科学院生态环境研究中心、中国检验检疫科学研究院、农业农村部谷物及制品质量监督检验测试中心、农业农村部蔬菜品质监督检验测试中心、北京三元食品股份有限公司、黑龙江完达山乳业股份有限公司、同方威视技术股份有限公司等政府机构、科研院所、质检中心、企业、基层单位推广应用，覆盖全国 31 省区市 3 000 家单位，产品远销美国、德国、意大利等 21 个国家。

项目成果获 2016 年北京市科学技术奖一等奖、2016 年中国分析测试协会科学技术奖一等奖。获授权发明专利 83 项（含美国、澳大利亚 2 项），制定国家/行业标准 25 项，获国家/北京新产品证书 11 个，发表论文 162 篇，其中 SCI 95 篇。3 年新增销售额 2.17 亿元，间接经济效益 107.9 亿元，创汇 170.3 万美元，为保障农产品消费和贸易安全做出了重要贡献。

基因Ⅶ型新城疫新型
疫苗的创制与应用

完成单位：扬州大学，中崇信诺生物科技泰州有限公司

完成人：刘秀梵，胡顺林，刘晓文，王晓泉，何海蓉，曹永忠

获奖类别：国家技术发明奖二等奖

成果简介：新城疫是严重危害世界养禽业的烈性传染病，同时也是我国《国家中长期动物疫病防治规划》中规定优先防治和重点防范的禽类两个重大疫病之一。20 世纪 90 年代以来，鹅群中新城疫的大面积暴发及免疫鸡群中非典型新城疫的频繁发生，给我国养禽业造成了巨大的经济损失。为给我国新城疫的防控提供科学依据和有效技术产品，在国家项目的持续支持下，项目组历经 18 年的攻关，取得了一系列发明成果。

（1）发明了新城疫病毒（NDV）遗传进化快速分析系统，确定了 NDV 流行毒株的优势基因型及其感染机制，为新疫苗的创制提供了理论依据。根据基因组进化特征，开发了基于 Web 的 NDV 基因自动分型系统和全基因组核酸序列可视化分析系统；通过分离病毒的遗传进化分析，确定了 20 世纪 90 年代以来我国禽群中流行的 NDV 强毒优势基因型为Ⅶ型；揭示了原有疫苗株与流行株之间的基因型和抗原性差异及Ⅶ型 NDV 强毒对家禽免疫器官侵嗜性增强，是造成免疫鸡群感染 NDV 流行株的主要原因。

（2）发明了与流行株匹配性好的基因Ⅶ型 NDV 疫苗株，解决了原有疫苗株与优势流行株之间基因型不一致的问题。创建了基因Ⅶ型 NDV 反向遗传技术平台，通过致弱突变技术首次获得了致弱的基因Ⅶ型 NDV 疫苗株，实现了强毒株的精准、快速致弱，攻克了 NDV 强毒通过常规技术难以致弱的难题；新型疫苗株病毒效价高、毒力低、免疫原性强、与流行株基因型相匹配，综合性能优于原有疫苗株，可有效预防免疫禽群中基因Ⅶ型 NDV 强毒的感染。

（3）发明了首个基因Ⅶ型重组新城疫病毒灭活疫苗（A-Ⅶ株），获国家一类新兽药注册证书，解决了禽群中新城疫频发的问题。以致弱的基因Ⅶ型 NDV 疫苗株研制灭活疫苗，除将临床保护作为疫苗效力检验标准外，首次将减少排毒作为新城疫疫苗效力检验标准，大幅提升了新城疫灭活疫

苗的质量标准。该疫苗免疫效力显著高于常用 La Sota 株灭活疫苗，清除 NDV 强毒感染的能力强，能有效控制免疫鸡群的非典型新城疫和鹅新城疫，有利于养禽场新城疫的净化，为我国新城疫的根除提供了有力的技术支撑。

该项目获国家发明专利 3 项，国家一类新兽药注册证书 1 项，软件著作权登记证书 2 项，教育部科学技术进步一等奖 1 项，中国专利优秀奖 1 项。成果"重组新城疫病毒灭活疫苗（A-Ⅶ株）"于 2016 年经遴选参加了国家"十二五"科技创新成就展。创制的基因Ⅶ型重组新城疫病毒新型疫苗已实现规模化生产，并在全国范围内得到迅速的推广和应用，使我国新城疫发生数量与 NDV 强毒感染率呈明显下降趋势。目前该疫苗已累计生产销售 75.1 亿羽份，疫苗生产企业新增利润 2.5 亿元，养殖企业使用后减少经济损失或增效 50 多亿元，产生了显著的经济、社会和生态效益。

新型饲用氨基酸与猪低蛋白质饲料创制技术

完成单位：中国农业大学，长春大成实业集团有限公司，辽宁禾丰牧业股份有限公司，亚太兴牧（北京）科技有限公司

完成人：谯仕彦，王德辉，岳隆耀，曾祥芳，王春平，马　曦

获奖类别：国家技术发明奖二等奖

成果简介：我国养猪产业规模世界第一，但是长期存在蛋白质饲料资源短缺，以大豆为主的饲用蛋白质大量依赖进口；高蛋白质饲料配制及利用技术落后，造成氮排放过多污染严重等问题。但国内外低蛋白质饲料配制技术又存在种猪繁殖性能低、育肥猪胴体品质下降的难题。针对上述问题，项目历经 16 年，在新型饲用氨基酸创制、内源氨基酸合成与氮高效利用、新型低蛋白质饲料制备等方面进行了系统研究，取得了系列重要发明。

（1）发明了赖氨酸硫酸盐制备工艺和苏氨酸与色氨酸直接结晶新技术，实现了规模化生产，扭转了我国饲用氨基酸依赖进口的被动局面，为新型低蛋白质饲料的创制奠定了基础。独创雾化造粒、成型选别和流化包

衣制备赖氨酸硫酸盐工艺，创制出赖氨酸硫酸盐系列新产品，较传统赖氨酸盐酸盐生产污水排放减少 90%，成本降低 45%；产品占全球赖氨酸市场份额近 40%，年出口量超过 100 万 t。创建了渗透压为 1 500 mOsm/kg 的高渗发酵与连续补料相结合以及无离子交换直接结晶苏氨酸和色氨酸的新技术，较传统技术成本分别降低 48% 和 60%。

（2）发明了氨基酸内源合成激活剂 N-氨甲酰谷氨酸（NCG）新工艺，首创畜禽内源氨基酸合成与氮高效利用新途径，为减少氮排放和改善种猪繁殖性能提供了技术支撑。创建了以甲酸铵、氢氧化钠和谷氨酸为原料制备 NCG 母液以及母液微波处理新工艺，替代了欧美以氰酸钾等有毒物质为原料的生产工艺，实现了饲用 NCG 安全高效生产，填补了国内外促进畜禽氨基酸内源合成产品的空白。NCG 通过激活 N-氨甲酰磷酸合成酶 I 促进精氨酸、瓜氨酸、鸟氨酸和脯氨酸等氨基酸体内合成，氮沉积效率提高 18% 以上，窝产仔数平均提高 1.2 头。

（3）发明了新型低蛋白质氨基酸平衡饲料技术与系列产品，突破了胴体品质下降的技术瓶颈，有效缓解了大豆高度依赖进口和养猪业氮排放污染的问题。解析了低蛋白质饲料中关键氨基酸在猪体内的代谢转化与调控机制，揭示了净能体系配制猪低蛋白质饲料增加氮利用率、减少体脂肪沉积的机制，创建了新型低蛋白质饲料中多种氨基酸相互平衡和净能赖氨酸平衡新模式。创制了种猪、仔猪和育肥猪系列新型低蛋白质饲料产品 16 种。与高蛋白质饲料相比，新型低蛋白质氨基酸平衡饲料可提高猪肉中风味物质的含量，瘦肉率提高 10% 以上，养殖全程豆粕平均用量减少 20% 以上，氮利用率提高 10%～15%，粪尿排泄、氮排放和猪舍氨气浓度分别减少 15%～20%、25%～35% 和 20%～30%。3 年新增销售额 273.08 亿元，新增利润 33.24 亿元；推广新型饲用氨基酸 120 多万 t，新型低蛋白质饲料（以配合饲料计）1.1 亿 t；年替代大豆 820 多万 t，减少氮排放 35 万 t 以上。

研制的新型饲用氨基酸产品出口欧美日韩等 35 个国家和地区，专利转让和技术服务收入 2 950 万元。获国家发明专利 17 项，饲料添加剂新产品证书 2 个，欧盟饲料添加剂安全认证证书 3 个；制修订国家标准 2 项、团体标准 1 项；发表论文 122 篇，其中 SCI 论文 70 篇。项目成果获神农中华农业科技奖一等奖和大北农科技奖一等奖。

2019 年度

东北玉米全价值仿生收获关键技术与装备

完成单位：吉林大学，中国农业机械化科学研究院，山东巨明机械有限公司，河北中农博远农业装备有限公司

完成人：陈　志，付　君，韩增德，崔守波，张　强，张立波

获奖类别：国家技术发明奖二等奖

成果简介：东北是世界三大黄金玉米带之一，玉米种植面积占全国 37.8%，产量占 49.05%；玉米的粮、经、饲及新能源新材料价值巨大，是保障国家粮食及饲料安全的战略性物资。然而，东北玉米含水率高、种植密度大及收获期短，构成世界罕见、东北独有的农艺特性；收获损失及损伤占种植纯收入的 11.56%、13.29%，而国外不足 2.5%、2%，"无机好用"是东北玉米机械化收获的严峻现状。东北高含水率玉米摘穗、剥皮、脱粒三大核心环节降损增效，及玉米芯轴与秸秆的全价值联合收获，是世界公认技术难题。针对这一重大技术需求，发明摘穗、剥皮、脱粒核心技术，研制玉米籽粒—芯轴联合收获机、穗—茎兼收玉米联合收获机等 2 套新装备，主要技术发明内容如下。

（1）发明密植仿生摘穗、仿生变量剥皮、仿生降损脱粒 3 项核心技术。针对高种植密度玉米的摘穗堵塞与啃穗、剥皮不净、脱粒损伤等技术难题，运用接触力学、断裂力学及仿生学理论，揭示了刚柔耦合仿生摘穗、轴—径双向变量加载仿生剥皮、仿生降损脱粒机理，突破了果穗柔性触碰、苞叶快速剥离、单粒力矩脱粒技术瓶颈，创制了密植仿生摘穗装置、仿生变量剥皮玉米收获机及仿生降损脱粒装置，实现摘穗、剥皮及脱粒降损增效，果穗漏摘率 ≤1.7%，果穗啃伤率 ≤2%，苞叶剥净率 ≥99.2%，籽粒损伤率 ≤0.91%。

（2）国际首创玉米籽粒—芯轴联合收获技术及装备。针对玉米籽粒直接收获存在的芯轴价值流失和干涉次年播种质量难题，揭示了轴流变间隙联合收获机理，首创玉米籽粒—芯轴联合收获技术，克服了国外技术存在的物料流受载空间非连续变化、加载失稳、振动衍生等弊端，突破了物料加载失稳、渐变物料流恒定加载技术瓶颈，研制出世界首台玉米籽粒—芯

轴联合收获机，芯轴回收率≥99.5%，籽粒总损失率≤1.1%，实现籽粒与芯轴一机同步、低损高效联合收获，为提高籽粒商品价值、芯轴多元利用价值提供关键技术装备支撑。

（3）成功研制世界首台具有秸秆打捆功能的穗—茎兼收玉米联合收获机。针对玉米摘穗收获存在的秸秆价值流失及分段收获往复碾压耕层技术难题，提出集摘穗、剥皮、捡拾、打捆于一体的穗—茎兼收技术，突破了果穗与秸秆异机分时作业、无土捡拾、同步压捆技术瓶颈，实现了在同一台机器上完成果穗集箱与秸秆打捆，秸秆成捆率≥98.8%，秸秆含土率≤0.5%，秸秆总损失率≤1.47%，为提高秸秆利用价值和次年播种质量提供关键技术支撑。该技术被国际农业和生物系统工程学会誉为"世界独一无二"。

该项目授权发明专利 24 件，发表学术论文 48 篇（SCI、EI 收录 24 篇），出版专著 2 部。获中国机械工业科学技术奖、吉林省科技进步奖、农业机械科学技术奖等一等奖 3 项，第二十届中国专利奖优秀奖，首届全国"杰出工程师奖"，中国农机行业年度产品金奖、创新奖。该成果被 7 家企业应用，新增产值 73.92 亿元，新增利润 3.79 亿元，在黑、吉、辽及内蒙古 4 省区推广应用累计 12.18 万 hm^2，经济、生态和社会效益显著。

农田农村退水系统有机污染物降解去除关键技术及应用

完成单位：河海大学，南京大学
完成人：王沛芳，王　超，饶　磊，陈　娟，任洪强，钱　进
获奖类别：国家技术发明奖二等奖
成果简介：针对我国农业生产中农药施用引起的水体污染日益加剧、水生态系统不断退化及防控治理技术缺乏等突出问题，项目组从提高农田退水系统中有机农药降解净化能力入手，研发了高效降解水体农药的新材料、新方法、新工艺和新产品，发明了多孔载体成形、纳米材料镀膜光催化、微生物驯化附着等核心技术，突破了载体孔隙高通透、光折射扩展、微生物活性增强等关键技术，建立了农田退水系统有机农药物理钝化（阻

控）、化学催化（消减）、生物协同（调控）相结合的高效去除技术系统，获得了农田退水沟河湿地系统有机农药效降解去除的装备，为实现农药降解净化、水环境质量改善、水源地水质提升和水生生物安全提供了重要技术支撑。主要发明成果包括：

（1）研发了多孔净污载体制备成形方法及性能检测技术，发明了载体的级配比例优化、秸秆资源化利用、黏结强度确定、结构形态组合等核心技术，突破了载体散粒体黏合成形、有效孔险率提升和孔隙贯通透水能力增强等关键技术瓶颈，提出了抗热疲劳、抗腐蚀、耐冲蚀等性能测定及恒定压头、水位差和边界流速反算孔隙通透性检测的新方法。解决了多孔载体结构性能、孔隙率和通透性检测的技术难题。

（2）发明了多孔载体孔隙通道纳米材料镀膜和紫外光催化净污的整装成套核心技术，攻克了纳米材料可镀膜性、镀层黏合性、镀层耐久性和镀层开裂脱落等关键技术难题。解决了自然条件下载体孔隙紫外光获取和辐射催化纳米材料的关键技术难题。实现了水体中有机农药的高效去除。

（3）发明了有机农药高效降解菌驯化简选及与多孔净污载体附着耦合的系列核心技术，攻克了不同地域农用退水系统高效降解菌种鉴定、分离、扩繁的关键技术瓶颈，解决了降解有机农药菌株活化、再生、扩繁及降解菌与载体孔隙附着耦合的稳定性、持久性和高效性问题的技术难题。

（4）研发了农田退水沟河湿地系统有机农药降解去除的核心技术和产品，突破了野外自然能源获取供给、紫外光载体辐射、微生物菌群作用及载体孔防湿砂堵塞等关键技术难题，为实现农田退水系统有机农药的高效降解净化提供了重要的技术支撑。

成果申请国家发明专利 47 项，已授权发明专利 21 项。发表学术论文 126 篇。其中 SCI 论文 82 篇。广泛应用于我国农田面源污染防控工程的规划建设中，取得了重要的生态环境及社会经济效益。根据部分应用单位统计，系列技术应用至 2016 年底，降低农田退水中各类有机农药污染负荷 58.5%~90.3%，有效解决了有机农药面源污染物对河流湖泊的水体污染问题，特别是有效保障了饮用水水源地水质安全，为水生生物保护和人体健康提供了重要的技术支撑。

推广应用情况：本项目系列技术成果被江苏天池环境生态有限公司、无锡惠泽环境科技有限公司、中水万源生态环境有限公司等多个单位直接应用于农业面源污染防治的规划建设之中，为有效地解决农田退水系统中有机农药高效去除问题提供了技术支撑，显著降解去除水体中有机农药，降低了农田退水对河湖水环境质量的影响。系列技术实用性强，施工简单，维护管理方便，运行成本低，实现了对水体中有机农药净化的"高效性、稳定性、实用性、长效性"相统一的目标，取得了显著的生态、环境、社会和经济效益。

淀粉加工关键酶制剂的创制及工业化应用技术

完成单位：江南大学，湖南汇升生物科技有限公司，山东省鲁洲食品集团有限公司

完成人：吴　敬，李兆丰，陈　晟，宿玲恰，谢艳萍，赵玉斌

获奖类别：国家技术发明奖二等奖

成果简介：淀粉加工用酶是食品工业用量最大的酶制剂。目前我国淀粉加工关键酶制剂匮乏或被国外垄断，导致一些淀粉加工技术难以实现或优势不足，因此亟须开发具有自主知识产权的酶制剂，构建淀粉加工关键酶共性技术的研发体系。

项目围绕淀粉加工关键酶的高催化活性、高特异性以及高产率的分子基础及其产业化应用开展了深入研究，发明了智能化精算与区域化重构相结合的快捷精准的酶基因挖掘和功能优化新技术，破解酶制备的源头性难题；发明了快速合成与高效转运相协调的酶发酵新技术，攻克了酶高效制备瓶颈；发明了定向有序和定量可控的淀粉转化新技术，提升了淀粉加工产品产率。

项目获授权专利 55 项，其中发明专利 37 项（美国发明专利 3 项），实用新型专利 18 项；发表论文 67 篇（SCI 论文 46 篇）；出版著作 3 本；参与制定国家标准 3 项；通过成果鉴定 3 项；获中国商业联合会科技进步奖特等奖 1 项，教育部高等学校科学技术进步奖一等奖 1 项。

研发的淀粉加工用酶在 8 家企业实现工业化生产及应用。项目从淀粉加工用酶创制及应用全链条出发，扭转了我国长期以来因依赖进口酶导致的淀粉加工技术优势不足或难以实现的局面，不仅提升了食品科技水平和国际竞争力，而且对我国食品工业的健康可持续发展具有重要意义。

特色食品加工多维智能感知技术及应用

完成单位：江苏大学，江苏恒顺醋业股份有限公司，中国农业科学院农产品加工研究所

完成人：邹小波，陈全胜，石吉勇，李国权，张春江，赵杰文

获奖类别：国家技术发明奖二等奖

成果简介：该项目发明了特色食品风味的多维感知仿生评价新方法，突破了食品风味的高精度数字化感知新技术，克服了人工感官评价的主观性和模糊性；发明了特色食品加工过程参量的多维分布成像化检测新技术，突破了过程参量信息二维和三维分布成像化检测新技术，实现了加工过程参量信息动态变化的实时感知；创制了基于多维感知在线监测的特色食品智能加工新装备，解决了我国特色食品加工连续性差、信息化水平低的难题。在食品加工过程中，目前的检测技术采用的是单点采样，高光谱图像技术被西方发达国家垄断。团队发明了多维分布成像检测技术，既有单点的成像信息，又有多维分布描述能力，由此实现了加工过程参量的时空分布感知，技术达到国际领先水平。

团队创制的智能加工装备，既可以在线检测食品加工过程的品质，又能实现加工过程的柔型控制，实现了"测+网+云+控+机"一体化。中国轻工业联合会项目鉴定结果显示，该项目在镇江香醋固态发酵过程中使用智能检测系统，人工成本减少了 20%，能耗下降了 15%。

目前，该研究成果已推广至香醋、肉类腌制品、夏秋茶、白酒等食品加工行业的大型龙头企业。3 年新增利润 3 亿元以上。项目授权中国发明专利 46 件、美国发明专利 3 件；出版专著 10 部，其中英文专著 4 部；发表 SCI 论文 226 篇，其中 ESI 高被引论文 4 篇。

国家科学技术进步奖

优质早熟抗寒抗赤霉病小麦新品种'西农 979'的选育与应用

完成单位：西北农林科技大学，河南金粒种业有限公司

完成人：王　辉，闵东红，李学军，孙道杰，冯　毅，张玲丽，黑更全，王令涛，严勇敢，王学友

获奖情况：国家科学技术进步奖二等奖

成果简介：黄淮南部麦区是我国第一大麦区，其产量占全国小麦总产量的 42.2%。该区地处我国南北气候交汇带，不同年份冬春气温、湿度变化剧烈且多种小麦病害常发、重发。为了满足该区生产上对优质、高产、早熟、抗寒、抗赤霉病、抗条锈病等性状综合协调的小麦品种的迫切需求，项目组通过材料创制和技术创新，历时 15 年育成小麦新品种'西农 979'，推动了我国优质小麦产业化进程。

（1）创建了"早代大群体多生态靶向单株选择"的遗传累赘剔除技术和优质高产性状聚合技术，创制出'西农 979'的优异亲本。围绕育种目标，从 1 536 份种质中筛选出 5 份基础材料，组配 2 个亲本材料创制的杂交组合。通过分析"累赘"性状，创建了遗传累赘剔除技术，创制出早熟、抗寒、抗赤霉病和条锈病的'西农 2611'。通过研究微量品质测定方法和高产株型结构，确定了早代单株品质选择指标，建立了"微量面粉乳酸 SRC"和"小叶、大穗、长穗颈"株型选择相结合的品质与农艺性状同代选择技术，创制出优质、高产的亲本材料'95 选 1'。

（2）创新了"定向有限回交、多性状标记辅助选择和异地表型鉴定"相结合的精准高效育种技术体系，育成小麦新品种'西农 979'。通过定向有限回交，提高早熟、抗寒、抗赤霉病和条锈病性状的遗传比重。在挖掘

主效 QTL 及开发和验证国内外已有分子标记实用性基础上，建立了"标记辅助多基因聚合体筛选+异地表型鉴定"相结合的多性状协调选育技术，育成了集多个优良性状于一体的'西农 979'。品种特性：一是高产且稳产。聚合了 Rh1-D1b、7aGW2 等 9 个产量性状相关基因，国家区域试验较对照增产 6.0%，达显著水平。在推广种植的 10 余年间，倒春寒、高温、干旱等逆境频现，但该品种年种植面积均超过 1 000 万亩，单产稳定在 500kg/亩以上。二是优质强筋且品质稳定。聚合了 Pinb-D1b、Glu-A3d 等品质性状基因，是面粉加工企业认可且订单收购的强筋小麦品种。三是早熟且多抗。聚合了 Ppd-A1a、Vrn-B1 等 6 个发育相关基因，区域试验中比对照早熟 4~5 天，早熟性突出；聚合了 Fhb1、Yr26 等 4 个抗病基因，经专业机构鉴定，'西农 979'中抗赤霉病、高抗条锈病、抗寒、抗穗发芽、抗倒伏。

（3）研究了'西农 979'优质高产早熟抗寒的栽培生理基础，制定了"保优调优"高产栽培技术规程，促进了该品种连续多年大面积推广应用。研究发现，'西农 979'高产的基础是产量三因素协调能力强、灌浆速度快；品质稳定的基础是生长发育稳健、抗逆性强、抗病性好；早熟的基础是小花分化到药隔期发育时间短，光合产物运转快；抗寒的基础是叶片游离脯氨酸、可溶性糖含量和 OD 活性高。据此制定了栽培技术规程，建立了"高校+种子企业+合作社+加工企业"的优质小麦产业化推广模式，推动该品种成为我国优质强筋小麦主导品种。

'西农 979'累计种植 1.42 亿亩，3 年推广 4 330.6 万亩，经济效益 61.8 亿元。获植物新品种权和发明专利各 1 项，制定地方标准 2 项，发表研究论文 48 篇，获陕西省科学技术奖一等奖和大北农科技奖各 1 项。项目负责人于 2012 年获陕西省科学技术最高成就奖。项目对行业科技进步的促进作用十分显著。

多抗优质高产"农大棉"新品种选育与应用

完成单位：河北农业大学，河间市国欣农村技术服务总会

完成人：马峙英，张桂寅，吴立强，王省芬，卢怀玉，李志坤，张艳，徐东永，柯会锋，王国宁

2019年度

获奖类别：国家科学技术进步奖二等奖

成果简介：棉花生产面临枯萎病重新抬头、黄萎病和棉铃虫危害依然严重，加之棉田向旱薄盐碱地调整，多逆境危害已成为影响棉花优质高产的重大障碍，且纤维品质指标不配套、纺高档纱原棉缺乏。因而，培育多抗、优质、高产新品种是棉花产业发展的重大需求。为此，系统开展了种质资源评价与创制、育种技术创新、新品种选育和应用，取得重大成果和效益。

创新点1：多年多环境、分子标记、杂交组合多维度精准鉴定1 100多份种质资源，充分挖掘潜在可利用的种质优良特性，筛选出优质、高产、抗病、耐盐等性状优异的育种亲本69份；利用基因芯片率先解析其中719份材料的分子亲缘关系，构建了基于10 511个SNP的指纹图谱；利用筛选的优良亲本和创新的育种技术，创制了遗传背景优良的抗虫、抗黄萎病等不同类型新材料26份。拓宽了多抗优质高产品种选育遗传基础，突破了种质资源难以精准利用的瓶颈。

创新点2：发现了棉花幼胚发育调控、抗病抗虫基因表达、优良品种高产优质性状关联SNP集聚等规律；创建了以幼胚成苗、标记选择为核心的棉花当地一年3~4代快速育种技术，创立了基于基因表达快速鉴定黄萎病抗性、基因检测与表达递进式准确选择抗虫性、显著关联SNP解析重要性状遗传基础的育种方法。突破了重要性状育种选择准确性差、效率低的技术难题。快速育种技术仅2~3年即可获得目标性状新材料，抗黄萎病基因快速鉴定技术较已有苗期鉴定法提早20~25天，获得62个产量、46个品质性状显著关联SNP，可用于多抗、优质、高产品种遗传基础解析和性状改良。

创新点3：集成创新重要性状选育方案，攻克了多抗与高产、多抗与优质同步改良提升的技术难题，育成了多抗高产、多抗优质两种类型7个突破性棉花新品种，创造的高产纪录引领病地、旱薄盐碱地棉花优质高产高效生产迈上新台阶，解析了新品种的优异性状遗传基础，建立了高效配套的良种繁育与推广体系，应用效果显著。多抗高产型'农大棉7号'和'农大601'，实现了多抗与高产同步改良新突破，两品种区试皮棉产量均居第1位。多抗优质型'农大棉8号'和'农大棉13号'，实现了优质与抗病虫同步改良新突破，'农大棉8号'达到国家Ⅱ型优质标准，长度30.5 mm、强度30.4 cN/tex、马克隆值4.2，'农大棉13号'达到Ⅰ型标准，长度32.4 mm，强度33.2 cN/tex，马克隆值4.6。创立了国欣农研会自办农场良种繁育体系和订、供、服务、管理一条龙良种推广网络，助推了"农大棉"新品种的大面积应用。

应用和效益：'农大棉 7'号是 2012 年农业部发布的重大育种成果，推广面积前 10 位品种，'农大 601'是 2015 年前 10 位品种。2010—2017 年 7 次全国大田作物授权品种推广面积前 10 排行榜，'农大棉 7 号'5 次（2013 年第 2）、'农大棉 8 号'6 次上榜，2017 年'农大棉 7 号''农大棉 8 号''农大 601'同时上榜。2007—2018 年累计应用 3 054.8 万亩。3 年新增 10.73 亿元。获河北省科技进步奖一等奖 2 项，植物新品种权 6 项，发明专利 4 项，主要论文 21 篇。

茄果类蔬菜分子育种技术创新及新品种选育

完成单位：华中农业大学，湖北省农业科学院经济作物研究所，西安金鹏种苗有限公司，武汉楚为生物科技股份有限公司

完成人：叶志彪，姚明华，张俊红，张余洋，欧阳波，王涛涛，李晓东，王　飞，李汉霞，郑　伟

成果简介：国家科学技术进步奖二等奖

成果简介：该项目属于农业领域。茄果类蔬菜是我国重要的蔬菜作物，其中番茄和辣椒占茄果类蔬菜种植面积的 80.1%，达 5 200 万亩。针对我国茄果类蔬菜资源匮乏、育种周期长、选育效率低等问题，项目牵头单位组织了该领域具研发优势的科研院所和相关企业联合攻关，在鉴定番茄和辣椒抗病、抗逆、优质等性状调控基因的基础上，研创了一批实用的分子标记，建立了高效的分子标记辅助育种技术体系，创制出一批优异的种质材料，育成了多抗、优质、丰产的系列品种。

（1）国际上率先创建了茄果类蔬菜最高效的分子标记辅助育种技术体系，提高茄果类蔬菜育种效率 3 倍以上。克隆和鉴定了抗性和品质性状调控基因 65 个，其中关键基因 6 个；国际上首次研发出原创性的分子标记 22 个，其中番茄耐寒分子标记 2 个、耐盐分子标记 4 个、抗病分子标记 5 个、品质分子标记 6 个、辣椒抗病和雄性不育分子标记 5 个。在国内率先

开发出一套番茄实用分子标记 59 个，涵盖抗病分子标记 26 个、耐寒耐旱分子标记 6 个、品质分子标记 12 个、产量分子标记 15 个；辣椒抗病分子标记 6 个、雄性不育恢复系基因分子标记 1 个。国际上首创番茄高通量分子标记基因分型系统，能一次性检测性状位点达 50 个，比原有检测技术提高效率 20 倍以上，提高茄果类蔬菜育种效率 3 倍以上，缩短育种周期 3 年。

（2）建立了高效的番茄、辣椒种质资源综合评价技术体系，规模化系统地鉴定了茄果类蔬菜种质资源，创制出一批优异的核心育种材料。对 2 750 份种质资源进行系统评价，鉴定出抗病、优质的番茄、辣椒种质 139 份，发掘出番茄高抗青枯病显性抗源和耐寒材料。创制新种质 572 份，其中优异育种种质 67 份，包括番茄抗青枯病种质 13 份，兼抗番茄黄化曲叶病毒病、根结线虫、枯萎病种质 8 份，耐寒种质 5 份，高糖、高有机酸、高维生素 C 种质 11 份，辣椒抗 TMV、CMV、疫病种质 6 份，复合性状优异种质 17 份。

（3）利用高效的分子标记辅助育种技术和创制的优异育种材料，育成了聚合多种抗性、品质优良的番茄和辣椒新品种 10 个。育成的'华番 12'是国际上首个兼抗青枯病和黄化曲叶病毒病的大果番茄品种；育成的'金棚八号'以其耐低温弱光、抗病等优异特性，成为国产抗黄化曲叶病毒病番茄品种中推广时间最长、种植面积最大的品种；育成的'佳美 2 号'聚合了耐低温弱光、抗病和优质的特性，为华中地区栽培面积最大的薄皮辣椒品种。

项目获国家发明专利 7 项，制定标准 4 项，在 *PNAS*、*Plant Cell* 等刊物发表论文 125 篇，其中 SCI 论文 63 篇，出版著作 2 部。获湖北省科技进步奖一等奖 2 项、省部级科技进步奖二等奖及推广合作奖 6 项。新品种累计推广面积 1 230 万亩，新增产值 165.7 亿元，其中 3 年推广面积 768 万亩，新增产值 105.3 亿元，经济、社会和生态效益显著。

广适高产稳产小麦新品种'鲁原 502'的选育与应用

完成单位：山东省农业科学院原子能农业应用研究所，中国农业科学院作物科学研究所，山东鲁研农业良种有限公司

完成人：李新华，刘录祥，李　鹏，吴建军，高国强，孙明柱，赵林姝，王美华，张凤云，郭利磊

获奖类别：国家科学技术进步奖二等奖

成果简介：小麦是中国重要口粮，不断选育和推广高产稳产广适小麦品种是保障国家粮食安全的战略途径。20 世纪 90 年代末，黄淮麦区育成了一大批多穗型的优良品种，对提高小麦单产发挥了重要作用，但在生产上也凸显出一些亟待解决的问题：一是高产品种的广适性较差，推广种植区域受到较大限制；二是育成品种的遗传相似性高，潜在风险大；三是品种抗倒伏能力较差，产量稳定性受到较大影响。针对以上问题，该项目创新育种思路与技术体系，育成广适高产稳产小麦品种'鲁原 502'并大面积推广应用。主要创新点如下。

（1）确立了"两稳两增"（稳定群体、稳定千粒重、增加穗粒数、增强抗倒性）的育种新思路，创新集成了目标突变体创制与杂交选育技术相结合的育种技术体系。按照"两稳两增"育种新思路，利用"诱发突变、定向筛选"的育种新技术，创制出矮秆抗倒伏种质"9940168"，以其为母本与'济麦 19'配制杂交组合，并利用早代选组合、中高代定向选单株、稳定品系多生态区异地鉴定的杂交选育技术，育成了广适高产稳产小麦新品种'鲁原 502'。利用该体系，还育成 63 个优良新品系，其中'LY118''LY128''LY148'已进入国家或省级生产试验，22 个新品系进入区域试验。

（2）培育的广适高产稳产小麦新品种'鲁原 502'，通过国家和四省（自治区）审（认）定，实打产量突破 800 kg/亩，年推广面积超 1 500 万亩，成为中国三大主推小麦品种之一。'鲁原 502'具有产量潜力高、适应性广、抗倒伏能力强、水分利用效率高、品质优良等突出优点。在国家和山东省区试中产量均居第一位，分别较对照增产 10.16% 和 4.99%；山东

省高产创建实打验收最高单产达 812.2 kg/亩。该品种自身调节能力强，适应区域广，在国家多年多点区试中增产点率 100%，推广区域覆盖鲁、皖、冀、苏、晋、新等 6 个省（区）。群体结构合理，植株重心低、基部节间短且壁厚、茎秆抗折力高，抗倒伏能力强。在不同节水处理水平，水分利用效率高，节水丰产性好。品质为优质中筋，馒头评分 80.0 分，面条评分 82.0 分。

（3）研究制定了'鲁原 502'高产高效栽培技术规程，探索构建了"科研单位+种业联盟+农技推广单位+农业种植合作社"的推广模式。优化集成了"稳群体、增穗重、减氮肥、适节水"的'鲁原 502'高产高效栽培技术体系，并开发了肥水决策系统等软件；通过建立七省市种业销售联盟、农业信息化综合服务平台和农业种植合作社试验示范基地，构建形成新型高效推广模式，加速了品种推广应用。'鲁原 502'自推广应用以来，连续多年被列为农业部和省级主导品种，2016 年全国秋播面积 1 538 万亩，为全国第三大品种，其中山东省秋播面积 1 332 万亩，占山东省小麦总面积的 23.11%，为山东省第二大品种。现已累计推广 5 402.5 万亩（2017 年仅包含山东省推广面积），增收粮食 27.3 亿 kg，新增社会经济效益 64.43 亿元。

获得植物新品种权 1 项，品种审定证书 5 项，软件著作权 4 项，出版专著 1 部，发表学术论文 26 篇。该项目社会经济效益显著，为山东省乃至黄淮麦区小麦产业发展发挥了重要作用。

耐密高产广适玉米新品种'中单 808'和'中单 909'培育与应用

完成单位：中国农业科学院作物科学研究所，中国农业大学
完成人：黄长玲，刘志芳，李新海，吴宇锦，李绍明，王红武，李少昆，胡小娇，李　坤，谢传晓
获奖类别：国家科学技术进步奖二等奖
成果简介：玉米是我国第一大粮食作物，是畜禽主要饲料和工业加工原料。该项目针对我国玉米品种产量低、耐密抗逆性差、适应性窄等关键

问题，历经 23 年，创新高效育种新技术，选育优良自交系，育成耐密高产广适新品种'中单 808'和'中单 909'，创建生产技术体系，实现了品种大面积推广。

（1）确立"三高三抗"耐密高产广适育种新思路，开发紧密连锁分子标记，结合常规育种技术，构建高效育种技术体系，创制优良新自交系 15 个。确立高密度、高穗粒重、高结实率、抗倒伏、抗病、抗旱（三高三抗）育种新思路，创建基于茎秆拉力及穿刺力的玉米抗倒性检测方法；创新基于 *Dhn1*、*Gln1* 和 *Dwarf8* 等功能基因的耐旱性、耐低氮、高收获指数分子标记选择技术；结合早代耐密性选择、多环境穿梭鉴定、杂种优势分群和增密配合力测定等技术，形成高效育种技术体系。利用外引抗逆亚热带种质和耐密温带种质，选育出耐低氮高收获指数自交系 NG5、耐密耐旱自交系 CL11、耐密耐低氮自交系 HD568 等 15 个新自交系。

（2）育成全国农业主导品种'中单 808'和'中单 909'，解决了玉米"密植与大穗""密植与抗倒伏"的矛盾，实现了耐密高产广适品种新突破。利用高效育种技术体系，优化 P 群×旅大红骨杂优模式，选用 CL11 与 NG5 育成'中单 808'。该品种在国家西南区试增产幅度最高（19.7%）；在贵州比常规种植密度高 30% 的情况下，增产 39.3%；每亩 4 400 株高密度下，单株产量 193.7g，比西南主栽品种临奥 1 号高 18.3%；耐旱性强，耐旱指数比'农大 108'高 35.8%，抗茎腐病，中抗纹枯病，适宜 10 省市推广。'中单 808'克服了大穗品种不耐密的矛盾，实现单株产量与耐密抗逆性的协同改良，引领大穗密植育种方向。改良瑞德×唐四平头杂优模式，选用郑 58 与 HD568 育成'中单 909'。该品种在河南每亩 6 000 株高密度下比'郑单 958'增产 11.4%，在新疆每亩 8 000 株密度下创 1 376 kg 高产典型；在国家生产试验中倒伏倒折率 1.5%，低于'郑单 958'（3.9%）；在河南每亩 6 250 株的高密度下倒伏倒折率 1.6%，低于'郑单 958'（3.6%）；抗大斑病、弯孢菌叶斑病和瘤黑粉病，适宜 11 省市推广。'中单 909'克服了密植和抗倒伏的矛盾，实现群体产量和耐密抗逆性的协同改良。

（3）创建'中单 808'和'中单 909'高效种子生产和精准栽培推广技术体系，实现大面积应用。创建亲本繁育、杂交制种、种子加工、质量控制的种子精益生产技术体系，保障基础种子纯度>99.99%，亲本种子纯度>99.9%，商品种子纯度>99%。创建环境评价、品种认知、精细区划的品种精准栽培推广技术体系。至 2018 年两品种累计推广 1.004 亿亩，增收粮食 45.1 亿 kg，增创产值 80.3 亿元；5 家种子企业开发品种销售额 23.6亿元。'中单 808' 连续 9 年被遴选为全国农业主导品种，连续 4 年位居贵州、四川、重庆推广面积第一，是我国西南平坝区推广持续时间最长、面积最大的主栽品种；'中单 909' 连续 5 年为全国农业主导品种。

该成果获品种审定证书 6 项、植物新品种权 3 项、发明专利 5 项；出版技术图册 1 部，发表文章 40 篇；获中华农业科技进步一等奖和中国农科院杰出科技创新奖。

混合材高得率清洁制浆
关键技术及产业化

完成单位：中国林业科学研究院林产化学工业研究所，南京林业大学，北京林业大学，山东晨鸣纸业集团股份有限公司，山东华泰纸业股份有限公司，江苏金沃机械有限公司

完成人：房桂干，邓拥军，戴红旗，许　凤，耿光林，刘燕韶，沈葵忠，范刚华，丁来保，盘爱享

获奖类别：国家科学技术进步奖二等奖

成果简介：该项目属林产化工领域。造纸产业在国民经济和社会发展中具有十分重要的地位。纸和纸板消费水平是衡量一个国家现代化和文明程度的重要标志之一。项目针对制约造纸工业发展的"资源、环境、结构"三大瓶颈问题，在国家基金和科技攻关等项目的资助下，创新开展混合材均质软化处理、纤维低温定向解离、化学品减量、中水处理回用等技术攻关和核心装备创制，为实现造纸工业的低碳、绿色、可持续发展提供强有力的技术支撑。项目取得了如下科技创新和突破。

（1）创制了混合材多级变压浸渍均质软化技术。针对混合材种类多、材性差异大，系统研究了不同木材微细结构、化学组成和分布特性，揭示了木片药液渗透机理；创制了混合材多级变压浸渍均质软化新技术。木片吸液能力从 $1.0 \sim 1.8 m^3/t$ 提升到 $2.8 m^3/t$ 以上，浸渍化学品减量 30% 以上，有效实现差异化木片均质软化，彻底解决了传统技术无法利用混合材生产优质纸浆的难题。

（2）创制了纤维低温定向解离的高得率节能磨浆关键技术。针对传统技术木质素溶出多，纸浆得率偏低，建立了纤维低温定向解离磨浆理论，纤维在细胞壁 S2 层定向解离，克服木质素迁移引起的纤维表面玻璃化。创制了盘磨功能分区高能效磨浆关键技术。制浆得率从 75%~80% 提高到 85% 以上，磨浆节电 53%、纤维结合强度从 10~15 N·m/g 提高到 25 N·m/g 以上。

（3）创制了高得率浆清洁高效漂白关键技术。针对传统技术化学品用量大、污染负荷高，揭示了过氧化氢稳定化机制和高效漂白机理。发明了多价金属离子螯合转移技术，开发了多段施药剂高效漂白和逃逸 H_2O_2 捕捉等化学品减量化、中水高比例回用等关键技术。吨浆化学品消耗由 90~120kg 降低到 50~70kg，中水回用率由 40% 提高到 65% 以上，综合处理成本降低 20% 以上。

（4）研制了节能型高得率清洁制浆成套核心装备。针对高得率制浆装备全面依赖进口，研制了多级差速挤压揉搓浸渍装备、软化漂白双功效反应塔、功能分区的高能效磨浆单元等制浆核心装备；发明了推流混流耦合和脉动湍流新型厌氧反应器、多相效协同催化氧化反应器等废水高效处理核心装备。同等规模下，设备投资仅为进口装备的 30%。

发表学术论文 157 篇，获授权发明专利 18 项，制定标准 3 项。关键技术成果获梁希林业科技奖一等奖、中国林业科学研究院科技奖一等奖、中国林业产业创新奖和中国专利优秀奖等奖励 6 项。建成全国产化装备清洁制浆生产线 16 条，升级改造进口生产线 32 条，技术成果覆盖高得率浆总产能的 70% 以上。高得率制浆技术和装备的自主化打破了国外公司的长期垄断。3 年利用混合材 1 870 万 t，林农增收 224 亿元；新增销售收入 227.8 亿元；新增利润 19.9 亿元；节约木材 500 万 m^3 左右，节水 1.8 亿 m^3、节电 69.6 亿 kW·h、COD 减排 15 万 t。培养研究生 68 名、企业技术骨干 180 名。

项目的实施整体提升了我国清洁制浆生产技术水平，有力促进了行业的技术进步，产生了显著的经济、社会和生态环境效益。

东北东部山区森林保育与林下资源高效利用技术

完成单位：中国科学院沈阳应用生态研究所，中国科学院东北地理与农业生态研究所，东北林业大学，中国林业科学研究院森林生态环境与保护研究所，沈阳农业大学，黑龙江省林业科学院

完成人：朱教君，于立忠，何兴元，闫巧玲，杨　凯，王政权，李秀芬，刘常富，高　添，佟立君

获奖类别：国家科学技术进步奖二等奖

成果简介：东北东部山区森林面积达 3 000 万 hm² （占东北森林总面积的 60%），是国家"两屏三带"生态安全格局中唯一森林带的主体；在维护区域生态安全，保障资源、环境、经济可持续发展和促进生态文明建设中具有无可替代的作用。然而，由于长期高强度人为干扰，森林资源锐减、质量严重下降，超过 70% 天然林成为次生林，并与落叶松等人工林镶嵌分布形成独特的次生林生态系统；为此，国家实施了天保工程并禁止天然林商业采伐。在此背景下，为了更好地保护森林资源，并提升森林质量与功能，突破林区经济发展瓶颈，项目以实现森林资源保护与经济发展双赢为主要目标，围绕森林保育和林下资源高效利用中的关键科学与技术问题，在多项国家和地方项目支持下，历经十余年研究，取得创新性成果如下。

（1）创建了量化林分垂直结构/林窗立体结构新方法及其参数体系，为结构调控提供基准参数与技术。提出透光分层疏透度（OSP）表征林分垂直结构新概念，创建了双半球影像法确定林窗立体结构新参数体系，改进了林窗光指数（GLI）获取方法，破解了林窗大小上下限无法量化的难题，实现了方法学创新；建立了次生林恢复和林下人参培育的结构调控基准参数与相应技术体系。

（2）阐明了森林干扰过程及形成林窗对更新的影响机制，构建了主要树种更新的关键技术。确定了雪/风、洪水等干扰过程及其形成林窗的林学与生态学意义，揭示了林窗更新过程主要树种共存的碳积累与分配对光环境的适应机制；阐明了人工模拟自然干扰形成林窗促进目的树种更新的

可行性并做出示范；建立了促进次生林生态系统演替的林窗调控途径及林下山野菜复合经营技术体系。

（3）基于森林凋落物地球生物化学循环研究，揭示了次生林生态系统功能衰退的凋落物机制，构建了森林生产力提高和生态功能维持/提升的关键技术。基于长期系统观测与研究，精准确定了凋落物在次生林养分循环和涵养水源中的关键作用，揭示了次生林生态系统内落叶松人工林单一树种凋落物是地力衰退及水质酸化、生物多样性下降的关键；建立了保护次生林凋落物、林窗更新诱导形成混交林等技术体系，维持与提升了次生林生态系统的主要生态功能；并集成了提高林蛙养殖存活/保存率的凋落物调控措施。

该项目在森林培育理论上具有明显的创新性，相关技术在林业生产实践中得到广泛应用；先后在东北林区推广应用 193 万 hm^2，3 年新增生态效益 92.2 亿元，使 5.1 万林农脱贫。成果获发明专利 2 项，发表 SCI 论文 80 余篇，出版中文专著 1 部，参编英文著作 2 部。获辽宁省科技进步奖一等奖和中国科学院科技促进发展奖各 1 项，国际林联科学成就奖 1 项；培养硕士、博士逾百人，培训基层技术推广人员 2 380 人次。撰写的关于禁止凋落物出口和适度经营天然次生林等 2 份咨询报告，被国办、中办采纳，并得到国家领导人批示，形成保护凋落物的法律、法规，有效地保护了森林资源；同时完善了国家天然林保护工程制度，为推动森林培育学和林业可持续发展的科技进步做出了重要贡献。

植物细胞壁力学表征技术体系构建及应用

完成单位：国际竹藤中心，中国林业科学研究院木材工业研究所，上海中晨数字技术设备有限公司，中国纤维质量监测中心

完成人：费本华，余 雁，王戈，赵荣军，王汉坤，田根林，黄安民，王小青，刘杏娥，程海涛

获奖类别：国家科学技术进步奖二等奖

成果简介：植物细胞壁力学性能与其生长和高效利用密切相关，但细胞壁尺寸微小，开展力学性能表征是公认的世界性难题。项目组在国际上

首次构建了从组织、细胞至纳米尺度完整的细胞壁力学表征体系，主要创新点如下。

（1）研发高效单根植物短纤维力学测试成套技术。率先实现了测试仪器商品化，解决了植物短纤维力学测试的世界性难题；率先将纳米压痕技术引入我国木质材料科学领域，为纳微尺度细胞壁力学表征提供了完整的解决方案和研究方法；发明基于细胞壁力学的木材纵向弹性模量预测模型，实现了活立木力学性能的快速、准确预测。推动了我国木质材料力学研究从宏观到纳微尺度的根本性转变。

（2）创建了国际上最丰富的单根植物纤维力学数据库。完成包括木、竹、藤、麻等二十余种植物纤维力学性能的系统测试，为先进植物纤维复合材料开发提供了关键基础数据；率先建立了植物短纤维力学测试规范，制定了相关国家和行业标准，成为植物纤维品质评价和纺织用竹纤维鉴别的重要依据，为推动植物纤维复合材料研发和规范纺织等行业的发展起到了重要作用。

（3）定量揭示了细胞壁结构、组成对细胞壁力学的不同贡献。从力学角度证实了半纤维素在保持细胞壁完整结构中的核心作用，为克服生物质抗降解屏障提供了新思路；基于纤维力学阐明了竹材独特的强韧机制，提出了竹纤维精准利用新观点；在国际上率先实现了细胞壁力学性能与含水率之间关系的定量测定，揭示了含水率对木竹材料宏观力学性能影响的复杂机制。

（4）创建了基于细胞壁力学表征技术的复合材料界面、木质材料胶合界面、木材改性、生物矿化研究方法学。发明的界面力学表征新技术为纤维复合材料界面设计和优化提供了便捷的表征手段，推动了高耐候竹纤维复合材料的研发和产业化进程；首次将纳米压痕技术应用于木材糠醇改性工艺并实现产业化，为我国人工林木材的规模化高值利用提出了新途径。

项目生产销售高精尖科研测试设备 14 套，在全国十余家高校和科研单位得到推广应用，标志着我国木质材料力学研究从宏观到纳微尺度的根本性转变。项目还直接推动了耐候型竹纤维高分子复合材料、糠醇改性木材的产业化进程规范，促进了竹纤维纺织市场的健康发展。项目通过研发创新技术和高精尖科研设备，满足了前沿基础研究需要，进而引导和促进了产业发展；通过基础研究促进了技术创新，在农、林、纺织等领域树立了标杆，在国内外产生了广泛影响。

中国特色兰科植物保育与种质创新及产业化关键技术

完成单位：福建农林大学，中国热带农业科学院热带作物品种资源研究所，中国科学院华南植物园，遵义医科大学，中国科学院植物研究所，海南大学，福建连城兰花股份有限公司

完成人：兰思仁，刘仲健，曾宋君，尹俊梅，罗毅波，石京山，宋希强，何碧珠，彭东辉，黄瑞宝

获奖类别：国家科学技术进步奖二等奖

成果简介：兰科植物均列入濒危野生动植物种国际贸易公约（CITES），占濒危植物 90% 以上，有重要的研究价值。但存在濒危机制不清、系统关系混乱、重要性状分子调控机制不明、育种手段落后且周期长、高效繁育和栽培技术缺乏等问题。针对以上问题，该项目围绕中国特色兰科植物兰属、蝴蝶兰属、石斛属、兜兰属和金线莲属，以保育促进产业、产业反哺保育为目标，在 28 项国家和省部级科技计划资助下，经过20 余年研发，取得了系列创新成果。

（1）开展兰科植物资源调查收集，创建兰科植物与真菌共生技术，建成我国兰科植物种质最多的资源库，揭示其致濒机制，制定保育策略。对我国热带亚热带 15 省区兰科资源进行系统调查和繁育生物学研究。记录到 185 属 1 188 种，发表 2 新属 19 个新种，创建兰科植物与真菌共生的生境营造技术，保存活体 925 种、品种 1 336 个、种质超 10 万份；揭示其种群密度低、种子无胚乳萌发率低、专化性传粉、与真菌共生及人为采挖生境破坏的致濒机制，实施保育。

（2）厘清了系统发育关系，首次揭示其多样性和网状进化机制，为种质鉴定和杂交育种奠定基础。利用叶绿体全基因组数据、cpDNA 和低拷贝 nrDNA 片段，揭示了网状进化成种的机理，解决了长久以来的系统学争议，为种质鉴定和育种亲本选择奠定基础。

（3）发现花色、花香和抗逆的关键调控基因，解析了调控机制。利用兰科植物共生病毒诱导基因沉默技术建立转基因体系，突破基因转化体系的瓶颈，为功能基因的验证和定向育种提供工具。

（4）创新试管开花、分子标记辅助与传统育种相结合技术体系，缩短育种周期 23 年。发明试管开花技术，实现性状早期选择和瓶内杂交。构建重要观赏性状 OTL 遗传图谱，建立子代性状预测模型，实现定向育种。在英国皇家园艺学会登录兜兰品种 37 个，位列中国第 1 位，市场占有率 85%；蝴蝶兰新品种占有率 45%；金线莲四倍体株系总黄酮含量提高 30.6%。

（5）创新高效节能标准化、规模化、智能化生产技术体系，促进产业升级。创制 H026 配方，攻克兜兰属无菌萌发和组织培养世界难题，实现 60%原生种与 300 个杂交种的人工繁育；研制兜兰组织克隆技术，增殖系数达 2.9；优化兰属、石斛属和蝴蝶兰属培养基配方提高增殖系数至 5～12 倍；首创石斛盆花和鲜切花生产、保鲜及包装技术体系，改变依赖进口状况，市场占有率 85%；发明金线莲高效有机一次性成苗技术、立体智能繁育设施，缩短周期 45%，节能 66.7%。

该项目在兰科植物保育与产业协调发展的理论研究和技术开发方面具有创新性，总体达到国际先进水平，部分技术达到国际领先水平，关键技术拥有自主知识产权。培育新品种 82 个，其中转让 35 个、许可生产 32 个；获 GMP 证书 1 件，发明专利 25 项；制定标准 8 项；论文 92 篇（SCI 37 篇，他引 760 次），著作 7 部。核心技术应用到福建等 8 省区，建立 15 家示范企业。培训 1.2 万人次，辐射农户 13 万户。产生了显著的经济、生态和社会效益。

人造板连续平压生产线节能高效关键技术

完成单位：西南林业大学，上海人造板机器厂有限公司，云南新泽兴人造板有限公司，东营正和木业有限公司，商丘市鼎丰木业股份有限公司

完成人：杜官本，雷　洪，李涛洪，杨志强，刘　翔，储键基，刘保卫，王　辉，周晓剑，文天国

获奖类别：国家科学技术进步奖二等奖

成果简介：该项目属木材加工与人造板工艺技术领域。围绕制约人造板产业发展的共性技术，以连续平压升级改造间歇式生产技术，在人造板

胶黏剂、热压固化、配套工艺技术与装备等关键环节进行研发创新，突破了降低人造板工业能耗、提高生产效率的技术关键。

（1）更新完善了甲醛系列树脂合成反应机理，创建了树脂合成复杂化学体系的多尺度模拟，建立了研究树脂合成反应机理和结构形成的新方法；发现了脲醛树脂合成路线；中后期添加尿素导致的去支化效应，揭示了低摩尔比脲醛树脂结构缺陷；发明了高支化结构改造技术路线，解决了低摩尔比脲醛树脂性能劣化和生产效率低下的技术难题，为大幅降低人造板甲醛释放量提供了技术支撑。

（2）开发研制了穿透式蒸汽预热加速固化的成套技术体系，研制了喷蒸预热装置，克服了常规热压技术传热效率低导致生产效率低的不足，提高连续平压中密度纤维板生产线生产效率 15%~40%；研发了具备压力释放特征的加压技术，提高了板坯密实化和树脂固化匹配性，降低了板坯内部蒸汽压对板坯的冲击破坏，消除了回弹应力对固化树脂的破坏，提高板材内结合强度 10% 以上。通过集成创新，研发了连续平压生产线 3mg/100g 以下甲醛释放中密度纤维板制造技术。

（3）研发了刨花板连续平压生产线国产化模块配置方案，显著降低连续平压刨花板生产线成本 30% 以上，刨花板单位能耗降低 30% 以上，提高了刨花板单线产能和产品品质；创建了高浓度甲醛制备与树脂制备一体化技术，节省制胶能耗 30% 以上，解决了制胶废水污染。通过技术集成创新，生产效率提高 15% 以上，刨花板甲醛释放量控制在 3mg/100g 以下。

该项目实现了连续平压生产线制造过程节能、生产工艺高效、产品性能环保的目标。相关技术已实现大规模工业化生产转化。项目为我国人造板节能高效技术提升和生产线升级改造提供了实施方案与技术支撑，产生了显著的经济效益和社会效益。

在该项目成果研究和推广应用过程中，获省部级科学技术奖一等奖 3 项，授权发明专利十余件，培养了一批学术与技术骨干，发表研究论文 60 余篇。

蛋鸭种质创新与产业化

完成单位：浙江省农业科学院，扬州大学，诸暨市国伟禽业发展有限公司，湖北省农业科学院畜牧兽医研究所，福建省农业科学院畜牧兽医研究所，湖北神丹健康食品有限公司

完成人：卢立志，陈国宏，李柳萌，黄　瑜，孙　静，沈军达，徐琪，曾　涛，李清逸，陈　黎

获奖类别：国家科学技术进步奖二等奖

成果简介：蛋鸭养殖为我国传统优势特色产业，饲养量约占全球80%，但长期存在种质资源评价缺乏、创新利用少、水养模式对环境污染严重等严峻问题。为此，项目历经16年联合攻关，自主育成了世界首个三系配套的高产青壳抗逆蛋鸭新品种，创新研发出蛋鸭旱养等新技术，并在我国蛋鸭主产区广泛应用。

（1）创建了蛋鸭遗传多样性评价技术体系，筛选出蛋鸭创新利用的优先素材。创建了基于PCM（表型、细胞学和分子标记）的蛋鸭遗传多样性评价技术体系，系统评估了我国18个蛋鸭遗传资源，全面揭示了我国蛋鸭遗传资源的种质特性；鉴定了'缙云麻鸭'国家新遗传资源，筛选出'绍兴鸭'等6个蛋鸭创新利用优先素材，为新品种选育奠定了基础；创建了全球首个集表型、分子和DNA样本为一体的蛋鸭遗传资源数据库，实现了行业内大数据共享。

（2）创新了高产青壳抗逆蛋鸭分子育种技术，实现了蛋鸭早期选择，提高了选种准确性。通过对多达3.6万只蛋鸭个体测序与分析，鉴定出两个连锁突变位点共同调控青壳蛋形成，首次发现了决定鸭蛋青壳的致因基因，并用于青壳蛋鸭的选育，效率提高了10倍以上；创建了剩余采食量选种技术和抗逆性状定量评定方法，饲料转化率提高了10.3%，育成期存活率提高了7.1%。

（3）育成了国内外首个三系配套的蛋鸭新品种——'国绍Ⅰ号蛋鸭'，显著增强了我国蛋鸭产业的核心竞争力。通过种质资源创新与分子技术选择，选育形成了12个蛋鸭新品系，经多次杂交配合力测定，培育出'国绍Ⅰ号蛋鸭'，通过国家审定，实现了青壳、高产和抗逆有利基因

聚合。商品代蛋鸭 72 周龄产蛋数 326.9 个、青壳率 98.2%、产蛋期料蛋比 2.62∶1、产蛋期成活率 97.5%。与国内外主要蛋鸭品种比较，'国绍Ⅰ号蛋鸭'是唯一的三系配套蛋鸭品种，具有开产早、产蛋多、蛋重适中、青壳率高、抗逆性强、饲料转化率高的优势。

（4）构建了集"品种—旱养—加工—推广"于一体的良种良养环保型蛋鸭产业链，显著提升了我国蛋鸭产业化水平。突破蛋鸭水养传统理念，自主研发了笼养、网养技术，产蛋率平均提高 2.5%，料蛋比降低 8.35%，明确了蛋鸭养殖模式的良莠与疫病发生的种类及其感染的严重程度直接相关；攻克了皮蛋黑斑液化和咸蛋盐分控制的技术难题，研制了皮蛋、咸蛋加工新工艺，制定了《咸蛋》《咸蛋黄》地方标准，实现了提质增效与减排降耗多重效益。该项目获国家畜禽新品种证书 1 个、国家畜禽遗传资源 1 个、授权发明专利 7 项，制定国家（行业）标准 4 项；发表论文 128 篇，主编著作 7 部；3 年新增经济效益 22.9 亿元，间接经济效益 124.2 亿元。获省级科技进步奖一等奖 2 项、中国产学研合作创新成果奖一等奖 1 项，入选原农业部优秀创新团队。

该项目组自 2000 年起通过"边研究、边示范、边推广应用"的思路，先后将育成的 1 个新品种、选育形成的 12 个蛋鸭新品系进行中试和推广，辐射浙江、江苏、湖北、福建等蛋鸭主产区（22 个省区市），3 年累计推广 6.71 亿只，占全国蛋鸭总饲养量的 72.63%，显著提高了我国蛋鸭良种覆盖面。在国内外率先提出蛋鸭旱养模式，制定了蛋鸭笼养网养管理规程。目前蛋鸭笼养和网养技术已推广至全国 22 个省区市，3 年累计示范蛋鸭 6.95 亿只，有力推动了蛋鸭产业科技进步与转型升级。借助行业主管部门、国家水禽产业技术体系、行业协会、科研院校等平台，对蛋鸭种质创新与产业化成果技术体系进行了宣传推广，项目形成的表型和分子数据库、青壳蛋分子选育技术、产蛋量选育体系、蛋品加工技术等在 21 个省份 59 家单位的地方蛋鸭品种开发利用过程中得到广泛应用。

猪健康养殖的饲用抗生素
替代关键技术及应用

完成单位：浙江大学，华南农业大学，北京大北农科技集团股份有限公司，浙江农林大学，浙江惠嘉生物科技股份有限公司，杭州康德权饲料有限公司，天邦食品股份有限公司

完成人：汪以真，冯　杰，江青艳，杨彩梅，胡彩虹，邓近平，李浙烽，刘雪连，杜华华，路则庆

获奖类别：国家科学技术进步奖二等奖

成果简介：我国养猪业和饲料产业寻求安全高效的饲用抗生素替代技术迫在眉睫。针对这一重大产业问题，项目组历时 17 年，聚焦机体免疫和肠道健康，研发了猪健康养殖饲用抗生素替代关键技术与原创性产品，并开展了技术集成和推广应用。

（1）创建了基于内源抗菌肽表达的猪健康养殖营养调控技术。系统揭示了抗菌肽的抑菌效果与机制、免疫调控和体内表达规律，发现了抗菌肽在猪先天免疫中的重要作用，率先提出了营养调控内源抗菌肽表达以改善机体健康的思路，创建了以乳铁蛋白、丁酸钠、富硒多糖、有机铁和锌为核心的促进猪内源抗菌肽高效表达的营养调控技术。

（2）创制了替代饲用抗生素的微生物饲料添加剂及肠道微生物平衡技术。研制了高效分泌抗菌活性物质和消化酶的丁酸梭菌、地衣芽孢杆菌及抗逆性强的约氏乳杆菌，获批了农业农村部 3 个微生物饲料添加剂新产品，构建了肠道微生物菌群调控的离体模型，评价了己二烯酸等有机酸对肠道微生态的影响，研发了丁酸梭菌+地衣芽孢杆菌的互养共栖技术。

（3）研发了减少抗生素使用的肠黏膜保护因子精准控释及增效技术。探明了断奶仔猪肠黏膜屏障损伤修复的信号通路，解析了损伤修复和保护的关键调节靶点，自主研发了精准控释的丁酸钠微囊包膜技术、氧化锌天然矿物负载增效技术，实现肠黏膜屏障的重构与维护。

（4）形成了猪健康养殖的饲用抗生素替代的营养技术体系。通过猪内源抗菌肽表达、肠道菌群平衡以及肠黏膜保护的营养调控、产品创制与配套应用技术的系统研究，形成了猪健康养殖的饲用抗生素替代的营养技术

体系，为实现优质安全猪肉生产和养殖环境改善提供重要支撑。

相关成果已获浙江省科技进步奖一等奖 1 项，神农中华农业科技奖科研成果奖一等奖 1 项，中国专利优秀奖 1 项；获饲料添加剂新产品证书 3 个，制定行业标准 3 项；获国际发明专利 2 项、国家发明专利 44 项、实用新型专利 11 项；发表论文 135 篇。

项目成果形成的技术在全国近 30 个省区市 300 余家中大型饲料和生猪养殖企业推广应用，产品远销欧美、东南亚、中东等 30 多个国家和地区。本项目自实施及投产至今，应用新技术共推广猪饲料 4 980 万 t，经济效益明显，社会和生态效益突出。

动物专用新型抗菌原料药及制剂创制与应用

完成单位：华南农业大学，齐鲁动物保健品有限公司，上海高科联合生物技术研发有限公司，广东温氏大华农生物科技有限公司，天津市中升挑战生物科技有限公司，洛阳惠中兽药有限公司

完成人：刘雅红，吴连勇，黄青山，曾振灵，方炳虎，黄显会，程雪娇，孔　梅，丁焕中，张晓会

获奖类别：国家科学技术进步奖二等奖

成果简介：畜禽感染性疾病是制约我国养殖业健康发展的一大瓶颈，抗菌药物在防治此类疾病上一直起着不可替代的重要作用。但我国兽药产业技术落后，动物专用抗菌药品种匮乏。项目针对兽药产业的落后局面，通过长期的产学研合作，开展了动物专用新型抗菌原料药合成工艺和新制剂关键技术的创新，自主研制出多个新兽药并在养殖业中大规模推广应用，制定了药物的合理用药方案以减少残留和延缓耐药性。

（1）国际首创溶葡萄球菌酶的生产技术，攻克了抗菌化学原料药合成工艺中的关键技术，创建了兽用抗菌原料药物的研制平台，创制了多个新型原料药物。研制的重组溶葡萄球菌酶在国际上首次实现了产业化，获得一类新兽药证书，其核心技术在 5 个国家获得专利授权，填补了该药物在国际上的空白。创制的沃尼妙林、头孢喹肟和头孢噻呋，首次在国内获得

了三个原料药物的新兽药证书，产品质量与国外产品质量标准相当，摆脱了上述 3 种药物依赖进口的局面，满足了我国养殖业发展对新型抗菌药物的迫切需求，其中头孢喹肟和头孢噻呋在国内首家通过欧盟 EUGMP 认证及美国 FDA 审核，出口欧美。

（2）攻克了制剂研制中稳定性和长效缓释的关键技术瓶颈，创新了兽用制剂研制技术。针对开发的 4 个原料药，配套开发了兽用新制剂 6 个，并研制了 2 个新型的长效制剂，丰富了我国兽药剂型种类，为新型抗菌原料药物的临床应用提供了重要支撑。

（3）创新了药物评价技术体系，将药动学模型与耐药性特征有机结合，系统、深入评价了沃尼妙林和头孢喹肟的药理学和药动学特征。首次建立了沃尼妙林及头孢喹肟的生理药动学、群体药动学、药动学/药效学同步模型和头孢喹肟的药动—药效—突变选择窗同步模型，为合理用药方案的制定提供有效指导。

项目成果获新兽药证书 12 项，其中国家一类新兽药证书 1 项、二类新兽药证书 5 项、三类新兽药证书 2 项、四类新兽药证书 2 项、五类新兽药证书 2 项；授权专利 14 项，其中 1 件专利获得 5 个国家授权；SCI 收录论文 44 篇，获广东省科学技术奖一等奖 1 项。

该成果构建了新模型指导科学用药，开拓了兽药评价的新方向。研发的产品大规模应用，市场占有率连年保持国内领先。该项目通过技术转让、技术推广、申请专利和发表论文等多种形式，进行了项目成果的推广。项目技术均已在企业进行产业化生产。其中，5 家完成单位在 2016—2018 年，相关产品销售额超过 13 亿元。研发的头孢喹肟及制剂、头孢噻呋及制剂、沃尼妙林及制剂和溶葡萄球菌酶产品在全国各地的奶牛场、养猪场、养鸡场等养殖企业推广应用，累计治疗 1.4 亿头猪、8.3 亿羽鸡和 590 万余头奶牛。根据中国农业科学院农业经济与发展研究所的测算，项目研发的 4 种抗菌药与目前国内兽医临床常用的青霉素、泰妙菌素等药物相比，新增比较经济效益 85.18 亿元，未来 6 年还能产生 197.61 亿元的经济效益，项目每投入 1 元研制费用就为社会增加 15.91 元的年平均纯收益。

项目研发药物具有抗菌谱广、抗菌作用强、毒性低等优点，对支原体、奶牛子宫内膜炎、乳房炎及其他细菌感染性疾病等具有极佳的治疗效果，起着非常重要的作用，取代部分低效、耐药性严重和残留毒性较大的兽药品种，减少畜禽死亡和兽药残留，给养殖业带来巨大的经济效益，并对环境产生良好的生态效益。研发的奶牛乳房注入剂和溶葡萄球菌酶产品，在奶牛乳房炎、慢性子宫内膜炎的疾病治疗上有显著效果，很好地解决了奶牛中乳房炎的耐药菌和抗生素残留两大难题以及母猪子宫内膜炎难以治愈的现状，对提升牛奶品质、提供安全的优质奶和减少兽药残留对生态环境的影响均具有积极意义。

家畜养殖数字化关键技术与智能饲喂装备创制及应用

完成单位：中国农业科学院北京畜牧兽医研究所，北京农学院，江苏省农业科学院，河南南商农牧科技股份有限公司，无锡市富华科技有限责任公司，温氏食品集团股份有限公司，北京大北农科技集团股份有限公司

完成人：熊本海，蒋林树，杨　亮，胡肆农，罗清尧，罗远明，曹沛，温志芬，高华杰，郑姗姗

获奖类别：国家科学技术进步奖二等奖

成果简介：针对当初我国饲料数据数字化程度低，养分需求动态模型缺乏，养殖环境控制无序及智能设备、标识产品主要依赖进口的现状，项目率先开展家畜养殖智能化研究，旨在实现养分需求数字化及营养供给精准化，达到节本增效。通过 28 年研究与应用，实现理论与技术创新。主要科技创新及推广应用情况如下。

（1）建成系统完整的中国饲料数据库。制定 16 类饲料原料描述规范，建设与维护 78 个核心数据集，有效记录数达 32 万条；代表行业连续 28 年发布《中国饲料成分及营养价值表》；获得了 105 种单一原料及 16 类分类原料的 350 套养分估测模型，预测精度高达 93%，为畜牧行业长期提供基础性数据支撑服务。

（2）构建了家畜营养精准调控技术体系。建立了 35 套种母猪及商品猪的采食量、有效能值及蛋白质动态需求模型，47 套荷斯坦奶牛不同胎次、不同泌乳潜力及不同季节的乳成分及产量形成机理模型，为家畜智能饲喂系统研制奠定了理论基础；结合数学规划及数据库技术，开发了 21 种从单机版、网络版到移动手机版的主要家畜饲料配方决策系统，引领我国精准养殖产业技术发展。

（3）创制了主要家畜智能精准养殖装备。集成电子标识技术、传感器技术、自动控制技术、采食量动态模型及采食行为，创制了 1~4 代妊娠母猪电子饲喂站，1~3 代哺乳母猪、保育猪及肥育猪个体及小群体饲喂站，奶牛、肉牛及肉羊个体饲喂系统；创制 47 种主要家畜的精准饲喂及养殖设备，实现了家畜的精准饲喂，有效解决了剩料残余问题，形成了我国家畜智能养殖精准饲喂技术体系。

（4）创制了家畜专用 RFID 芯片、生命体征感知系统和主要畜产品溯源系统。创制的专用低频、高频 RFID 芯片获得了国际 ICAR 机构认证，并研发了 22 种不同类型的标签和阅读器，填补了国产畜禽电子标识空白，突破电子标识高成本对产业需求的制约；研制了以 RFID 为基础的母畜发情监测器、奶牛计步器及家畜测温耳标等感知系统；建立了基于 RFID 的猪肉、牛肉等畜产品全程溯源基础理论与技术体系，构建与运行了 11 个重要的肉类溯源平台。

项目获得知识产权 254 项（其中发明专利 15 项，其他专利 87 项，软件著作权 152 项）；出版专著 27 部，发表论文 196 篇（含 SCI、EI 论文 31 篇）；获国际 ICAR 检测报告 2 份，国家 NCTC 认证报告 1 份，高新技术产品认定证书 3 份，基本形成家畜智能养殖从理论到生产应用的技术体系。推广应用的饲料数据及配方技术、智能养殖设备及畜产品溯源系统等，覆盖国内 26 个省市 3 700 家企业；电子标识产品出口到 94 个国家及地区，获得国际广泛认可。技术产品与系统的应用，综合提高饲料转化率 8%~15%，降低死淘率 10% 以上，减少劳动力成本 30% 以上，提高畜产品增值 15%~50%。截至 2018 年 12 月，累计增加产值 1 285 多亿元，实现利税 94.5 亿元。由罗锡文院士、汪懋华院士等组成的专家委员会认为，成果在饲料营养数字化、标签创制及智能设备研发领域取得多项创新性成果，整体国际先进，部分国际领先。获得省部级一、二等奖 11 项，其他奖励 6 项。

饲草优质高效青贮关键技术与应用

完成单位：中国农业大学，华南农业大学，兰州大学，山西农业大

学，河北省农林科学院农业资源环境研究所，全国畜牧总站，四川高福记生物科技有限公司

完成人：杨富裕，玉　柱，张建国，徐春城，许庆方，刘忠宽，丁武蓉，徐智明，李存福，谢建将

获奖类别：国家科学技术进步奖二等奖

成果简介：大力发展草食畜牧业、做大做强民族奶业、优化升级种植结构是国家农业供给侧结构性改革、保障粮食安全和实现乡村振兴的重大战略需求。优质青贮是支撑"粮改饲"政策落地生根，破解奶牛优质饲草匮乏困境，实现 4 亿多头牛羊等草食动物高质量发展的突破口和主抓手。长期以来，我国青贮基础研究薄弱、调制技术落后、标准化体系不健全，加之区域差异大、原料种类多、进口添加剂适应性差、成本高，导致营养损失大、品质差。项目围绕青贮微生物和代谢产物演变规律、菌剂研制、技术工艺等开展系统研究，取得了重要创新性成果，极大提升了我国青贮饲料生产水平，有力促进了草食畜牧业提质增效。

（1）揭示了对青贮发酵品质和有氧稳定性起决定作用的乳酸菌、梭菌、酵母等主要微生物演替规律、好氧变质和蛋白质降解机理，为优质青贮饲料调制提供了重要理论基础。从微生物组学和代谢组学角度，系统揭示了青贮过程中促进发酵的乳酸菌、劣化品质的梭菌、引起变质的酵母等种群演替规律，发现发酵产物中含有 4-氨基丁酸等益生物质和酚酸等抑菌物质，明确了乳酸菌优选方向；探明类谷糠乳杆菌通过产生十六烷酸等抑制青贮饲料好氧变质机理；确定了 *Pichia kudriavzevii* 是导致饲草型发酵 TMR 好氧变质的主要酵母；首次明确了 5 种肽链外切酶和 4 种肽链内切酶导致蛋白质降解的作用机制。

（2）创建了以乳酸菌高效富集与定向优选、快速产酸抑制梭菌和酵母等有害微生物及蛋白质降解抑制等为核心的青贮发酵品质调控关键技术体系，有效降低了营养损失。首次研发出青贮原料田间碳氮调控富集乳酸菌技术，数量增加 100 倍以上；从原料、青贮料、土壤和动物胃肠道等分离的 6 000 余株乳酸菌株中优选出快速产酸、抑制好氧变质、促进高低温发酵等登记菌株 18 株，为菌剂开发提供了重要材料；高水分苜蓿青贮添加植物乳杆菌 L20JPL65，完全抑制梭菌，降低氨态氮 92%，有效减少了蛋白质降解；玉米青贮添加类谷糠乳杆菌 ZH1，酵母减少 99%，有氧稳定时间延长 2 倍以上。

（3）研发出具有自主知识产权的特色乳酸菌剂，制定了主推饲草青贮

调制国家和行业等标准，优化了从原料到产品的青贮生产技术和工艺，有力促进了草食畜牧业高质量发展。开发出 3 种青贮菌剂，节约成本 1/3～1/2，市场占有率 20% 以上；制定玉米、苜蓿等青贮原料和产品质量标准及评价参数；开发出含水量 75% 以上高水分苜蓿青贮和添加富含肉桂酸等果渣抑制蛋白质降解新工艺，蛋白质降解率下降 46%～55%，营养损失减少 20% 以上；研制出专用饲草型发酵 TMR 产品，奶牛产奶量和肉羊日增重分别提高 5% 和 20% 以上；成果在甘肃、安徽、河北、黑龙江、天津等地进行规模化应用。

项目获专利 20 件（发明 10 件），制定国标等标准 15 项，登记软件著作权 1 件，获批饲料添加剂生产许可证 1 个，登记菌株 18 株，开发青贮菌剂产品 3 个，发表论文 231 篇（SCI、EI 论文 66 篇），出版著作 10 部。加工优质青贮饲料 2 656 万 t，3 年新增利润 19.67 亿元。2017 年获神农中华农业科技奖一等奖。

草鱼健康养殖营养技术创新与应用

完成单位：四川农业大学，通威股份有限公司，广州市科虎生物技术研究开发中心，四川省畜牧科学研究院，四川省畜科饲料有限公司，中国水产科学研究院淡水渔业研究中心，成都美溢德生物技术有限公司

完成人：周小秋，邝声耀，冯琳，戈贤平，刘辉芬，姜维丹，米海峰，吴培，刘扬，唐凌

获奖类别：国家科学技术进步奖二等奖

成果简介：针对淡水鱼面临的产业安全、食品安全和鱼肉品质等问题，以淡水养殖量最大的草鱼为研究模型，紧紧围绕营养与"肠道、鳃、头肾、脾脏、皮肤健康和鱼肉品质"为核心，在揭示其作用及机制的基础上，创新了增强草鱼健康和改善鱼肉品质的营养和关键饲料技术并推广应用。经过 13 年研究与应用，成果整体水平达国际领先。主要成果如下。

（1）主要技术成果。①系统揭示了营养物质增强鱼"器官健康、皮肤健康"和改善"鱼肉品质"的作用及机制。系统探明了 35 种营养物质通过保证草鱼肠道、鳃、头肾、脾脏和皮肤的细胞和细胞间结构完整、抑制

细胞凋亡、缓解炎症反应、提高免疫力增强"肠道、鳃、头肾、脾脏等器官和皮肤健康"的作用及分子机制；同时揭示了营养物质通过提高肌肉胶原蛋白、风味氨基酸、保健脂肪酸含量和调控肌肉细胞结构完整性改善鱼肉"物理、风味、保健和营养品质"的作用及机制，为保证淡水鱼健康养殖、产品安全、产品品质的动态和精准营养技术创新提供了理论依据。②创新了增强草鱼"器官健康、皮肤健康"和改善"鱼肉品质"的动态和精准营养调控技术。突破国内外主要以生产性能为营养技术目标的模式，揭示了"肠道、鳃、头肾、脾脏、皮肤健康"和"鱼肉品质"关键指标可作为确定草鱼营养物质需要量的标识，确定了草鱼35种营养物质定量需要参数8套，为保证草鱼等主要淡水鱼健康养殖、产品安全和产品品质的饲料研制、标准制定提供了动态和精准营养技术支撑。③研究提出了保证草鱼"器官健康、皮肤健康"和改善"鱼肉品质"的饲料关键调控技术。突破国内外主要以生产性能为饲料关键技术目标的模式，以"肠道、鳃、头肾、脾脏、皮肤健康"和"鱼肉品质"关键指标为饲料技术目标，研究提出草鱼植物蛋白高效利用关键技术5项、饲料抗营养因子限量参数7项、功能饲料关键技术11项，为保证主要淡水鱼健康养殖、产品安全和产品品质的饲料研制、标准制定提供了关键饲料技术支撑。④研制了提高草鱼等主要淡水鱼"器官健康、皮肤健康"和改善"鱼肉品质"的系列饲料产品及其配套技术。突破国内外主要以生产性能为饲料产品技术目标的模式，以"肠道、鳃、头肾、脾脏、皮肤健康"和"鱼肉品质"关键指标为饲料产品技术目标，研制了水产专用酶解植物蛋白、姜黄素、鱼虾乐产品共4个，草鱼及混养鱼专用预混料和配合饲料产品33个、配套技术14项。

（2）证书、标准、论文和专利等。获国家新产品证书2个，制定国家和行业标准3项；获授权国家发明专利14项、实用新型专利14项；发表论文126篇，其中SCI论文93篇；著作5部。

（3）技术经济指标。技术和产品应用后发病率、死亡率、用药成本、氮磷排出分别降低73%、84%、73%、16%以上，生产成绩提高16%以上；获有机产品、无公害产品和产地证书32个。

（4）社会和经济效益。创建"三融合三突破"推广模式，成果在全国11省34个企业推广，获经济效益75.95亿元（3年），养鱼效益459.10亿元，创造了重大的社会、经济和生态效益。

《优质专用小麦生产关键技术百问百答》

完成单位：中国农业科学院作物科学研究所

完成人：赵广才，常旭虹，王德梅，杨玉双，陶志强，王艳杰，吕修涛，马少康，杨天桥，舒　薇

获奖类别：国家科学技术进步奖二等奖

成果简介：

（1）主要内容。包括基本知识、小麦品质的概念及其与栽培措施的关系、小麦高产优质实用栽培技术、麦田常见病虫草害防治技术、麦田调查记载和测定方法、主要高产优质小麦品种及其栽培技术要点 6 个部分。

（2）受众、创作手法、表现形式。主要受众是基层技术人员和广大农民群众。创作手法：根据中国小麦生产实际情况和基层农业技术人员及广大农民群众对科学种田知识的需求，注重近年科研进展和科技成果的应用普及，以促进农业生产、农民增收和社会主义新农村建设为目标，采取深入浅出、通俗易懂、图文并茂、简明实用、可操作性强的创作手法编写本书。表现形式：采用问答的形式进行编写，根据科普知识的需要和生产中存在的问题，优化集成实用栽培、植保技术，设问设答，尤其突出了小麦品质的概念的解释及其与栽培措施的关系。使深奥的科学概念表达通俗化，严谨的科技成果介绍具体化，注重通俗性、可读性、实用性和可操作性。

（3）传播知识及创新程度。采用技术问答形式对优质专用小麦生产的基础知识和关键技术进行介绍，其中基础知识部分介绍了优势蘖的新概念及其合理利用技术，解释了近年交替频发的厄尔尼诺和拉尼娜现象对中国小麦生产的影响，在同类科普书中尚属首次。简明扼要的介绍小麦品质的概念及其与栽培措施的关系，对普及小麦品质知识和认识品质栽培的重要性有重要作用，属国内同类书籍的首创。重点介绍适合不同生态区小麦高产优质的主要栽培技术，并配以必要的图解，深入浅出，简明实用，可操作性强。与小麦同类科普著作相比有重大创新。

玉米精深加工关键技术创新与应用

完成单位：吉林农业大学，山东省农业科学院作物研究所，齐齐哈尔大学，吉林天景食品有限公司，诸城兴贸玉米开发有限公司，黄龙食品工业有限公司，保龄宝生物股份有限公司

完成人：刘景圣，闵伟红，王玉华，龚魁杰，刘晓兰，郑明珠，许秀颖，蔡　丹，孙纯锐，武丽达

获奖类别：国家科学技术进步奖二等奖

成果简介：玉米作为第一大粮食作物，肩负着保障国家粮食安全和人民营养健康的重要使命。玉米精深加工在我国粮食产业经济发展中占有重要地位。但产业存在着玉米食用品质和加工品质差、难以主食化，深加工高值化和功能化关键技术缺乏，产业链延伸不充分等问题，制约了玉米高质量发展。该成果立足吉林和山东两个玉米主产区和加工集中区，在国家和地方支持下，历经 13 年产学研攻关，突破了玉米食品品质提升和主食工业化、深加工产品和副产物高值化等关键技术，为我国玉米精深加工产业持续健康发展提供了重要的理论和技术支撑。

（1）突破了鲜食玉米供应链关键技术，研发了核心装备和质量控制平台，实现了生产自动化和智能化。揭示了鲜玉米品质劣变机理，建立了鲜玉米适时择温采收和产地预冷技术与生产规范；首创了玉米果穗在线分级关键技术与装备，分级速度 8 000 穗/h，准确率≥95%。集成了无线射频等现代信息技术，创建了鲜食玉米供应链全程质量控制与追溯体系，破解了鲜食玉米加工时限短、品质不稳定和难以自动化等难题，推动了产业由劳动密集型向自动化转型升级。

（2）创建了玉米主食化加工与品质控制技术体系，实现了玉米主食工业化。揭示了淀粉和蛋白质影响玉米主食加工特性和食用品质的机理，攻克了玉米粉生物修饰、质构重组和老化控制关键技术。面团延展度提高了 3 倍，回生值降低了 72.7%。突破了玉米食用品质差、难以主食化的技术瓶颈。创制了玉米专用粉、重组米等 13 种产品，推动了食用玉米由解决温饱向满足健康需求的转变。

（3）创立了玉米淀粉绿色生产及其深加工产品加工关键技术，实现了

高值化和功能化。创建了糯玉米压力辅助复合酶法和普通玉米水/酶法两步浸泡技术，浸泡时间分别缩短了 53.2% 和 68.8%；取代了传统 SO_2 浸泡工艺。建立了物料匀散耦合低水分湿热处理技术，高效制备了 35% 含量的 RS3 型抗性淀粉和 50% 含量的慢消化淀粉；建立了复合酶一步水解和运动降温结晶技术，制备了高纯度结晶麦芽糖（97.7%）和麦芽糖醇（98.8%），加快了产业绿色高效发展步伐。

（4）突破了玉米蛋白生物转化关键技术，实现了资源高效利用。创建了玉米蛋白挤压辅助高底物浓度酶解关键技术，底物浓度高达 13.5%，开发了系列活性肽产品；利用蜜环菌深层发酵技术，制备了活性蛋白食品配料，蛋白转化率达 32.7%；创制的玉米蛋白多菌种发酵饲料，蛋白高达 48%，经生猪饲养表明，可替代 24% 大豆蛋白，为缓解饲料蛋白长期依赖进口大豆的局面开辟了新途径。

经第三方评价，总体水平达国际领先。成果在 14 家大中型企业应用，3 年新增销售收入 59.8 亿元，利润 6.0 亿元。获吉林省科技进步奖一等奖 2 项，农业部中华农业科技奖一等奖 1 项。获发明专利授权 15 件；发表论文 168 篇（SCI、EI 收录 51 篇）；制定地方标准 2 项；建成了玉米深加工国家级科研平台和全国粮食行业领军人才创新团队。为我国玉米精深加工产业技术进步做出了突出贡献。

传统特色肉制品现代化加工关键技术及产业化

完成单位：中国肉类食品综合研究中心，东北农业大学，湖南唐人神肉制品有限公司，金字火腿股份有限公司，广州皇上皇集团股份有限公司

完成人：王守伟，孔保华，乔晓玲，赵　燕，李家鹏，陈文华，臧明伍，李莹莹，施延军，宋忠祥

获奖类别：国家科学技术进步奖二等奖

成果简介：肉类产业是我国重要的基础和民生产业，产值达 1.3 万亿元。以腌腊、酱卤、发酵为代表的传统特色肉制品是千百年来民间肉品加工经验和智慧的结晶，腊肉、腊肠、金华火腿、酱牛肉、风干香肠等深受国人喜爱。但传统特色肉制品工业化进程中仍存在诸多瓶颈问题，严重制

约产业发展，主要表现为：①腌制、熏烤等产生的有害物控制薄弱；②产品品质稳定性和保真性差，风味、质构品质易劣变；③加工技术和装备效率低、能耗高、污染重。传统特色肉制品作为民族饮食文化的瑰宝，其创新发展对于满足人民日益增长的美好饮食需要具有重要意义，而工业化转型升级只能依靠自主创新。项目经过 12 年联合攻关，取得系列关键技术突破，为产业发展提供了良好科技支撑。

（1）创建传统特色肉制品安全风险快速识别、高效控制技术，攻克了安全控制技术瓶颈。阐明了传统特色肉制品加工和贮存过程关键化学、生物危害物变化规律和抑制机制，为安全控制提供理论支撑；建立了原料兽用抗生素、微生物、肉种真伪等快速检测技术，实现精准快速识别；开发了加工过程亚硝胺与生物胺"微生物发酵"阻断技术、苯并［a］芘"多级吸附过滤"减控技术，残留量显著降低；阐明了成熟过程脂质变化规律及风味前体脂肪酸对产品呈味的贡献，发现 6 种脂质氧化次级产物在氧化变质中的指示作用；完善了腌腊肉制品安全评价及控制体系并完成国家标准修订。

（2）建立了传统特色肉制品风味、质构定量调控技术，突破了工业生产"原味化"和"标准化"难题。阐明了传统特色肉制品风味和质构品质形成机理及关键控制因素，首次揭示了适度氧化修饰提高蛋白功能特性的构效机制。建立基于色泽、滋味、香气、质构和感官的数字化评价体系，奠定了标准化生产基础；研发了气味调控剂、抗氧化肽等加工辅料，创立风味、色泽"阶段定向补偿"固化技术，产品风味、色泽一致率达98%；建立"芽孢诱导杀灭—靶向抑菌"高效中温杀菌技术体系，解决了杀菌和贮藏风味和质构劣变难题，保证了传统产品"原汁原味"。

（3）创制了传统特色肉制品加工自动化配套装备及生产线，实现了节能减排和线合效益提升。创制节水型冻肉解冻、脂肪预处理、烘干成熟一体化、自然气候模拟等装备，解决了原料工业预处理与成熟精准控制难题。研制多指标近红外测定冻龄计算机视觉判定等在线监测装置，解决了安全品质实时监控难题。创新腌、腊、酱、卤、发酵等肉制品现代化生产线，实现金华火腿一季生产为四季生产，生产人员减少81.6%，显著提升了综合效益。

项目获授权国家专利 47 件（发明专利 43 件）；制（修）订国家、行业、地方标准 7 项；著作 7 部；发表论文 142 篇（SCI 论文 53 篇、EI 论文28 篇）；获省部级科技进步奖一等奖 6 项。项目推动传统特色肉制品向现代化、标准化加工方式转变，成果推广到全国 30 余家肉制品加工企业，主要应用企业 3 年新增销售额 878 亿元，利润 10.1 亿元。经中国轻工业联合会组织专家鉴定，项目技术达到国际领先水平，经济和社会效益显著。

柑橘绿色加工与副产物
高值利用产业化关键技术

完成单位：湖南省农业科学院，烟台安德利果胶股份有限公司，湖南熙可食品有限公司，东莞波顿香料有限公司，湖南大学，绵阳迪澳药业有限公司，辣妹子食品股份有限公司

完成人：单 杨，李高阳，付复华，苏东林，汪秋安，曲昆生，张菊华，刘 伟，丁胜华，沈凡超

获奖类别：国家科学技术进步奖二等奖

成果简介：柑橘是世界第一大水果，我国柑橘面积与产量均居世界第一，在推动食品出口贸易、提升国际市场地位、解决"三农"问题与精准扶贫等方面发挥重要作用。但我国柑橘加工存在传统工艺耗水量大且产生大量碱废水，副产物综合利用率低、高值化产品少，加工原料供应期短导致企业不能周年生产等瓶颈问题，严重制约产业可持续发展。在国家 863、自科基金和科技支撑等项目支持下，经 13 年联合攻关，实现技术、装备和产品创新并产业化，取得重大突破。

（1）发明柑橘酶法取代碱法脱囊衣新技术及配套装备，率先建成酶法工业化生产线，实现绿色加工。定向选育 3 株产降解橘皮与囊衣专用酶的优良菌株，完成了全基因组测序和安全性评价，突破高密度液态发酵产酶技术瓶颈，实现了专用酶的高效制备。发明酶法去皮脱囊衣新技术及配套装备，解析了复合酶协同水解机制，构建酶解动力学模型，通过优化协调控制，确保 1 h 快速精准脱囊衣，实现不同柑橘原料的同线、同标和清洁生产，填补了国内空白。研发了罐头等产品加工节水工艺、软件和装备，建立了适量用水、分类用水和循环用水技术模式，实现工序用水智能调控，吨产品耗水量降低 40% 以上。

（2）创建柑橘副产物综合利用技术体系，研发果胶、类黄酮、香精油

等系列高品质产品，实现高值化全利用。突破柑橘果胶高效制备与改性产业化关键技术，建成亚洲规模最大（年产 3 000 t）柑橘果胶生产线，研制酰胺化果胶等高值产品。建立柑橘类黄酮分离纯化技术，完成结构鉴定与生物活性评价，解析了抗氧化活性构效关系；创建橙皮苷/柚皮苷结构修饰方法，国内率先建成年产 20 t 多甲氧基黄酮和 30 t 圣草次苷生产线。建立柑橘香精油特征组分指纹图谱，研创组合式提取与脱萜纯化技术，创制了高品质可控缓释微胶囊粉末香精。

（3）集成创新柑橘加工原料绿色贮（冻）藏技术及配套设施，解决原料季节性供应问题，实现周年生产。研究不同贮藏条件对柑橘品质的影响，突破调控呼吸强度、水分蒸腾、酶与糖酸代谢等技术难点，构建了"产地预冷+热激处理+臭氧熏蒸+智能分级+低温贮藏"技术模式，为国家惠民工程"柑橘贮藏保鲜设施及技术"提供科技支撑，贮藏期延长 2~4个月。发明柑橘速冻和动态流槽微波解冻技术，率先建成国内规模最大（7t/h）柑橘工业化速冻线，加工原料供应期从 4~6 个月延长到 12 个月，解决了企业季节性停产的问题。

项目获湖南省技术发明奖一等奖、湖南省科技进步奖一等奖和中国罐头工业创新大奖各 1 项；出版专著 3 部（Elsevier 出版社英文图书 2 部），发表论文 73 篇（SCI 收录 33 篇），制定出口欧美日食品标准并获技术认证 7 项，获授权发明专利 21 件。经中国轻工业联合会鉴定：总体技术达到国际领先水平。成果在湖南、山东、四川、广东、浙江等省应用，3 年主要应用单位新增销售额 37.83 亿元，新增利润 2.42 亿元，出口创汇 2.35 亿美元；2013—2017 年新建贮藏设施 8 733 座，带动了 6.5 万农民增收；重点应用企业被国家工信部认定为"国家绿色工厂"。项目取得显著的经济、社会和生态效益。

功能性乳酸菌靶向筛选及产业化应用关键技术

完成单位：浙江工商大学，中国农业大学，浙江大学，杭州娃哈哈集团有限公司，浙江一鸣食品股份有限公司，哈尔滨美华生物技术股份有限

公司，杭州新希望双峰乳业有限公司

完成人：顾　青，何国庆，李平兰，李言郡，郦　萍，朱立科，阮晖，陈　波，赵广生，林枫翔

获奖类别：国家科学技术进步奖二等奖

成果简介：乳制品包含鲜奶、发酵乳制品（酸奶、奶酪、发酵乳酸菌饮料）、奶油、炼乳、风味乳饮料等。功能性发酵乳制品因其具有特殊的营养健康功能备受青睐，是未来乳制品产业的重要组成部分。乳酸菌菌种是发酵乳制品制造的关键和核心。目前，国内生产企业所采用的乳酸菌菌种几乎全部依赖进口。我国乳酸菌资源十分丰富，但系统性研究和开发起步较晚，特别是针对菌种资源功能挖掘和作用机制研究尚不充分，制约了功能性发酵乳制品的产业化进程。在国家 863 计划、国家国际科技合作专项、国家基金等项目支持下，经过 10 余年产学研联合攻关，从浙江、甘肃、新疆、西藏等 13 个省和自治区的传统发酵乳制品、发酵果蔬、发酵肉制品、新生婴儿粪便等 2 000 余份样品中采集分离和鉴定保藏了 8 个属、25 个种共 3 086 株乳酸菌。并针对中国人群营养健康特征开展功能性乳酸菌靶向筛选，突破了产业化生产关键技术，构建了高活性乳酸菌发酵菌剂生产体系，成功开发出具有功能特征的发酵乳制品。主要创新如下。

（1）创建了功能性乳酸菌精准筛选新方法，获得功能因子明确的优质菌种。以细菌素、叶酸、胞外多糖等特定代谢功能产物为靶标，率先建立了靶向精准筛选和基因解析相结合的方法，成功筛选获得产细菌素、叶酸、胞外多糖的功能性乳酸菌。其中产细菌素乳酸菌 46 株，产叶酸等 B 族维生素乳酸菌 37 株，产胞外多糖乳酸菌 15 株。

（2）首次阐明乳酸菌（产细菌素、叶酸、胞外多糖）的特定功能，并揭示其功能作用机制。发现新型细菌素 Plantaricin ZJ316、Plantaricin NC8 对肠道致病菌肠炎沙门氏菌等有显著抑制作用，揭示产细菌素乳酸菌通过调控宿主免疫应答、修复肠黏膜损伤、改善肠道微生态、促进短链脂肪酸合成等改善结肠炎炎症；首次发现乳酸菌所产 5-甲基四氢叶酸具有促进肠道厚壁菌门菌群的生长及丁酸合成的功能；探明动物双歧杆菌 RH 所产胞外多糖具有提高肠黏膜免疫功能。

（3）创建了功能性乳酸菌发酵菌剂及高活性发酵乳制品生产关键技术，实现功能发酵乳制品的规模化生产。建立了规模化乳酸菌发酵菌剂制备的关键技术，开发冻干菌剂智能化收集系统，实现安全洁净生产。发现了乳蛋白重要组成蛋白 β-乳球蛋白和 α-乳白蛋白对 5-甲基四氢叶酸的保

护作用，解决了 5-甲基四氢叶酸的遇热、光不稳定的难题；利用乳酸菌胞外多糖、聚葡萄糖等与酪蛋白相互作用创建了功能乳酸菌产品的稳态化技术。

该项目获发明专利 20 项，软件著作权 4 项，主编专著 5 部，发表研究论文 109 篇（其中 SCI 收录 51 篇），在 NCBI 登记注册 15 株乳酸菌全基因序列，整体技术达国际领先水平。项目成果已在杭州娃哈哈集团有限公司、浙江一鸣食品有限公司等 4 家企业实现产业化，3 年实现新增销售额 3 698 亿元，新增利润 6.45 亿元，新增税收 3.59 亿元，有力推动了乳制品发酵菌剂的国产化进程，经济和社会效益显著。部分成果获 2017 年浙江省科学技术进步奖一等奖。

防治农作物主要病虫害绿色新农药新制剂的研制及应用

完成单位：贵州大学，中国农业大学，广西田园生化股份有限公司，全国农业技术推广服务中心，农业农村部农药检定所，江苏耕耘化学有限公司

完成人：宋宝安，覃兆海，唐　静，郭　荣，李卫国，金林红，胡德禹，单炜力，杨　松，唐　卫

获奖类别：国家科学技术进步奖二等奖

成果简介：稻纵卷叶螟、螟虫、纹枯病、南方黑条矮缩病、甘蔗蔗螟、蔬菜疫病等是危害我国农作物的主要病虫害，而常规农药具有高抗性、高毒性和高环境生态风险特点，急需加快药剂创制和升级换代。随着我国农业规模经营的发展以及集约化程度的提高，急需研发绿色农药协同增效新剂型及应用技术。为此，该项目以水稻、甘蔗和蔬菜等作物的病虫害防治为目标，通过"构建绿色农药创制平台和研发绿色农药新品种与新工艺—创制绿色农药协同增效新剂型—建立作物病虫害绿色防控新模式"，历时 14 年，创立了主要农作物病虫害防治绿色新农药新制剂研制与应用技术体系，从新农药品种创制与新工艺、新剂型、新模式等方面显著提升我国农作物病虫害的防控水平。在以下三个方面取得重要创新。

（1）创建了绿色农药创制平台，获得抗植物病毒高活性先导化合物10个；阐明了香草硫缩病醚、阿魏酸类、氨基膦酸酯等药剂抗病毒病的作用机制；揭示了吗啉类药剂抑制病菌线粒体呼吸链的作用机理，研发出绿色农药新品种与新工艺。以天然活性物质为基础，率先设计合成并发现抗植物病毒高活性先导化合物10个，创制出香草硫缩病醚等；基于病毒与植物寄主的重要功能基因和蛋白，阐明了香草硫缩病醚和F27等药剂抗病毒病的作用机制；以商品药剂烯酰吗啉为先导，创制出具有优异抑菌活性、低毒低残留的新农药丁吡吗啉，并阐明了其抑制线粒体呼吸链的作用机制，研发出新农药丁吡吗啉绿色生产新工艺，突破了长期以来绿色农药创制平台缺乏、绿色药剂不足的关键瓶颈。

（2）创制出绿色农药协同增效新剂型，研制的噻虫胺颗粒剂销售量居全国同类产品第一位，航空药剂市场居全国前列。针对甘蔗虫害危害严重，研发出噻虫胺和噻虫嗪等微胶囊缓释颗粒剂新剂型；针对航空植保药剂匮乏，系统研创出适用于航空植保的1%甲氨基阿维菌素苯甲酸盐和5%嘧菌酯超低容量制剂及技术等；经中国农药工业协会统计，该成果肥料载体的颗粒剂市场份额已超过同类产品60%，航空药剂市场份额已超过10%，居全国市场前列，为实现长期和高效防控作物病虫害提供了核心产品。

（3）建立作物病虫害绿色防控新模式，提高了农作物病虫害防控能力和科学防病治虫水平，有效推进了农药减量控害。以创制新农药、高工效制剂、航空植保等为核心技术，集成了稻纵卷叶螟、南方黑条矮缩病、纹枯病、甘蔗螟虫、蔬菜疫病等主要病虫害综合防控技术模式，作物增产5%~10%，平均减少用药20%以上。

该成果已在企业实现产业化生产，3年实现销售收入9.74亿元，新增利润1.29亿元；3年新农药和制剂在13省累计推广应用4 127万亩，农业增收17.16亿元。获农药新产品登记8项；制定国家、行业和地方标准5项；获国家发明专利96项；发表论文77篇，其中包括影响因子大于10的 *J. Am. Soc. Chem* 等顶尖期刊在内的SCI收录论文50篇，出版著作2部；成果显著推动了我国农药行业的科技进步与农业产业健康发展，获省级和行业协会科技进步奖一等奖2项。

黑土地玉米长期连作肥力退化机理与可持续利用技术创建及应用

完成单位：吉林省农业科学院，吉林农业大学，中国农业大学，中国科学院东北地理与农业生态研究所，辽宁省农业科学院，黑龙江省农业科学院齐齐哈尔分院

完成人：王立春，赵兰坡，边少锋，任　军，王　琦，王鸿斌，朱平，宋凤斌，安景文，王俊河

获奖类别：国家科学技术进步奖二等奖

成果简介：黑土是最宝贵的土壤资源，世界上仅三大块，分布在乌克兰、密西西比河流域和中国东北。国外两大黑土区不存在粮食生产压力，而东北黑土区对保障我国粮食安全的作用无可替代。每形成 1cm 黑土层约需 300 年，破坏后难以恢复，但我国玉米长期连作"重用轻养"，有机质量减质退、耕层结构日趋劣化、土壤水肥保供能力急剧下降，退化严重，黑土保护迫在眉睫。发达国家轮耕休闲技术无疑是黑土持续利用的有效途径，但不适于我国必须保证粮食持续增产、农民不断增收的基本国情。本项目基于 35 年长期定位试验平台，开展了黑土肥力演变规律利用技术研究，创建了退化黑土地提质增效技术模式，并在生产中大面积应用，取得了显著的经济、社会、生态效益。创新成果如下。

（1）采用世界独有的 35 年 315 个点次的黑土长期定位试验，率先揭示了黑土活性有机质量减质退的演变规律，优化施肥使有机质组分与结构趋于年轻化和简单化，确定了不同施肥制度下的土壤有机碳平衡点；发现了退化黑土养分失衡呈现典型两段式变化规律；揭示了连续不合理单施化肥是导致土壤酸化的主要原因，土壤表观氮平衡增加驱动土壤净酸添加速率正向发展；明确了土壤耕层结构劣化的基本特征；构建了黑土区土壤肥力评价指标体系，为黑土保护与利用提供了科学依据。

（2）创立了寒区秸秆多元化还田、生物耦合土壤快速增碳提质技术。构建了玉米秸秆立茬覆盖"三三"还田技术，土壤有机质年均提高 0.2 g/kg 左右；"机收粉碎—喷施腐解剂—深翻整地—平播重镇压"秸秆全量还田技术，土壤蓄水保墒能力提高 10% 以上，保苗率达 95% 以上，20 年间有

机质提高 12.4%。破解了寒区秸秆还田腐解慢、耕种质量差的难题，实现了黑土核心质量的跨越式提升。

（3）形成了黑土高强度利用综合管理提升提质增效关键技术，优化了有机无机互促式增碳控酸技术，活性有机碳数量显著增加，有效阻控了土壤酸化。研制出高秆作物喷药施肥机，实现了中后期精准追肥；发明了自身抗解能力强、协同作用高的氮素损失控制剂，用于生产新型长效肥，肥效期延长了 50 天以上，显著提高了氮肥利用率。创新了"苗带紧、行间松，表层紧、耕层松"合理耕层构建技术，改善了耕层结构性功能，并研制出配套机具，制定了技术规范。

（4）创建了黑土、黑钙土和暗棕壤可持续利用技术模式，化肥偏生产力提高 17.5%～20.0%，水分利用效率提高 13.4%～19.5%，玉米增产 13.3%～19.3%。实现了粮食增产、农民增收和黑土提质增效永续利用的协调统一。

本项目整体达国际先进水平，其中胡敏酸结构特征与土壤酸化机制等方面的研究达国际领先水平。本项成果在东北三省大面积应用，3 年累计推广 13 626.60 万亩，增产玉米 424.65 万 t，增收 59.45 亿元。获授权专利 28 项，其中发明专利 10 项、实用新型 18 项；制定地方标准 6 项；发表论文 187 篇（SCI 收录 31 篇），出版专著 3 部；获吉林省科技进步奖一等奖 2 项。

植物源油脂包膜肥控释关键技术创建与应用

完成单位：华南农业大学，五洲丰农业科技有限公司，施可丰化工股份有限公司，吉林农业大学，中国热带农业科学院南亚热带作物研究所，华中农业大学，全国农业技术推广服务中心

完成人：樊小林，王学江，解永军，高　强，谢江辉，刘　芳，张立丹，孟远夺，鲁剑巍，刘海林

获奖类别：国家科学技术进步奖二等奖

成果简介：我国在保障粮食安全的过程中施用了世界 1/3 的化肥，大量施用使化肥利用率低、损失多，导致污染严重等国家生态环境安全问

题。包膜肥因包膜层能防止肥料迅速溶解而损失，是公认利用率高、环境友好的控释肥。然而我国包膜肥领域存在：①膜材难降解、释放不可控；②包膜效率低、综合成本高；③养分供需不吻合、推广难等问题。为此项目经过 20 年联合攻关，取得如下科技创新。

（1）创制植物源油脂包膜材料，创建致孔和复式包膜控释技术，实现了膜材易降解、养分释放可调控。探明蓖麻油和大豆油兼具可降解和成膜防止肥料迅速溶解的性能，采用接枝共聚，创制了植物源油脂（简称植物油）包膜材料。发现淀粉、碳酸镁等与植物油具有共混聚合镶嵌的特性，以其为致孔剂，发明了有机、无机致孔控释技术，通过致孔剂的用量有效调控养分的释放量。膜材中致孔剂每增减 1%，释放率增减 6%~28%。揭示了膜层结构与养分释放的关系，创建了复式包膜控释技术，通过改变膜层结构调控释放曲线为抛物线、类直线和 S 形，分别满足生育期短、中、长作物的养分需求，实现针对不同作物的养分调控。

（2）创建修饰、增韧和无溶剂包膜工艺，提高了流化床包膜效率；发明自动化和连续化包膜工艺，实现包膜智能化、连续化、高效化、无害化，降低了综合成本。创建肥料表面修饰、膜材增韧、无溶剂表面反应包膜新工艺，实现肥料表面光滑、包膜完整、包膜无污染、膜材用量少，包膜成本低。集成新工艺和复式包膜及致孔控释技术，优化了传统流化床包膜工艺，提高了包膜效率。创制自动化和连续化包膜设备和工艺，利用余热预热肥料，节约能耗、缩短包膜时间、提高包膜效率。采用连续化工艺包膜的效率是流化床包膜效率的 6 倍、节能 50%、膜材减少 12%~16%，每吨包膜肥综合成本降低了 270~307 元。

（3）建立针对靶标—作物专用—同步营养的包膜肥有效施用模式，创建同步营养肥技术，实现了养分供需吻合、肥料利用率高和包膜肥的大面积应用。创建供应氮磷钾数量、比例、供肥期和供肥模式与作物需求吻合的同步营养肥配制技术，以作物为靶标，根据其营养特性研制和推广专用同步营养肥，解决了包膜肥、常规化肥养分供应和作物需求均不吻合的问题。

玉米、香蕉等作物专用同步营养肥已纳入农业农村部测土配方施肥和国家香蕉产业技术体系主推产品，覆盖我国玉米主产区和 90% 的香蕉产区，实现了包膜控释肥大面积应用，减肥 15%~30%，增产 5%~31%，氮肥利用率平均提高 10 个百分点，省工 50% 以上。3 年推广 5 240 万亩，企业增收 3.09 亿元，农业节支增收 39.82 亿元，经济效益和社会效益显著。

项目获发明专利 27 件，实用新型专利 5 件，制定化工行业标准、省级地方标准和企业标准各 1 项，登记新产品 139 个，其中包膜肥获得我国第一个缓释肥料正式产品登记证；发表论文 113 篇，总他引 2 538 次，单篇最高他引 628 次，成果达到国际领先水平。获广东省科学技术奖、教育部科技进步奖、神农中华农业科技奖、大北农科技创新奖、中国工商联科技进步奖一等奖 5 项。技术被 9 个企业转化应用，转化率居全国同类第一，包膜肥远销国外，引领了包膜肥产业发展。

花生抗逆高产关键技术创新与应用

完成单位：山东省农业科学院，青岛农业大学，山东农业大学，湖南农业大学，史丹利农业集团股份有限公司，青岛万农达花生机械有限公司

完成人：万书波，张智猛，李新国，李　林，吴正锋，郭　峰，张佳蕾，李向东，王铭伦，杨莎

获奖类别：国家科学技术进步奖二等奖

成果简介：花生对保障国家油脂安全具有举足轻重的作用。旱、涝、酸化、盐碱等非生物逆境和传统穴播两粒或多粒种植引起的生物逆境，成为制约花生单产突破的瓶颈。历经 18 年攻关研究，在抗逆栽培理论及关键技术方面取得重大突破。

（1）阐明了活性氧伤害是非生物逆境胁迫共性机理，揭示了钙信号途径调控抗逆性和荚果发育的分子机制，创建了钙肥调控技术。探明通过钙调素途径调控叶黄素循环等光保护机制，降低过剩能量积累和丙二醛含量。发现钙调素与多胺合成途径互作调控花生抗逆的分子机制，钙离子信号途径和激素途径共同调控荚果发育。创建了钙肥调控技术，饱果率提高 16.5%，研发出专用肥 3 种。

（2）探明了单粒精播增产机理，创立了单粒精播技术。单粒精播减少株间竞争，基部 10 cm 内节数增加 21 个，光合酶活性显著提高，促进光合产物积累与分配，根系活力提高促进营养元素吸收运转。群体质量优化，群体光合速率提高 17.0%，亩总果数增加 1.66 万个，经济系数提高 8.3%。创建了单粒精播技术，研发出种衣剂 3 种、单粒精播播种机 2 套。

（3）创建了覆膜"W"栽培和"三防三促"精准调控技术。创建了"W"栽培技术，产量提高 15.0%。研发出"W"栽培播种机。将传统第 13 节间化控提早到第 11 节间，防止徒长倒伏，促进光合产物运转。创建了"三防三促"技术。

（4）以单粒精播为核心技术，建立了花生抗逆高产栽培技术体系。创建了旱地、渍涝地、酸性土、盐碱地和单粒精播超高产五项高产栽培技术，实现了施肥、播种和田间管理全程精准栽培。高产攻关旱地亩产 611.3 kg、渍涝地 426.7 kg、酸性土 675.5 kg、盐碱地 548.6 kg，节种 20% 左右，单粒精播超高产创实收亩产 782.6 kg 的世界纪录。

授权专利 42 项（其中国家发明专利 26 项、国际专利 7 项），软件著作权 32 项，论文 161 篇，著作 3 部，电教片 1 部，行业/地方标准 11 项，肥料正式登记证 3 项。关键技术拥有自主知识产权并实现产业化和标准化。项目技术多年遴选为农业农村部和山东省主推技术，被科技部列为大田经济作物高效生产新技术。累计推广 13 亿亩，增产 351.6 万 t，新增利润 167.8 亿元。

重大蔬菜害虫韭蛆绿色防控关键技术创新与应用

完成单位：中国农业科学院蔬菜花卉研究所，全国农业技术推广服务中心，山东省农业科学院植物保护研究所，天津市植物保护研究所，山东农业大学，长江大学，甘肃农业大学

完成人：张友军，魏启文，于　毅，吴青君，薛明，刘　峰，魏国树，许国庆，刘长仲，史彩华

获奖类别：国家科学技术进步奖二等奖

成果简介：韭菜是人们喜食的重要蔬菜，年栽培面积 1 800 万亩次。韭蛆是危害韭菜的毁灭性害虫，年危害损失超过 100 亿元。同时，韭蛆防治引起的农残超标或"毒韭菜事件"严重制约我国农产品质量安全，是农产品质量安全领域的"头号杀手"。针对上述重大产业问题，项目组深入开展了防控理论与技术研究，取得了系列理论突破与技术创新。创制了以

"日晒高温覆膜"为核心的防治技术体系，彻底解决了韭蛆危害与韭菜质量安全问题。取得的具体创新成果如下。

（1）率先阐明了韭蛆的种类、分布及其发生危害规律，系统揭示了其种群发展的关键生物学习性。研究明确了韭蛆种类、地理分布及其遗传分化，揭示了其在不同产区的发生特点、危害规律、空间分布特征与发生节律，阐明了其交配繁殖特性、耐寒性、飞行特性，以及寄主适应性、发育条件、趋光性、趋化性等，为防治技术的开发提供了最重要的基础数据。

（2）首次探明了其周年生活史，率先揭示了种群暴发危害的机制和种群发展的关键制约因子。发现韭蛆在北纬 29°～40°的我国韭菜主产区可周年发生，适宜气候条件下主要在鳞茎周边危害，高温季节或冬季转入鳞茎内，并以 4 龄老熟幼虫在鳞茎内越冬和越夏，且没有滞育现象。发现寄主种类、寄主生育期、环境温湿度均显著影响其发生量，揭示幼虫的钻蛀特性以及厚实叶鞘与鳞茎为该害虫提供的良好温湿度环境与食物营养条件，是导致该害虫暴发危害的关键机制。揭示了温度对种群发育的影响，阐明高温是抑制其种群增长的关键制约因子。

（3）创新了关键防治技术和早期预警技术，实现了该害虫的绿色防控。利用高温致死特性，在研究膜的种类、厚度、光照强度、覆膜高度、湿度等因子对土壤 0～5cm 温度的影响，创造性地研发了"日晒高温覆膜"防治韭蛆新技术，完全不用药剂情况下达到 100%的防效，被认定为"革命性""颠覆性"害虫防治新技术，荣获农业农村部"中国农业农村十大新技术"。研发了黑板+食诱剂早期预警技术，填补了韭蛆危害无法早期预警的空白。同时，依据其生物学特性，研发了 60～80 目防虫网隔离、黑板诱杀、食诱剂诱杀、臭氧水膜下施用，以及基于抗性监测的高效安全药剂选用、使用喷淋施药等系列绿色防韭蛆新技术。

（4）创造性地提出了以"日晒高温覆膜"技术为核心，以种群预警为前提，优先使用物理措施，（精准减量施药）科学使用昆虫生长调节剂和臭氧水为重点的韭蛆绿色防控技术体系。该技术体系在我国韭菜主产区累计推广应用 1 500 万亩次，累计增收节支 97.5 亿元，示范区韭菜产品合格率从 30%提高到了 97%，使我国老百姓彻底告别了"毒韭菜"的危害，从而拯救了我国韭菜产业。

项目共发表文章 131 篇（SCI 收录 30 篇），获得国家发明专利 18 项，出版著作 2 部，经济、社会与生态效益巨大。

2019年度

茶叶中农药残留和污染物管控技术体系创建及应用

完成单位：中国农业科学院茶叶研究所，农业农村部农药检定所，浙江大学

完成人：陈宗懋，罗逢健，周　利，楼正云，郑尊涛，张新忠，赵颖，孙荷芝，杨　梅，王新茹

获奖类别：国家科学技术进步奖二等奖

成果简介：农药和污染物残留是影响我国茶叶饮用安全、出口安全和产业安全的重大问题。由于国际茶叶最大残留限量（MRLs）不合理，残留量阶段性发生严重，检测方法灵敏度低等原因，引发国内外对茶叶安全的强烈关注和担忧。项目针对 MRLs 制定的科学问题和残留量控制的技术问题，经 30 余年研究，重构 MRLs 制定的国际规范，创建农药选用使用和污染物源解析控制技术，研发检测技术和产品，构建了"MRLs 制定、残留控制、识别检测"为核心技术的管控体系，显著提高了我国茶叶质量安全水平。

（1）首次提出茶汤"有效风险量"决定原则，重构了茶叶中 MRLs 制定的国际规范，解决了 MRLs 制定的科学难点。茶叶的"饮品"属性决定了只有进入茶汤的风险物质，即"有效风险量"，才能造成健康风险。揭示了水溶解度是有效风险量的决定因素，扭转了基于干茶中的残留量制定 MRLs 的国际惯例，提出以有效风险量制定 MRLs 的原则，世界粮农组织茶叶政府间工作组认为该理念和原则解决了因过高估计残留物的摄入量造成的 MRLs 制定不科学的问题，为残留量控制技术提供了科学基准。项目制、修订国际 MRLs 标准 6 项，实现了我国农产品中国际 MRLs 限量制定零的突破，提高了茶叶 MRLs 制定的国际话语权。

（2）研发了茶园农药安全选用、合理使用和污染物源控制的残留控制技术。筛选建立"农药消解半衰期、蒸汽压、水溶解度、ADI 值和大鼠急性致死中量"5 个关键因子的农药安全量化指标和选用技术；建立施药浓度、使用次数和安全间隔期为参数的农药使用技术；揭示蒽醌等 4 种重大污染物的发生规律和污染源；研发组装了农药选用和使用技术、高风险农

药替代和禁限用措施及污染物源控制的残留量控制技术，在全国 18 个产茶省推广应用，使我国茶叶安全水平实现了从 20 世纪 80 年代 30%~40% 的超标率到近年合格率高于 97% 的跨越提升。

（3）突破现场快速检测和高通量精准检测难点，研发出农药和污染物检测技术及产品。针对茶叶基质复杂造成的检测灵敏度低和现场测定难度大的问题，研发了 TPT 固相萃取净化测定 490 种农药的高通量技术，灵敏度提高 5~10 倍。建立了新型重大污染物蒽醌的高灵敏检测方法，灵敏度达 0.01 mg/kg，填补了国内空白。研发了新烟碱类杀虫剂单克隆抗体靶向识别的可视化现场测定技术，创制了速测卡，灵敏度 0.05 mg/kg 满足国内外限量标准要求，假阳性率低于 5%，节约检测费用和时间 90% 以上，保障了茶叶产品的消费安全和出口安全。制修订国际 MRLs 标准 6 项，国内 MRLs 标准 48 项；制定 490 种农药的多残留检测和 20 种农药合理使用国家标准；授权新烟碱类农药速测技术发明专利；发表论文 51 篇，出版著作 2 部。

项目研发的检测技术在我国出入境、国家质检中心及第三方检测服务机构应用广泛。举办农药施用技术培训会和现场会上百次，项目成果近十年累计推广应用 2.74 亿亩，3 年仅在浙江省等 5 省即推广应用 2 712 万亩，创造社会经济价值 19.9 亿元，经济、社会、生态效益显著。获 2015 年中华农业科技奖一等奖和第四届茶叶学会科学技术奖特等奖。

北方玉米少免耕高速精量播种关键技术与装备

完成单位：中国农业大学，黑龙江省农业机械工程科学研究院，辽宁省农业机械化研究所，山东理工大学，河北农业大学，河北农哈哈机械集团有限公司

完成人：李洪文，张东兴，何　进，杨　丽，王庆杰，孙士明，张旭东，刁培松，张晋国，吴运涛

获奖类别：国家科学技术进步奖二等奖

成果简介：玉米是我国主要粮食作物之一，北方地区种植面积约占全

国 70%。实施玉米少免耕播种有利于改善土壤结构、提高土壤肥力、减少水土流失、节本增效、减少秸秆焚烧，是我国主推的一项可持续农业技术。生产实际中使用的玉米少免耕播种机存在秸秆清理难、精量排种单粒率低、播种质量难控制等核心技术难题，限制了技术的推广应用和效益发挥。该项目历时 12 年，创新了秸秆高效清理、高速条件下单粒精量排种、播深均匀控制的玉米少免耕播种关键技术，创建了技术模式，创制了系列装备。

（1）秸秆高效清理。针对秸秆量大、相互缠绕、清理效果差、机具无法连续作业的问题，明确秸秆堵塞规律，创新"秸秆侧分移位"清理技术，创制秸秆"非同径支撑切割及移位""失衡侧滑"装置，秸秆切断率、破茬率均超过 95%，播种机秸秆堵塞导致的停机率减少 93% 以上，保障机具顺利作业。

（2）高速精量排种。针对气力、机械式排种器在高速作业条件下，排种单粒率下降的问题，探明作业速度对排种器充种、携种性能的影响机理，发明"促充种稳携种"精量排种技术，创制气力式排种器"气流与拨指扰动组合"、机械勺轮式排种器"空实分区"促充种稳携种装置，两类排种器的排种单粒率提高了 8~12 个百分点，分别达到 98% 和 90%，降低种子漏播率。

（3）全过程播种质量控制。针对秸秆覆盖、高速作业条件下少免耕播种质量整体下降的问题，揭示种沟内土壤与种子运动机理，创新开沟、投种、覆土联动的全过程播种质量控制技术，创制"匀深窄开沟""定位投种压种""塑型等量覆土镇压"装置，播种深度合格率 94% 以上，覆土厚度变异系数<7.5%，降低 6.1 个百分点，提高出苗一致性。

（4）技术模式与装备。针对不同区域技术模式不清、配套机具缺乏的问题，研究区域特点对少免耕播种的技术需求，创建华北小麦秸秆覆盖地夏玉米高效少免耕、北方春玉米节水保墒免耕、东北垄作春玉米保土培肥高效少免耕三种技术模式，平均提高水分利用效率 9%，节本增效 108 元/亩；创制 13 种配套玉米少免耕高速精量播种机。项目成果推广应用到我国 15 个省（市区）以及 11 个国家。技术装备被 9 家企业转化应用，技术优势明显，市场竞争力强，列入农机购置补贴产品范围，河北农哈哈公司连续 6 年成为全国玉米免耕播种机销量最大企业。累计销售 33.85 万台，3 年销售 9.11 万台，占全国玉米免耕播种机总销量的 23.83%，新增销售额 6.81 亿元，利税 1.2 亿元，应用面积累计 0.54 亿亩，节本增效 58.69 亿元。

授权专利 61 项，其中发明专利 47 项；发表学术论文 103 篇，其中 SCI、EI 收录 81 篇，制定相关标准 3 个。加拿大 Manitoba 大学官网的一篇文章认为该项目解决了玉米免耕播种秸秆堵塞、高速作业下粒距不均匀等问题。中国农学会组织的成果评价认为，创制的中小型玉米免耕精量播种机达到国际领先水平。获神农中华农业科技奖等省部级一等奖 2 项。

肉品风味与凝胶品质控制
关键技术研发及产业化应用

完成单位：南京农业大学，江苏雨润肉类产业集团有限公司，嘉兴艾博实业有限公司，浙江华统肉制品股份有限公司

完成人：周光宏，徐幸莲，李春保，祝义亮，章建浩，韩青荣，彭增起，朱俭军，张万刚，王虎虎

获奖类别：国家科学技术进步奖二等奖

成果简介：肉品加工业是我国农产品加工及食品行业的支柱产业，但加工技术相对落后，缺乏自主研发的关键技术及装备，如代表我国传统肉品的腌腊肉制品以风味浓郁著称，但风味形成机理不明，缺乏风味品质控制技术，导致生产周期长、脂肪氧化严重、产品盐分过高；代表肉制品加工方向的低温肉制品以质地适口为优势，但凝胶质构形成机制不明，缺乏凝胶品质控制技术，导致产品质地差、出水出油严重。该项目历时 15 年，系统研究了肉品风味与凝胶品质形成机理，研发出关键技术，创制了相关装备，建立了全程质量控制体系，突破了肉品风味与凝胶品质难以控制的技术瓶颈，显著提升了我国肉品加工科技创新能力和整体水平。主要创新如下。

（1）揭示了肉品风味形成机理，研发出"低温低盐腌制中温风干发酵高温快速成熟"关键技术，有效解决了传统腌腊肉制品风味难以控制的技术瓶颈。首次阐明了传统腌腊肉制品的主体风味形成主要取决于内源酶的作用，否定了"表面霉菌起主导作用"的传统认知，该发现揭示了中国传统腌腊肉制品浓郁风味生成的秘密；研发出基于内源酶活力调控的"低温低盐腌制—中温风干发酵—高温快速成熟"现代工艺技术，使产品盐分含量降低 50%，生产周期缩短 50%，优级产品率由 75% 提高到 97% 以上，解

决了传统腌腊肉制品生产周期长、脂肪氧化严重、产品盐分过高和风味品质难以控制等技术瓶颈。

（2）阐明了肉品凝胶形成机制，研发出"高效乳化、注射、嫩化、滚揉一体化腌制和热诱导凝胶"关键技术，有效解决了低温肉制品质地差、出水出油严重等技术难题。揭示了肌原纤维蛋白在热诱导下"肩并肩"交联形成凝胶的新机制；发现了肌肉蛋白质构象改变，使疏水基团暴露，并与脂质融合形成乳化界面蛋白膜。研发出可促进盐溶性蛋白溶出、保水性和质构增强的"高效乳化、注射—嫩化—滚揉一体化腌制"热诱导凝胶控制技术，并开发了高效复配腌制剂，使低温肉制品的蒸煮损失由13%降低至8%，质构得到显著改善。

（3）研创了可替代进口的肉品加工关键装备，构建了全程质量控制体系，支撑了我国肉品加工业的快速发展。创制了火腿自动撒盐—滚揉腌制和智能化风干发酵成熟装备，研发了高效乳化斩拌机、盐水高压雾化注射机、全自动变压滚揉设备和熏蒸煮多功能一体化装备等，有效实施了肉品风味和凝胶品质控制技术，解决了我国肉品加工装备主要依赖进口的局面。构建了以腐败菌控制为核心的肉品全程质量控制技术体系，保障了产品的质量安全。

该项目获国家发明专利31项，发表SCI论文141篇，自主研发装备8台（套），成果在雨润、华统等13家肉品加工领军企业得到产业化应用，开发新产品75种，3年实现累计销售额56.56亿元人民币，为中国肉品加工业的转型升级提供了技术支撑。成果获教育部科技进步奖一等奖2项。经同行专家评价，低温肉制品加工技术和干腌肉制品强化高温熟化技术达到国际领先水平。

水产集约化养殖精准测控关键技术与装备

完成单位：中国农业大学，北京农业信息技术研究中心，天津农学院，山东省农业科学院科技信息研究所，莱州明波水产有限公司，江苏中农物联网科技有限公司，福建上润精密仪器有限公司

完成人：李道亮，杨信廷，陈英义，邢克智，吴华瑞，阮怀军，傅泽

田，翟介明，蒋永年，黄训松

获奖类别：国家科学技术进步奖二等奖

成果简介：水产集约化养殖实时测控关键技术与装备成果针对我国水产养殖环境复杂多变、水体富营养化程度高、国外测控产品对我国水体测量适应性差，实时测控产品"测不准、控不稳、用不长"等问题，在国家863计划、国家科技重大专项、欧盟第七框架计划项目等资助下，团队历经15年产学研联合攻关，在养殖水质实时精准测量技术与专用传感器、主要养殖品种生长调控模型和实时管理平台、水产养殖信息可靠传输技术与控制装备等方面取得了如下重大突破。

（1）发明了脉冲激励四电极溶解氧测量原理和多元水质信息自补偿、自诊断、自识别智能变送方法，实现了不同应用场景下传感器精准测量。创制了具有自主知识产权的集成度高、低成本、高稳定性、高可靠性的溶解氧、电导率、pH值、水温、水位、氨氮、浊度、叶绿素、藻蓝蛋白9种参数水产养殖专用高精度长期原位在线传感器，性能达到国外同类产品水平。同时，实现了我国水产养殖专用传感器出口首例。

（2）基于积累的126亿条规模的水产养殖信息，经过大数据分析与挖掘，创建了基于环境因子和鱼类行为实时信息融合的从孵化到养成全过程的健康养殖生长调控模型，解决了复杂环境下水质、病害早期预警及实时调控，饵料科学合理配伍及精准投喂难题。自主开发了集水质监控、精准投喂、病害诊断、质量追溯于一体的水产养殖物联网管理平台和配套手机系统平台。

（3）提出了水产集约化养殖复杂环境下低功耗、自适应无线信息传输方法，开发了系列无线采集器与控制器，创建了世界最大池塘养殖网络管控系统，实现了不同养殖方式的大规模集中连片工程化池塘实时测控，引领了我国工程化池塘实时测控发展方向。创建了世界最大规模石斑鱼陆基工厂循环水养殖系统，在国内首创了石斑鱼"南鱼北育、南鱼北养、海陆接力"养殖模式，引领了我国陆基工厂循环水养殖行业发展方向。

相关软硬件成果在江苏扬州特安、福建上润、江苏中农物联网科技等水产养殖企业进行了转化，熟化了水产养殖智能传感器、水产养殖无线测控系统、水产养殖实时管理平台等软硬件技术产品，并在江苏、天津、山东、上海等地进行了推广应用。同时，创制的水质智能传感器已走出国门，在欧洲最大循环水装备企业AKVA集团及德国IGB国家淡水养殖研究所基地、德国fraunhofer研究所、西班牙Tilamur、印度尼西亚等基地进行了技术示范应用。

国际合作科技奖

尼尔斯·克里斯蒂安·斯坦塞斯

尼尔斯·克里斯蒂安·斯坦塞斯（Nils Christian Stenseth），挪威籍，1949 年 7 月生。挪威奥斯陆大学教授，挪威科学院院士、欧洲科学院院士、美国科学院外籍院士、法国科学院外籍院士、芬兰科学院外籍院士、俄罗斯科学院外籍院士、发展中国家科学院院士。曾任挪威科学院院长、国际生物科学联合会主席。中国科学院提名。他长期致力于全球变化生态学与进化生物学研究，为世界生态学发展做出了卓越贡献，研究包括气候变化对鼠疫宿主动物种群、病原体进化的影响等。

2020 年度

国家自然科学奖

二万年以来东亚古气候变化与农耕文化发展

完成单位：中国科学院地质与地球物理研究所，中国科学院地理科学与资源研究所

完成人：吕厚远，肖举乐，杨晓燕，张健平，吴乃琴

获奖类别：国家自然科学奖二等奖

成果简介：在当前全球气候变化背景下，中国科学院战略性先导科技专项"应对气候变化的碳收支认证及相关问题"之"影响与适应任务群"主要以全新世大暖期为"相似型"，研究全球平均增温 1~2℃ 情形下的我国环境格局及其对陆地生态系统的可能影响，为人类适应提供自然背景及参照；探讨过去不同气候环境背景下人类的适应方式，揭示人类适应气候变化的规律和模式，为未来人类如何适应气候变化提供启示。

通过近 5 年的工作，在自然背景研究方面，揭示出目前的全球增温有自然变暖的周期背景，且不同尺度的增温总体有利于我国季风区降水增加，导致森林面积扩大，我国北方沙漠区收缩，陆地生态系统碳储量增加。

在人类起源与适应研究方面，获得了东亚地区现代人起源和迁徙的新证据，揭示出过去的气候变暖促进了农作物的栽培与驯化。8kaBP ~ 6kaBP，稻作和旱作农业在空间上显著扩展，农业技术的进步促使史前人类在青藏高原大规模定居。一般情况下，过去寒冷的气候条件限制了人口发展，而相对暖湿的气候有利于人口的增加和文化的发展。研究同时显示，近 70 年来我国海岸带陆地面积由于人类活动加剧而增加近 14 200 km^2。未来工作应加强高分辨率气候变化历史的定量重建，加强气候—环

境—人类活动相互作用的机制等研究。

水稻高产与氮肥高效利用协同调控的分子基础

完成单位：中国科学院遗传与发育生物学研究所

完成人：傅向东，黄先忠，王少奎，刘　倩

获奖类别：国家自然科学奖二等奖

成果简介：氮元素是有机体的必需营养成分，是蛋白质、核酸以及植物中叶绿素等有机大分子的基本组成元素。在作物生产中，氮元素是决定生物量和产量的核心因素之一。氮肥的使用为作物增产起到了巨大的推动作用。但氮肥的大量施用不仅增加了农业生产成本，而且导致了包括气候变化、土壤酸化及水体富营养化等一系列环境问题。在农业生产上，过度施用氮肥还会导致作物"贪青晚熟"（开花和成熟延迟），不仅影响（双季或三季中）后茬作物的播种，而且在高纬度地区，还可能由于后期温度较低而影响作物灌浆，导致作物产量的大幅降低。提高作物氮肥利用效率，同时避免"贪青晚熟"是作物氮利用改良研究中的重大科学问题。

在植物中，豆科类等植物能够通过生物固氮将无机氮转化为有机氮供植物利用。对大多数非豆科植物而言，氮的吸收利用主要包括 3 个重要环节：通过根部细胞膜定位的转运蛋白从土壤环境中吸收转运硝酸盐、氨等无机氮，在体内将无机氮转化为可被植物利用的氨基酸等有机氮（即氮同化过程），以及将衰老组织器官中的大分子含氮有机物转化为小分子氮化合物并运送到新生组织器官中（例如种子）。科学家们过去几十年的研究对上述过程有了基本的认识，但对调控氮代谢和氮利用的分子机理了解很少。

水稻是世界上最重要的粮食作物，全球超过 1/2 的人口以稻米为主食，其中约 90%水稻在亚洲种植消费。水稻氮高效利用的分子机理研究不仅具有重大的理论价值，也是生产实践中面临的重大科学问题。对此，项目科研团队进行联合攻关，在水稻氮高效利用研究领域取得了系统性的重要成果。

（1）项目组发现籼稻品种利用硝酸盐的能力显著高于粳稻品种，并证

明编码硝酸盐转运蛋白基因 *OsNRT1.1B* 的单碱基变异是导致粳稻与籼稻间氮肥利用效率差异的重要因素之一。

（2）项目组发现水稻 *DEP1* 基因直接调控氮肥利用效率。在上述研究工作的基础上，研究团队最近在相关领域又取得了突破性进展。

（3）项目组在前期研究硝酸盐转运蛋白基因 *OsNRT1.1B* 的基础上，对其同源基因 *OsNRT1.1A* 的功能进行了进一步探索。亚细胞定位分析显示，OsNRT1.1B 主要定位于细胞膜，而 OsNRT1.1A 主要定位于液泡膜；OsNRT1.1B 受硝酸盐诱导，而 OsNRT1.1A 受铵盐诱导。进一步功能研究表明，OsNRT1.1B 主要参与水稻对外界硝酸盐刺激的初级应答反应，而 OsNRT1.1A 则参与水稻对细胞内硝酸盐及铵盐利用的调节。由于硝态氮和铵态氮是植物利用氮的两种主要形式，水稻作为水生植物，铵态氮是其主要利用方式。因而，水稻 OsNRT1.1A 的这种功能分化对其环境适应性具有重要意义。在北京、长沙及海南等多年多点的田间试验表明，OsNRT1.1A 过表达植株在高氮和低氮条件下均表现出显著的增产效果。尤其在低氮条件下，OsNRT1.1A 过表达株系小区产量以及氮利用效率最高可提高至 60%，且在高氮条件下可提早开花 2 周以上，从而有效缩短了水稻成熟时间。该研究为培育兼具高产与早熟品种，克服农业生产中高肥导致的"贪青晚熟"问题提供了解决方案，具有巨大的应用潜力。相关研究成果发表在 *Plant Cell* 上，并被作为该期的精品论文推送。

（4）项目组鉴定了一个调控氮利用效率的基因 *are1*，发现其通过调控氮利用效率提高水稻产量的遗传学机制。团队前期的工作发现，氮同化的一个关键酶谷氨酸合成酶基因的突变导致氮缺乏综合征。在后续研究中，科研人员发现 *are1* 突变可以部分抑制谷氨酸合成酶基因突变导致的氮缺乏综合征表型。分子遗传学研究发现，这种氮缺乏综合征的抑制效应是由一个高度保守基因 *are1* 的突变导致。*are1* 变异具有延缓水稻植株衰老和耐受氮饥饿的特征，在低氮肥施用条件下（约正常施氮量的 50%）具有较高的氮素利用效率，因而提高 10%~20% 的产量。对 2 155 份水稻材料基因组的分析发现，在部分 18% 籼稻品种和 48% aus（一类主要种植在南亚土壤贫瘠地区的品种）中，*are1* 启动子中都有一段小的插入片段，导致 *are1* 的表达降低，而 *are1* 表达量的降低与产量直接相关。因此，*are1* 是一个氮利用效率的重要调控基因，对减少氨肥施用和提高水稻产量具有重要应用前景。相关研究成果发表在 *Nature Communications* 上。

水稻驯化的分子机理研究

完成单位： 中国农业大学，清华大学

完成人： 孙传清，谭禄宾，朱作峰，谢道昕，付永彩

获奖类别： 国家自然科学奖二等奖

成果简介： 我国是栽培稻的起源地之一，稻作文化根深史远。以稻作文化为代表的农耕文明是中华文明重要组成部分，揭示水稻驯化的机理对传承和弘扬稻作文化具有重要的意义。亚洲栽培稻由普通野生稻驯化而来，但驯化机理一直悬而未解。我国野生稻分布广泛，其遗传多样性如何？野生稻驯化为栽培稻后遗传多样性减少，其特征是什么？在水稻驯化过程中，形态性状及生态适应性上发生了巨大的变化，其中株型改变使水稻站起来，落粒性、穗型及芒性的改变便于稻谷收获，这些改变都是水稻驯化过程中最重要的事件，也是水稻驯化初步成功的重要标志，这些重要性状变化是哪些基因变异引起的？野生稻遗传多样性丰富，但农艺性状差，如何挖掘野生稻中优异基因？自 1994 年以来，该项目组针对水稻驯化的分子机理以及野生稻优异基因的挖掘，开展了系统深入的研究，并取得了以下原创性成果。

（1）揭示了水稻驯化过程中遗传多样性演变的规律，确立了我国是普通野生稻的遗传多样性中心之一。通过分析来自中国、印度、泰国等 10 个国家的普通野生稻和栽培稻品种的遗传多样性，发现栽培稻遗传多样性显著降低，表现在其等位基因数约为野生稻的 60%，基因型种类约为野生稻的 1/2，野生稻核、线粒体及叶绿体基因组的遗传分化类型远比栽培稻复杂。还发现中国普通野生稻不仅多态位点的比率、等位基因数、基因型数及平均基因多样性均高于南亚和东南亚普通野生稻，而且核、线粒体及叶绿体基因组的遗传分化类型多于南亚和东南亚野生稻，首次证明了我国普通野生稻的遗传多样性显著高于南亚和东南亚，确立了我国是普通野生稻的遗传多样性中心之一。不仅从 DNA 水平上揭示在野生稻演化成栽培稻的过程中遗传多样性演变的规律，也为加强我国野生稻的保护、加快野生稻优异基因的鉴定与利用提供了重要依据。

（2）鉴定了控制水稻株型演变的关键基因，揭示了水稻站起来与株型改良的分子机理。株型的转变是由野生种驯化成栽培种最重要的标

志。由野生稻的匍匐生长转变为栽培稻的直立生长，是水稻驯化过程中最关键的转变之一。该项目组成功克隆了野生稻匍匐生长习性基因 *PROG1*，该基因有利变异的选择不仅使栽培稻直立生长，能够站起来，而且穗粒数增加，产量显著提高，是水稻驯化初步成功的重要标志之一。该项目组还鉴定了控制栽培稻籼粳亚种株型差异的主效基因 *TAC1*。研究成果不仅揭示了水稻站起来和株型改良的分子机制，而且对了解水稻株型的调控机理及株型育种具有重要的意义，对植物株型调控机制的研究起到了重要推动作用。

（3）鉴定了多个控制水稻穗部性状演变的关键基因，系统阐述了水稻便于收获的分子机理。穗部性状变化也是水稻驯化过程中最重要的转变之一。由野生稻的散穗、极易落粒、长芒转变为栽培稻的紧穗、不易落粒和短芒或无芒，便于稻谷的收获、贮藏，也是水稻驯化初步成功的重要标志之一。该项目组克隆了野生稻散穗基因 *OsLG1*、落粒基因 *SHA1*、芒性基因 *LABA1* 和 *GAD1*，鉴定了导致表型改变的关键变异，不仅系统阐述了水稻驯化过程中穗部性状改变变得便于收获的分子机理，而且为揭示水稻穗部性状遗传调控机理提供了重要的理论参考。

（4）构建了多套野生稻染色体片段（基因）渗入系，并鉴定了多个重要基因/QTL。普通野生稻遗传多样性丰富，蕴含具有重要应用价值的优异基因。为了克服野生稻农艺性状差，不利基因频率高，难以挖掘野生稻中优异基因的难点，项目组构建了多套以桂朝 2 号、特青、93-11 等优良栽培稻品种为遗传背景的野生稻染色体片段（基因）渗入系，鉴定了可用于改良栽培稻产量、品质、耐逆等性状的多个基因/QTL，创制了一批高产、优质、耐逆优异新种质。研究结果不仅为野生稻有利基因的鉴定和利用奠定了重要基础，也为其他作物近缘野生种优异基因的发掘提供了重要参考。

该项目组发表研究论文 50 余篇，其中 8 篇代表性论文发表在 *Nature Genetics*、*Nature Communications*、*Plant Cell*（2 篇）、*Plant Journal*、*Planta* 和 *Theoretical and Applied Genetics*（2 篇）上，论文他引 996 次，引文包括 *Nature Reviews Genetics*、*Nature Genetics*、*Plant Cell* 等领域重要期刊对相关成果进行的专评以及 *Nature*、*Nature Reviews Genetics*、*Annual Review of Plant Biology* 等专业期刊综述或研究论文。该项目还获得国家发明专利 14 项，培养了长江学者特聘教授 1 名，杰出青年基金获得者 2 人，优秀青年基金获得者 2 人，青年千人计划支持 3 人，获评全国优秀博士学位论文 2 篇。项目成果提升了我国在作物驯化和水稻遗传育种研究领域的国际影响力和竞争力。

国家技术发明奖

良种牛羊卵子高效利用快繁关键技术

完成单位：中国农业大学，内蒙古农业大学，中国农业科学院北京畜牧兽医研究所，宁波三生生物科技有限公司

完成人：田见晖，张家新，安　磊，朱化彬，翁士乔，杜卫华

获奖类别：国家技术发明奖二等奖

成果简介：畜禽良种既是畜牧业现代化的基础，也是我国畜牧业发展中亟待加强的薄弱环节。该项目针对长期困扰我国牛羊产业的良种牛羊繁殖速度慢、数量少等问题，从卵子高效利用技术入手，历时十多年潜心研究，突破卵子细胞核—细胞质同步成熟、体外胚胎发育校正、体内排卵精准控制等牛羊卵子高效利用的技术瓶颈，攻克了三十多年来困扰全球动物繁殖学和胚胎生物技术领域的科学和技术难题，打破了国外企业对关键繁殖调控药物的垄断。项目创制的新技术，实现了体外胚胎生产与精准排卵控制的标准化应用，不仅带动了我国牛羊龙头种业企业良种牛羊大规模快速扩繁，推动了我国牛羊产业健康发展。

"良种牛羊卵子高效利用快繁关键技术"主要有体外胚胎生产和体内排卵控制两个途径。自 20 世纪 80 年代以来，卵子高效利用已成为良种牛羊快繁技术竞争的焦点。然而，牛羊卵子高效利用长期面临着三大技术难题：一是卵子核成熟调控机理不清，细胞核—细胞质同步成熟技术缺乏，导致体外卵子培养质量差；二是雌性胚胎死亡原因不明，技术上无从入手；三是体内排卵数量和时间不可控，导致效率低、成本高。

在体外培养卵子成熟质量差的问题中，由于卵子体外核—质成熟不同步，是影响卵子质量的关键，也是全球胚胎生物技术领域公认的难题。为了攻克这一瓶颈，项目团队从牛羊卵子成熟调节的关键机制入手，前后历

时 8 年多，发现了卵泡颗粒细胞中天然分泌的 C 型钠肽分子，是牛羊卵子核—质同步成熟的核心调控因子，并阐明其中独特的作用通路。在此基础上，独创了"三步法"卵子核—质同步成熟新技术，解决了化学调节技术导致卵子中毒的国际难题，该技术 2018 年获得美国专利，是我国在本领域唯一授权的美国专利。

此外，针对体外胚胎发育异常，特别是雌性胚胎死亡率高的问题。这一问题自 1991 年报道以来，先后在牛、羊、猪等家畜和人类中都得到了证实，长期困扰家畜繁殖和人类辅助生殖。项目团队历时 7 年，发现由于体外培养环境缺乏维甲酸，抑制了 Rnf12-Xist 通路，使 X 染色体失活不足，导致雌性胚胎死亡。在此基础上，团队还独创了雌性胚胎早期发育维甲酸校正技术，相关机制研究和技术开发攻克了困扰动物繁殖领域近 30 年的国际难题，于 2016 年发表在 *PNAS*。

经过集中攻关，该项目已经针对青年和成年牛羊建立了系统完整的卵子高效利用技术体系，并在良种扩繁实际应用中取得了良好效果。团队还将致力于将干细胞技术、全基因组选择技术和体外胚胎技术进行整合，争取使我国在国际上率先建立颠覆性的动物干细胞育种技术体系，实现我国育种产业的引领。

水稻抗褐飞虱基因的发掘与利用

完成单位：武汉大学

完成人：何光存，陈荣智，杜　波，祝莉莉，郭建平，舒理慧

获奖类别：国家技术发明奖二等奖

成果简介：水稻是中国最重要的粮食作物之一。褐飞虱是水稻生产中危害最严重的害虫，每年发生几亿亩次。受褐飞虱危害后水稻的生长发育受阻，严重时水稻成片枯萎倒伏，严重威胁中国的粮食生产安全。培育和推广抗褐飞虱的水稻品种是褐飞虱防治与控制的最经济、最有效的方法。

在国家和省有关项目的支持下，武汉大学在野生稻抗褐飞虱基因的发掘、鉴定、克隆和利用方面开展研究，取得了一系列原创性的成果，为水稻抗褐飞虱育种提供了理论依据和可利用的材料、基因和分子标记，促进

了水稻抗虫遗传学和育种学的进步。

应用分子和细胞遗传学方法，成功获得多个野生稻与栽培稻体细胞杂种；利用双元载体 BIBAC2 构建了药用野生稻基因组文库，建立了野生稻大片段 DNA 转化水稻的方法；选育出一套 12 个在栽培稻 AA 基因组背景上附加药用野生稻 C 基因组单条染色体的异源单体附加系，为野生稻研究与利用提供了重要工具。

从野生稻转育后代中选育了有重要应用价值的材料，鉴定、定位和命名了多个重要的野生稻基因，包括抗褐飞虱基因 *Bph12*、*Bph14* 和 *Bph15*，抗白背飞虱基因 *Wbph7* 和 *Wbph8*。从而为中国的抗稻飞虱水稻育种，提供了急需的基因资源和分子标记。水稻褐飞虱是世界水稻生产中危害面积最广的害虫。在过去 40 多年中，尽管国内外科学家已定位了 20 多个抗褐飞虱的遗传位点，但均未得到克隆，水稻抗褐飞虱的分子机制也不清楚。我们以抗褐飞虱基因 *Bph14* 和 *Bph15* 为重点开展精细定位和图位法克隆研究，经过十多年的不懈努力，在国际上首次通过图位克隆法分离了水稻抗褐飞虱基因 *Bph14*。明确了 *Bph14* 编码一个螺旋-螺旋、核结合以及亮氨酸富集重复（CC-NB-LRR）蛋白。序列比较表明 BPH14 蛋白在 LRR 区具有特异性。*Bph14* 主要在维管束组织，也是褐飞虱的取食部位表达。通过杂交回交或转基因技术将 *Bph14* 导入在普通水稻品种，均可以显著提高水稻苗期和成熟期对褐飞虱的抗生性和驱避性。*Bph14* 的成功克隆奠定了中国抗褐飞虱基因研究的国际领先地位，占领了水稻抗褐飞虱育种的制高点。研究表明，*Bph14* 基因受褐飞虱取食后上调表达，激活了水杨酸信号途径，对水稻转录组、蛋白质组和代谢组产生显著的影响。分子生物学和组织细胞学研究结果表明，褐飞虱诱导水稻筛管中大量沉积胼胝质，堵塞筛管，从而降低了褐飞虱的取食、生长和存活。

首次证明褐飞虱取食诱导胼胝质积累、堵塞筛管是水稻抗褐飞虱的重要机制。已经为国内几十家水稻育种单位提供抗褐飞虱材料和分子标记。这些单位应用分子标记辅助选择技术，培育了一批抗褐飞虱水稻，有的已经通过审定在生产中应用。相关研究结果在 *PNAS*、*Plant Cell*、*Genetics* 等 SCI 收录刊物上发表论文 50 篇，国内核心刊物上发表论文 59 篇，申报发明专利 6 项，其中国际 PCT 2 项。获得省自然科学奖一等奖一项。

小麦耐热基因发掘与种质创新技术及育种利用

完成单位：中国农业大学，河北省农林科学院粮油作物研究所，湖北省农业科学院粮食作物研究所，河北婴泊种业科技有限公司

完成人：孙其信，李　辉，彭惠茹，李梅芳，倪中福，张文杰

获奖类别：国家技术发明奖二等奖

成果简介：小麦是我国第二大口粮作物。随着全球气候变暖和极端高温频发，高温胁迫已成为影响我国乃至全球小麦生产的主要非生物逆境因素之一，严重年份可导致小麦减产 1/3 以上。培育耐热品种是应对全球气候变化、确保小麦高产稳产的最有效途径，也是世界各国当前研究的焦点和难点。项目围绕小麦耐热品种培育中的种质资源筛选、基因挖掘及其育种利用等瓶颈问题，经过 28 年的持续研究，实现了从鉴定体系、基因挖掘、材料创制到耐热新品种培育的全面创新。

（1）创立了高效精确的小麦耐热性三级评价体系，筛选出 117 份有重要育种利用价值的耐热种质资源，有效地解决了耐热资源家底不清和难以准确鉴定的问题。采用细胞膜热稳定性等生理指标进行苗期室内快速筛选、通过分期播种实现对资源的田间高通量评价、借助人工升温处理进行灌浆期精准鉴定，实现了小麦耐热性鉴定的规模化、准确化和实用化。利用该体系率先完成了代表全球不同地域的 1 353 份小麦材料的耐热性评价，筛选出 117 份优异耐热小麦资源，作为耐热性遗传改良的核心亲本给国内 10 家育种单位利用。

（2）发掘了 27 个小麦耐热关键 QTL/基因，开发了 15 个紧密连锁的分子标记，驱动了小麦耐热分子育种技术的创新与发展。率先利用小麦染色体代换系对耐热基因进行了染色体定位研究，发现 3A、3B 等染色体携带耐热主效基因位点，开创了小麦耐热遗传研究的先河；采用 QTL 定位策略发掘出 15 个耐热关键 QTL，并开发了与之紧密连锁的分子标记，扭转了小麦耐热分子标记匮乏的局面；鉴定出 12 个具有耐热功能的重要基因，是国际上鉴定小麦耐热基因数量最多的实验室；首次明确了组蛋白修饰和非编码 RNA 等表观遗传调控在小麦热胁迫响应过程中发挥重要作用。

（3）建立了小麦耐热资源创新和高效利用的技术体系，培育出以'农大 5181''农大 212'为代表的一批突破性耐热高产新品种（系），取得了显著的经济和社会效益。集成了"表型精准鉴定—分子标记追踪—轮回选择聚合"耐热育种新技术体系，使育种周期缩短 3~4 年，选育效率提高 10%以上，创制出耐热性状突出、综合农艺性状优异的新种质 82 份，育成耐热高产广适小麦新品种 11 个。其中'农大 5181'先后通过北京市、国家北部冬麦区、河北省、国家黄淮旱肥地审定，表现出显著的增产效果。上述品种累计推广 6 399.7 万亩，3 年（2017—2019）累计推广 2 702.8 万亩。

项目团队在本学科主流期刊杂志上发表小麦耐热相关论文 52 篇，他引 1 121 次，获国家发明专利 12 项，审定新品种 11 个，获得国家技术发明奖二等奖和教育部技术发明奖一等奖各 1 项。

苹果优质高效育种技术创建及新品种培育与应用

完成单位：山东农业大学，蓬莱市果树工作总站，山东省果茶技术推广站

完成人：陈学森，毛志泉，王　楠，徐月华，王志刚，张宗营

获奖类别：国家技术发明奖二等奖

成果简介：苹果是我国落叶果树的第一水果，栽培面积与产量均占世界的 50%以上，年总产值达 2 100 亿元，是增加农民收入的支柱产业。项目针对特色多样化品种缺乏及主栽品种'红富士'着色等性状需要改良等问题，以新疆红肉苹果和'红富士'评价挖掘与创新利用为重点，以"高类黄酮（红肉和红皮）"为主线，历经 16 年联合攻关，形成了"理论、技术、品种和产品"的系统创新成果，包括如下 3 个发明点。

（1）创制出高类黄酮苹果优异种质'CSR6R6'，发明了以'CSR6R6'为关键杂交亲本的果树多种源品质育种法，实现了多个优良性状（基因）的快速聚合；发明了"三选两早一促"苹果育种法，即选新疆红肉苹果与红富士苹果杂交，杂交种子在温室内早播种育苗，初果期从

子一代（F1）群体筛选红脆肉株系早杂交，选留红色叶片的子二代（F2）实生苗定植于选种圃，前促后控缩童期，利用这一方法使育种年限由 20 年缩短至 15 年，育成红肉苹果新品种 6 个。

（2）发明了苹果红色芽变早期分子鉴定技术，育种年限缩短 2~3 年；育成了'红富士'苹果优质红色芽变新品种 4 个，为苹果产业优质高效发展提供了品种支撑；育成'国光'红色芽变晚熟新品种'山农红'和极早熟品种'泰山早霞'，丰富了苹果品种的多样性。育成的'龙富'及'元富红'等优质红色芽变苹果新品种，均已在我国苹果主产区广泛种植，解决了'红富士'着色差、成花难及短枝型品种易早衰的问题。

（3）发明了苹果重茬障碍绿色防控技术，为特色多样化苹果新品种推广应用提供了技术支撑；针对苹果红色芽变新品种，发明了良种、良砧与良法"三位一体"的宽行高干栽培模式及早果丰产技术，比采用原来的技术苹果树提前 2~3 年结果；针对高类黄酮（红肉）苹果新品种，发明了轻简化降成本和延长产业链增加经济效益的技术。

获专利 55 件，其中国际发明专利 1 件、国家发明专利 40 件；选育并通过审定的苹果新品种有 13 个，获得植物新品种权 7 项；发表论文 266 篇；获得山东省科技进步奖一等奖 1 项。项目成果累计在山东、陕西、山西、甘肃等 5 省推广 513.3 万亩，新增经济效益 115.9 亿元，同时取得显著的社会效益和生态效益。

包装食品杀菌与灌装高性能装备关键技术及应用

完成单位：浙江大学，杭州中亚机械股份有限公司，山东鼎泰盛食品工业装备股份有限公司，浙江大学宁波理工学院

完成人：刘东红，史　正，丁　甜，叶兴乾，姜　伟，周建伟

获奖类别：国家技术发明奖二等奖

成果简介：该项目针对我国食品杀菌和无菌灌装装备技术中存在的杀菌靶向不足、控制精度不高，热杀菌均匀性差、柔性欠缺及生产效率低下及无菌灌装容器高速杀菌、无菌保持技术缺乏等问题，阐明了热、电解

水、过氧化氢等对微生物的多靶点致死效应，发明包装容器和材料干法/湿法绿色杀菌技术，构建食品、容器、环境的高效无菌体系；突破低压到高压动态连续输送密封难题，发明多舱程序式升温、自适应累积控制等装备技术，创制高温连续杀菌装备，通过国际热力认证，突破高效无菌动态保持难题，发明高速柔性无菌灌装阀组、气幕无菌屏障等装备技术，创制系列无菌灌装成套装备。

目前成果已经广泛应用于我国植物蛋白饮料和液态乳行业龙头企业，支撑了我国乳品行业和植物蛋白饮料行业高速增长。

项目共获授权发明专利 41 件，其中美国专利 2 件，德国专利 3 件。技术新增产值 47.69 亿元，利润 5.31 亿元，出口额 8 050 万美元。同时团队牵头制订了国家标准 2 项、行业标准 1 项，参与制订国家标准 4 项，并且参与起草了 ISO/TC 313 首个包装机械国际标准。项目先后获得中国轻工业联合会、包装联合会科学技术奖一等奖。

淀粉结构精准设计及其产品创制

完成单位：江南大学，华南理工大学，嘉力丰科技股份有限公司，杭州普罗星淀粉有限公司

完成人：顾正彪，陈　玲，洪　雁，李晓玺，吴通明，王小芬

获奖类别：国家技术发明奖二等奖

成果简介："淀粉结构精准设计及其产品创制"项目以绿色可再生的淀粉资源为出发点，聚焦淀粉分子结构的精准设计，立足于调控消化性、功能因子释放性、益生性、黏接性等，创制了快消化淀粉质能量胶、高支化慢消化淀粉、洗护用品调理剂、热固性淀粉胶黏剂、直链麦芽低聚糖等新型淀粉产品，在食品、胶黏剂、洗护用品等多个领域得到了推广和应用。

该成果促进了淀粉深加工行业的发展，拓展了淀粉应用领域，提高了相应食品及工业领域的产品质量。在食品、胶黏剂、洗护用品等多个领域得到了推广和应用，大大提升了淀粉质农产品的附加值和应用领域的产品质量，推动了相关产业转型升级，满足人民美好生活的需求，助力健康中

国的建设和发展。

典型农林废弃物快速热解创制腐植酸环境材料及其应用

完成单位：中国石油大学（华东），太原理工大学，山东科技大学，中国矿业大学（北京）

完成人：田原宇，乔英云，谢克昌，杨朝合，张华伟，黄占斌

获奖类别：国家技术发明奖二等奖

成果简介：该项目针对我国年产约 13.5 亿 t 的农林废弃物缺乏大宗高值化利用技术、高达 55 亿亩退化土壤缺乏绿色修复材料的两大世界难题，首创农林废弃物自混合下行循环床快速热解制腐植酸新工艺，发明热载体分级分离与循环的液体控灰新方法、自混合下行床-脉冲提升管耦合的下行循环床快速热解装备及配套专有设备，建成全球单套规模最大的 20 万 t/年生物质快速热解装置，在国际上首次实现农林废弃物制高纯高活性生物腐植酸的工业化，引领了生物质热解技术的发展；针对不同污染退化土壤复杂体系的修复需求，将生物腐植酸通过可控化交联聚合创制系列高值靶向腐植酸环境材料，在国际上首次实现污染退化土壤的可持续修复。系列靶向腐植酸环境材料已在 20 多个省市示范和推广应用，社会和环境效益显著。中国石油大学（华东）成为与农业农村部耕地保护中心"全国净土行动"签订战略合作协议的首家高校，为推动生物质大宗清洁高效高值化利用和土壤绿色修复提供了有力的技术支撑，对我国生态文明和美丽乡村建设做出了重大贡献。

（1）首创农林废弃物制取生物腐植酸。团队技术取得了多个突破，液体收率和氧含量高，经济性好，实现了原料吃干榨净、过程无难处理的三废排放；活性官能团比现有腐植酸高 3 倍以上，成本却只有现有腐植酸的五分之一，并在国际上首次实现固体有机物快速热解的液体含灰由大于 10%降至小于 0.1%。该技术破解了我国优质矿源腐植酸资源匮乏的难题，为我国工农业生产和环境治理修复提供了优质廉价、高纯高活性腐植酸原料。

（2）首创高纯高活性生物腐植酸工业化生产。装置解决了影响生物质热解中的油中带灰、产品高含水、油气结焦堵塞和半焦载体异重返料等影响工业放大和长周期运行的十大难题，成果具有自主知识产权，达到国际领先水平。目前利用团队工艺技术的运行装备已达 5 套，相关产能占全球生物质快速热解产能的 80% 以上。

（3）首创污染退化土壤可持续修复。团队将化学工程、环境保护、农业三大主要领域知识进行"交叉融合"，用团队的生物腐植酸创制了重金属污染土壤修复剂、盐碱地改良剂、可降解腐植酸地膜等系列高值靶向腐植酸环境材料，攻克了污染退化土壤可持续修复的世界性难题。首次提出盐碱地生物腐植酸治理、生态可持续改良的新方法，从源头解决了土壤盐碱化难题，土壤团粒量提高 ≥130%、生物活性提高 ≥30%，实现当年改当年种当年收益，成本不到其他成熟技术的 30%。

"农林废弃物快速热解创制腐植酸环境材料及其应用"项目授权发明专利 38 件，其中美国专利 7 件，涵盖工艺、核心装备和腐植酸环境材料，形成核心专利保护池，总体技术处于国际领先水平。

项目系列产品已在山东、吉林和甘肃等 20 多个省区市示范和推广应用。3 年仅其中 2 家企业新增产值就达 3.95 亿元和增收节支 38.3 亿元以上，社会和环境效益显著。

项目系列成果获山东省、中国石化联合会等一等奖 4 项，中国技术市场协会金桥奖 1 项，发表论文 47 篇、出版专著 1 本，起草行业/团体标准（意见征求稿）5 项。项目目前正在紧锣密鼓地进行装置及产品质量标准化建设、人员培训和技术推广应用等方面的工作。

国家科学技术进步奖

玉米优异种质资源规模化发掘与创新利用

完成单位：中国农业科学院作物科学研究所，四川省农业科学院作物研究所，黑龙江省农业科学院玉米研究所，新疆农业科学院粮食作物研究所，重庆市农业科学院，河南省农业科学院粮食作物研究所，广西壮族自治区农业科学院玉米研究所

完成人：王天宇，黎　裕，杨俊品，扈光辉，刘　成，王晓鸣，杨　华，王振华，程伟东，李永祥

获奖类别：国家科学技术进步奖二等奖

成果简介：针对我国玉米种质资源多样性匮乏、育种利用种质遗传基础狭窄及研用衔接不紧密等突出问题，项目研究团队面向东北、黄淮海和西南三大主产区玉米育种和产业发展需求，20 多年来，在拓展我国玉米种质资源基础上，以抗病、抗旱、配合力等重要育种性状为抓手，攻克规模化鉴定评价技术难题，实现抗病抗旱性状的规模化鉴定发掘，并在创新利用等方面取得突破，产生显著社会、经济和生态效益。

（1）夯实玉米种质资源材料基础。为了收集到更多样的玉米种质资源，团队蹲点到云南、广西等地玉米种质资源"富集区""特色点"考察收集；针对有价值玉米种质资源收集困难的局面，还建立了"项目带动入库""荣誉证书""瑞士银行制"等措施，从全国范围内征集代表性材料；与此同时，从美洲、欧洲、东南亚等国家引进不同类型的玉米种质资源。经过多年努力和积累，使我国玉米种质资源保存数量增加了 110%，地方品种种族增加到 146 个，国外种质资源占比从 12% 提高到 28%，极大地丰富了我国库存玉米种质资源，实现了量与质的同步提升，不仅为我国玉米

育种与产业可持续发展扩充了战略储备，也为优异种质资源发掘及育种利用奠定了扎实的材料基础。

（2）为上万份玉米打上"专属标签"。针对育种上急需具有抗病、抗旱、高配合力种质资源的重大需求，项目团队攻克了抗病、抗旱等 6 项精准鉴定技术，极大地提升了鉴定结果的准确性，在此基础上搭建了规模化精准鉴定平台，大幅提高了资源鉴定效率。项目团队建立了"病窝子"自然发病初鉴和人工精准评价相结合的玉米主要病害规模化鉴定技术，使抗病鉴定能力提高 10 倍以上，在新疆、甘肃、内蒙古搭建的玉米抗旱鉴定平台年鉴定能力较 20 年前提升了约 20 倍。创建杂种优势类群分子划分新技术，使获得鉴定资源类群结果时间由一年缩短至 15 天，搭建玉米杂种优势类群划分和配合力规模化鉴定平台，填补了 11 137 份资源的杂种优势类群信息空白。项目团队在玉米田中观察、记录、标记目标性状，从 13 875 份资源中规模化发掘出杂种优势类群明确的抗病抗旱资源 186 份，为育种利用奠定了坚实的基础。

（3）高效创制玉米育种利用新材料。除了对玉米种质资源的表型性状进行"精"挑细选，该项目还利用分子手段对资源进行基因型鉴定，构建了玉米超高密度遗传图谱，从筛选出的优异资源中，挖掘产量、抗旱和抗病等相关主效 QTLs/分子标记 78 个，克隆基因 7 个，发掘杂种优势类群特征分子标记 308 个。为更高效的创制育种生产上急需的玉米新材料，团队提出了进行玉米规模化导入选择和抗病抗旱穿梭改良的新方法。以筛选出的优异资源为供体、骨干自交系为轮回亲本，获得含供体 12.5% 和 25% 的导入系 6 200 个，通过在新疆、甘肃、北京、海南等地试验，筛选出抗旱、抗病导入系 13 份，经分发共享，以此为基础材料育成品种 16 个。经抗病抗旱穿梭育成的 XP6 群体抗旱性强，且兼抗小斑病和茎腐病，以其为基础育成品种 6 个。通过构建抗旱抗病种质穿梭改良、导入系种质创新、多亲本复合杂交、分子标记辅助选择等方法融合的高效种质创新技术体系，创制出杂种优势类群明确、目标性状突出的新种质 46 份，为可持续育种提供了优良的亲本来源。

（4）生产利用分发共享，推动玉米绿色发展。项目创建"技术、材料、信息三位一体"的玉米种质资源高效共享利用体系，让优异种质资源为全国同行所知所用。

自 2005 年开始，团队率先举办全国性的优异玉米种质资源田间展示，让育种家"看得见、摸得着、可追溯"，迄今已无偿向全国科研育种教学单位及种子企业等分发共享玉米种质资源 3 万份次以上，在提供育种利用的同时，还支撑科研、教学工作，推动玉米学科整体进步。

项目构建了定向组配和定向选择相结合的玉米生态育种模式，利用创新种质育成抗病抗旱高产新品种 22 个，其中 18 个品种抗病性突出、8 个抗旱性强，17 个区试产量超对照 8% 以上，3 个被选为区试对照。截至 2016 年底，该项目培育品种已应用 1.9 亿亩。另据不完全统计，外单位利用项目提供的优异种质资源育成新品种 94 个，累计应用 3.8 亿亩。这些抗病抗旱高产新品种在生产中的利用，节约了农药和水资源用量，在推动玉米绿色发展中迈出了可喜的一步，取得显著经济、社会和生态效益。

高产优质、多抗广适玉米品种京科 968 的培育与应用

完成单位：北京市农林科学院

完成人：赵久然，王元东，邢锦丰，王荣焕，刘春阁，宋 伟，张华生，杨国航，陈传永，徐田军

获奖类别：国家科学技术进步奖二等奖

成果简介：玉米是我国当前种植面积最大、总产量最高粮食作物。对国家粮食安全尤其是饲料粮安全至关重要，被称作"饲料之王"。同时，玉米作为种业市值最高作物，一直是国际种业巨头的主要竞争焦点。针对我国玉米育种中存在的模仿育种、杂优模式单一、同质化严重等问题，以及生产上节本增效、绿色发展对品种的更高需求，亟须创新核心种质及杂优模式，培育符合绿色增产需求并可与国外品种抗衡的高产优质、多抗广适突破性品种。

项目确立将黄改群种质"多抗广适"与国外优新种质"高产优质"相结合的组配思路，确定 3 个黄改群骨干自交系京 24、昌 7-2、Lx9801 为测验种，分别对经表型精准鉴定的多个外引杂交种新材料进行配合力测试，鉴选出与黄改系有强优势并具有高产优质综合性状的优新种质材料 X1132x，通过混合授粉构建母本选系基础群体。同时，利用上述 3 个黄改群自交系杂交（京 24×昌 7-2×Lx9801）构建父本选系基础群体。利用

"高大严"玉米自交系选育新方法，选育优良玉米自交系和培育重大玉米品种。

创制选育出京 724 等 20 个母本自交系，具有配合力高，自身产量高（穗粒重≥150 g、穗粒数≥500 粒）、品质优良（出籽率≥88%、容重≥750 g/L）等综合优点，以及京 92 等 6 个适应性广、抗逆性强、散粉性好（雄穗分枝数≥10 个，花粉量大，散粉持续期≥7 天）的优良父本自交系；进一步经系谱溯源、分子鉴定、群体结构遗传分析等表明，选自 X1132x 基础群体的京 724、京 725、京 464 等系列自交系之间遗传距离较近，而与黄改群等其他已明确的 7 个类群遗传距离均较远，独立成为一个新的核心种质群——X 群；主成分分析和配合力测定等探明，京 724 等 X 群自交系与京 92 等黄改群自交系遗传距离最远、杂种优势最强（超亲优势均值 93.92%），创新形成"X 群×黄改群"杂优模式，并与郑单 958、先玉 335 等所代表的已有主要杂优模式均不同；利用该杂优模式选育出京科 968 等系列强优势杂交种 30 多个，其中突破性品种京科 968 集"高产优质、多抗广适、易制种"于一体，成为当前我国主导大品种，连续 4 年种植面积超过 2 000 万亩；同时创制出不育性彻底且稳定的 S 型雄性不育新种质和骨干亲本不育系，并通过研发建立京科 968 雄性不育三系配套杂交制种、优质高产种子生产及绿色高产栽培技术体系，全面实现单粒精播和良种良法配套；建立京科 968 玉米新品种研发"1+N"科企联合体，实施联合体科企合作，产学研结合、育繁推一体化，加快玉米新品种产业化开发和大面积推广速度。

项目针对我国玉米育种和产业迫切需求，经多年系统研究，创新玉米育种方法、核心种质和杂优模式等，培育出系列优良自交系和重大品种京科 968 等，实现京科 968 累计推广超 1 亿亩。被农业部和多省区市连续多年推荐为主导品种，并被授予"百姓欢迎的玉米品种第一名"等荣誉。

超高产专用早籼稻品种中嘉早 17 等的选育与应用

完成单位：中国水稻研究所，嘉兴市农业科学研究院

完成人：胡培松，唐绍清，杨尧城，焦桂爱，罗　炬，谢黎虹，邵高能，魏祥进，圣忠华，蔡金洋

获奖类别：国家科学技术进步奖二等奖

成果简介：早稻约占我国水稻总产的 16%～18%，是我国重要的战略储备粮源，对保障我国粮食安全意义重大。长江中下游早稻约占全国早稻产量的 70%，但该区域早稻生产存在苗期低温冷害烂秧、生长期短难创高产、高温逼熟品质差等三大突出技术难题，导致该区域早稻生产效益低、波动大、农民种粮积极性不高。米粉作为我国南方传统美食，深受消费者喜爱，并远销欧美及东南亚各国，但长期以来，市场上缺乏优质的专用米粉稻品种。项目针对早稻产业存在的技术难题和社会消费需求，带领团队历经 18 年攻关，在超高产米粉专用早稻育种种质创制、米粉稻选育技术体系构建和新品种培育方面取得了显著成效。

（1）长江中下游早稻播种季节易遇倒春寒危害，受双季稻前后茬限制，生育期短，难高产。继嘉育 293、浙 733 等这些高产品种推广应用后，长江中下游地区的早稻单产在相当长的一段时期内进入了瓶颈期，急需新的高产基因型进行遗传补充。优质米粉加工专用稻需要兼顾高直链淀粉含量和长胶稠度，但直链淀粉含量和胶稠度存在遗传连锁，高直链淀粉含量且长胶稠度兼顾的种质材料在当时十分稀缺，进行遗传改良的物质基础薄弱、技术难度大。项目团队提出芽期、苗期多重低温耐冷筛选策略，开展"耐淹与耐低温发芽+芽期耐低温+苗期耐低温+早生快长"协同筛选鉴定，并运用生态、地理远缘杂交，与嘉兴农业科学研究院合作，将华南超高产品种特青 2 号的高产基因导入到嘉兴市农业科学研究院育成的早稻材料 Z94-207 中，构建大分离群体，分离世代以特青 2 号的株叶形态为"模板"，开展强化选择，后代进行苗期耐低温、早发性和产量等多重筛选鉴定，结合米粉专用稻品质指标的筛选鉴定，最终创制出高产基因型、高直链淀粉且长胶稠度兼顾的米粉专用育种种质嘉育 253，成为长江中下游双季早稻改良骨干亲本。

（2）稻米品质评价指标众多，传统分析方法程序繁琐，费时费力。稻米品质指标的准确快速评价，能更好地助推水稻品种选育。2005 年，项目团队联合国际水稻研究所成立中国-IRRI 稻米品质营养联合研究中心，购置稻米品质分析先进仪器设备，引导团队成员，从攻克选择效率低、费时费力的评价体系入手，系统创建了稻米直链淀粉含量、糊化温度、胶稠度等关键指标的快速评价方法，稻米品质高效评价技术平台被国内外同行广

泛利用。长期以来，米粉专用稻选育一直无明确的具体指标，只是将直链淀粉含量作为主要参考指标，忽视了胶稠度、糊化温度以及淀粉精细结构等对米粉品质影响的问题。项目团队利用快速黏度分析仪（RVA），研究了近 300 份水稻材料的米粉品质、理化品质与 RVA 特征值的关系，确立了黏滞性谱中的回生值和崩解值是米粉稻选择的关键参数，首次将 RVA 用于糊化温度和直链淀粉含量的定量协同测定，独创的 RVA 筛选米粉稻技术体系，使得选择效率提高约 20 倍。利用凝胶渗透色谱仪、毛细管电泳仪、差热仪等研创出绝对直链淀粉含量、糊化参数、支链淀粉链长分布等米粉特性紧密相关的综合评判指标，实现了米粉专用稻品质指标的精准鉴定，获发明专利 6 项，显著提高了米粉专用早稻育种效率。

（3）项目团队利用创制的高产基因型米粉专用早稻嘉育 253，与苗期耐寒性好、结实率高的中选 181 杂交，结合米粉专用早稻筛选评价技术，经过一代代种植、选择，最终育成适应性、产量、抗性、加工专用品质等综合性状优良的中嘉早 17。中嘉早 17 在历次区试和生产试验中均表现为增产幅度大、高产、稳产、抗病，国家区试和生产试验分别比对照增产 9.12% 和 14.71%。中嘉早 17 整精米率高达 66.7%，比一般籼稻高 15 个百分点，高直链淀粉含量 25.9%、长胶稠度 77 mm，其生产的直条米粉和湿米粉，加工品质优良，尤其是断条率低，干米粉仅为 1.8%，鲜米粉为 8%，远优于干米粉≤5% 和鲜米粉≤20% 的规定标准，干米粉烹饪损失率低，仅为 5.3%，优于标准规定的≤8%。中嘉早 17 的胶稠度长、直链淀粉含量高，加工出来的米粉弹性好、不断条、不糊汤，而且也不会因为汤汁浸泡而涨糊，具有极优的米粉加工特性。中嘉早 17 凭着米粉易加工等方面的优势，显著提升了商品价值，迅速风靡南方稻区。2009 年以 652.26 kg 的百亩示范方平均产量和 704.35 kg 的最高亩产刷新了浙江农业吉尼斯早稻百亩示范方纪录，湖南、江西等地加价收购，提高了农民种粮积极性。中嘉早 17 于 2008 年通过浙江省审定、2009 年通过国家审定后，在长江中下游 65 个县市机插、抛秧、直播、移栽等多种栽培模式均表现高产稳产，2010 年被农业部认定为超级稻品种，2010—2016 年连续 7 年被农业部推荐为主导品种，2013 年起连续 5 年是全国推广面积最大的籼稻品种，2015 年推广应用 1 028 万亩，是 1991 年以来唯一单年应用超千万亩的早稻品种，约占长江中下游早稻面积 20%，成为南方籼稻区名副其实的"当家花旦"。至 2019 年底，中嘉早 17 全国已累计推广 6 532 万亩，增产稻谷 21.3 亿 kg，农民增收 55.26 亿元。中嘉早 17 和嘉育 253 作为亲本材料被广泛利用。据不完全统计，已有 30 个衍生早稻品种通过审定，衍生品种推广 3 573 万亩，社会经济效益显著。该成果解决了米粉加工优质专用粮的原料短缺问题，为我国早籼稻多用途开辟了新途径。

长江中游优质中籼稻新品种培育与应用

完成单位：湖北省农业科学院，安徽省农业科学院水稻研究所，扬州大学，黄冈市农业科学院，湖北省农业技术推广总站，襄阳市农业科学院，湖北国宝桥米有限公司

完成人：游艾青，戚华雄，周　勇，徐得泽，刘　凯，吴　爽，夏明元，周　强，曹　鹏，田永宏

获奖类别：国家科学技术进步奖二等奖

成果简介：长江中游是我国最重要的中籼稻主产区，常年播种面积 6 700 多万亩，总产约 325 亿 kg，在保障国家粮食安全中具有举足轻重的地位。然而，长期以来长江中游中籼稻外观和食味品质不优，严重制约区域水稻产业发展。究其原因，优异种质匮乏、优质机理不明、育种技术滞后和优质品种缺乏等问题没有得到有效解决。

1999 年起，项目以问题为导向，从水稻优质机理解析、高效育种技术研发、优异种质创制和优质品种培育等方面进行系统研究。

（1）项目解析水稻外观品质的遗传学基础，通过构建遗传群体克隆了可以减少垩白、改良外观品质的基因并阐明分子机理，开发分子标记，建立分子育种体系，为后续的育种工作提供基因资源和理论指导。

（2）项目解析了中籼稻优质性状的遗传机理，建立分子标记与花药培养相结合的高效籼稻育种技术体系，弥补了传统育种效率低的短板。

（3）创制出无垩白、抗病虫的突破性优异种质，选育出鄂中 5 号、广两优香 66、广两优 272 等 12 个优质中籼稻新品种，实现了优质与高产的协同改良，解决了长江中游稻区优质育种材料和优质品种缺乏的问题。

（4）开展了配套技术集成创新，制定新品种保优栽培技术规程。

（5）实施新品种的产业化开发，打造"国宝""瓦仓"等稻米品牌。

项目突破了长江中游中籼稻育种技术滞后、优质资源匮乏、优质品种

短缺等难题，为区域水稻产业高质量发展提供了科技支撑。一系列成果在长江中游稻区累计应用 6 026 万亩，新增经济效益 90.39 亿元。

食品动物新型专用药物的创制与应用

完成单位： 中国农业大学，青岛蔚蓝生物股份有限公司，齐鲁动物保健品有限公司，青岛农业大学，广西大学

完成人： 肖希龙，郝智慧，沈建忠，贾德强，王海挺，汤树生，王春元，何家康，刘元元，刘全才

获奖类别： 国家科学技术进步奖二等奖

成果简介： 随着我国畜禽养殖的发展，抗菌药物大量使用导致的细菌耐药、药物残留等严重威胁动物性食品安全和公共卫生安全。项目组围绕国家动物源性食品安全与畜牧养殖业可持续发展的重大需求，以食品动物疾病防治高效安全药物研发和安全评价为目标，开展食品动物新型专用药物防治疾病的理论创新和应用创新研究。

团队从源头出发，提出针对我国动物药品创制理论基础薄弱，创新思路缺乏，制剂技术落后等主要问题，提出现代中、西药研发和减抗替抗新思路，创制出食品动物新型专用药物，为我国畜禽健康养殖，减少抗菌药物使用和药物残留、降低细菌 耐药、保障食品安全提供重要手段。

历时 15 年攻关研究，项目组实现了兽用新原料药、新制剂技术的创新，实现了工业化高效低成本环保生产，不仅彻底扭转了我国高端兽用药物多年依赖进口的局面，而且大部分产品为国内外首创，更适合我国的养殖需求。该成果技术大大降低了养殖环节的用药成本，提高了生产效益，同时还促使各企业产品创新性与企业竞争力显著提高，极大地提升了动物性产品质量，对于促进国际贸易，维持生态系统平衡，促进我国养殖业健康稳定发展做出了贡献。

20 世纪 90 年代，我国兽药安全性与有效性评价技术落后，国内尚未有新兽药安全性评价指导原则，导致新兽药在安全性评价时缺乏统一标准，严重阻碍了兽药新产品研发。针对这一现状，团队引进国外安全性评价方法，对近 10 年来我国近 100 种新老兽药进行了安全性评价研究实践，

制定出了符合我国国情并与国际接轨的兽药安全性毒理学评价指导原则 11 项，由农业部先后于 2009 年和 2010 年颁布实施，这些指导原则为我国首次系统建立，已经应用于指导新兽药的创制和审评，以及同行业省级以上科研院所和监管检测机构进行兽药安全性评价工作。这些指导原则的制定完善了国家新兽药研制与兽药安全性评价技术体系，促进了我国兽药安全性评价方法和指导原则的制定和普遍应用，有利于加快新兽药产品的研发进程。

在此基础上，团队聚焦我国畜牧养殖业发展趋势以及疾病流行特点，针对防治畜禽疾病兽药创制理论基础薄弱、新兽药创制水平低、制备工艺关键技术缺乏等问题，团队前瞻性地瞄准中药材资源宝库，在探究抗菌药减毒、降低耐药与协同增效机制的基础上，以药物合成技术、复方组方筛选技术、长效制剂技术、缓控释技术等关键技术为核心，研制出多个新兽药产品，为我国畜禽疾病的临床防治提供了有力保障。

海参功效成分解析与精深加工关键技术及应用

完成单位： 中国海洋大学，山东省科学院生物研究所，中国水产科学研究院黄海水产研究所，好当家集团有限公司，山东东方海洋科技股份有限公司，中国水产科学研究院渔业机械仪器研究所，獐子岛集团股份有限公司

完成人： 薛长湖，王静凤，王联珠，刘昌衡，沈　建，孙永军，黄万成，薛　勇，刘云涛，王玉明

获奖类别： 国家科学技术进步奖二等奖

成果简介： 项目符合海洋资源高效利用与健康中国的国家战略需求。海参富含有胶原蛋白、硫酸多糖、皂苷、复合脂质等多种营养功效成分，为我国传统滋补佳品。逐年增长的海参消费需求量，促进了海参产业的快速发展。但长期以来存在着对海参营养的化学结构和营养机制阐明不清，传统手工作坊式加工技术使海参中营养成分流失严重，产品种类单一、营养品质不可控，海参产品质量安全隐患大等制约海参产业健康发展的重大

技术难题。该项目在国家 863 计划等资助下，历经 14 年持续研发，突破了海参营养保持与高质加工关键技术并实现产业化应用。主要科技创新点如下：

（1）首次系统揭示了海参功效成分的结构特征与营养机制。明确了海参硫酸多糖以周期性、O-连接与胶原蛋白形成嵌合体，阐明了其不同热处理条件下营养、质构变化规律。系统解析了海参硫酸多糖的一级结构、高级结构和物化性质，首次立体构建了海参多糖的分子特征。发现了海参中富含 EPA 磷脂、缩醛磷脂及四唾液酸神经节苷脂等新型脂质；利用多种细胞模型和动物模型，明确了海参功效成分具有提高免疫力、改善代谢综合征、改善脑功能、调节肠道生态等营养功能，阐释了其营养机制。研究结果解决了海参营养保持、高效、安全加工的科学问题。

（2）创立了完整的海参营养保持与高质加工技术体系。发明了靶向调控胶原蛋白软化蒸煮技术，攻克了传统蒸煮工艺中胶原蛋白高度明胶化，导致蛋白、硫酸多糖等营养物质严重流失的技术难点。开发了基于热敏性营养成分保护的海参低温组合干燥技术，解决了传统工艺干燥效率低、胶原蛋白高度变性、干海参复水困难等技术难题，干海参复水时间较传统工艺缩短 10 倍以上；开发了即食海参可视化杀菌加工技术，首次突破了以鲜海参直接生产即食海参的技术瓶颈，最大化保留了海参的营养、风味和口感。发明了即食海参胶原蛋白生物稳定技术，解决了传统热力杀菌导致产品营养和质构劣化、贮藏时品质下降等难题，显著提高了产品的货架期；研发了海参加工副产物与低值海参中胶原蛋白肽、硫酸多糖等功效成分高效制备技术，解决了海参资源利用率低、产品单一的缺陷，实现了海参的高质加工与清洁生产。研发了海参连续高效机械加工工艺及成套装备，解决了传统模式中劳动强度大、效率低的技术难题，实现了海参加工的规模化生产。

（3）构建了海参产品质量安全控制标准体系。创建了基于海参特征性化学物准确测定、功效成分指纹图谱鉴别种类等质量控制技术，主持制订了我国 80% 以上的海参产品质量国家和行业标准，构建了海参产品质量安全控制标准体系，保障了海参产业的健康发展。

项目创建了海参高质化、机械化、标准化加工新模式，形成了 40 余条规模化与机械化生产线，开发 40 余种新产品。3 年新增销售额 28.35 亿万元，新增利润 7.07 亿元，经济、社会和生态效益巨大。已获国家授权发明专利 31 件，主持制定国家和行业标准 9 项，发表论文 225 篇。项目成果获省部级一等奖 2 项，二等奖 1 项。

畜禽饲料质量安全控制关键技术创建与应用

完成单位：中国农业科学院北京畜牧兽医研究所，中国农业科学院饲料研究所，中国农业大学，河南工业大学，中国农业科学院农业质量标准与检测技术研究所

完成人：秦玉昌，李军国，张军民，王红英，王卫国，李　俊，薛敏，饶正华，杨　洁，汤超华

获奖类别：国家科学技术进步奖二等奖

成果简介：本成果针对我国在饲料质量安全控制和加工技术方面总体水平较低、部分关键技术落后、精准生产管理和质量控制技术缺乏等问题，系统开展饲料有毒有害成分控制检测关键技术、饲料高效加工关键技术、饲料生产过程质量安全控制技术研究，提升我国饲料产品质量与营养价值，促进产业高质量发展。主要科技创新如下：

（1）在饲料质量安全检测控制关键技术方面。首次提出饲料中三聚氰胺限量值，制定饲料有毒有害成分检测方法标准 7 项，创建饲料及畜产品中 β-受体激动剂监控技术，建立饲料质量快速评价检测技术，为保障饲料和动物食品安全提供重要技术支撑。首次研究确定饲料中三聚氰胺背景水平和在动物体内的代谢残留规律，提出三聚氰胺限量值，农业部以公告形式发布实施；制订饲料中沙门氏菌、志贺氏菌、玉米赤霉烯酮等检测方法标准 7 项，建立了硅铝酸盐类饲料霉菌毒素吸附剂的最佳改性工艺和检测、评价方法，创制了新型饲料霉菌毒素吸附剂；研发了饲料中 β-受体激动剂快速检测方法，明确了 3 种典型 β-受体激动剂在肉牛、肉羊组织中的代谢、消长规律，提出了将毛发作为动物 β-受体激动剂的监管靶标，对 β-受体激动剂监管、防控提供了重要技术支撑；创新性地将近红外特征指纹图谱技术应用到饲料产品的真伪鉴别和合格性判别，创建了氯化胆碱等 25 种饲料添加剂近红外指纹图谱鉴别技术、饲料原料及产品近中红外光谱数据库系统，实现饲料质量的快速鉴别、检测，为饲料产品质量的实时动态控制奠定了基础。

（2）在饲料高效加工关键技术方面。揭示热敏性添加剂加工过程损失规律，发明高效调质低温制粒畜禽饲料生产新工艺，优化畜禽饲料加工工艺及参数，创新饲料原料挤压膨化预处理技术，解决饲料高效加工关键技术问题，实现饲料生产提质增效。揭示了维生素、酶制剂等 12 种热敏性添加剂加工损失规律，发明了粉料调质熟化低温制粒畜禽饲料生产新工艺，为热敏性添加剂精准添加、实现配方保真提供了基础数据和工艺技术支撑，可节约用量 15% 以上；明确了饲料加工工艺及参数对畜禽生长性能和饲料质量的影响规律，提出了猪、鸡等动物饲料加工工艺参数的最佳组合，形成主要畜禽饲料精准加工技术体系，可降低加工能耗 10% 左右，提高饲料转化效率 3% 以上，实现饲料营养成分的高效利用和饲料加工的节能降耗；创新了饲料原料高效利用挤压膨化预处理工艺技术，明确了挤压膨化预处理对大豆、棉粕、菜粕营养成分和抗营养因子的影响规律及对肉鸡、猪生长性能的影响规律，与未膨化相比，消化率可提高 10% 左右，日粮中添加比例可提高 50% 以上，显著提升饲料原料效价。

（3）在饲料生产过程质量安全控制技术方面。首次构建饲料加工基础数据库，创新饲料加工过程 HACCP、可追溯管理技术，制定交叉污染防控技术规范，促进饲料行业高效、安全、可持续发展。明确了饲料原料中抗营养因子及有毒有害物质的含量分布规律，构建了饲料有毒有害成分与抗营养因子数据库、饲料原料加工特性数据查询系统和饲料加工工艺技术参数数据库，建立了基于饲料原料配比、加工工艺参数的颗粒饲料质量预测模型，为饲料配方设计和高效生产提供重要技术支撑，是对我国动物营养需求参数数据库的重要补充；创新了适合我国饲料企业的 HACCP 质量安全管理技术、饲料加工过程质量安全可追溯管理技术，建立了适合我国生产企业的饲料质量安全管理系统，提高我国饲料生产质量安全管理技术水平；明确了生产线关键环节在制饲料产品的有害微生物的变化规律，制定了饲料加工过程药物、微生物交叉污染综合防控技术规范，并形成国家标准 1 项，为饲料企业交叉污染防控提供综合解决方案。

项目成果获发明专利 11 项、软件著作权 7 项，制订国家标准 10 项、行业标准 5 项，发表论文 273 篇，其中 SCI 收录 31 篇，出版著作 6 部，获中国农业科学院科学技术成果奖 1 项、中国粮油学会科学技术奖一等奖 1 项。成果在饲料生产企业、检测机构、设备制造企业等得到了推广应用，累计为饲料生产企业和养殖企业创造了 28.93 亿元的经济效益，经济和社会效益十分显著。

奶及奶制品安全控制与
质量提升关键技术

完成单位：中国农业科学院北京畜牧兽医研究所，唐山市畜牧水产品质量监测中心，新疆农业科学院农业质量标准与检测技术研究所，山东省农业科学院农业质量标准与检测技术研究所，内蒙古伊利实业集团股份有限公司，内蒙古蒙牛乳业（集团）股份有限公司，光明乳业股份有限公司

完成人：王加启、郑　楠、张养东、李松励、郑百芹、王　成、张树秋、吕志勇、杨志刚、王惠铭

获奖类别：国家科学技术进步奖二等奖

成果简介：安全是奶业的生命线，质量是奶业的核心竞争力。团队自2005 年起，牵头全国复原乳、生鲜乳、风险评估及国家 973 计划牛奶品质研究等项目，组织 82 家科研检测单位共同攻关，历时 15 年，成功构建我国奶产品风险因子与品质因子评价数据库，积累有效数据 232 万条，实现我国内地 31 个省份全覆盖，解决了家底不清的重大难题。运用大数据分析与多标准排序模型，准确锁定 2008 年至 2016 年我国生鲜乳中前 4 类主要风险因子分别是违法添加物、霉菌毒素、兽药残留和重金属污染，支撑生鲜乳安全风险监管从被动应急转变为主动防控。研究制定牛奶中 4 类违法添加物检测标准，由农业农村部生鲜乳监测计划直接采用，实现全国4 241 个奶站和 5 280 辆奶车全覆盖，为打击非法添加行为发挥了决定性技术支撑作用。研发出 14 种霉菌毒素、61 种兽药和 22 种重金属及元素 3 个系列同步检测技术，被农业农村部列为奶产品风险评估专项指定方法，解决了奶产品风险因子检测过程中效率低和成本高的技术难题。培训一线检测技术骨干人员 5 000 余人次，显著推动行业检测技术进步。制定 21 项生产过程安全控制标准，在全国规模化奶牛养殖场推广应用后，使生鲜乳中黄曲霉毒素 M_1、兽药残留、重金属污染、菌落总数和体细胞数等主要风险因子显著降低，达到欧美发达国家标准。

针对我国奶及奶制品质量提升技术落后的难题，该团队研究攻克"优质生乳—绿色工艺—品质评价" 3 项技术瓶颈，显著提升国产奶核心竞争

力。首次揭示热应激改变奶牛代谢通路，导致氨基酸氧化供能增加，发生营养重分配，最终乳蛋白合成量减少，牛奶质量下降，发明缓解奶牛热应激饲料及其调控方法，缓解热应激技术在南方 5.3 万头奶牛应用，攻克长期存在的热应激降低牛奶质量的技术难题，乳脂肪、乳蛋白和乳铁蛋白全年达到优质乳标准；研究创新乳品绿色低碳加工工艺，取消闪蒸等设备，杀菌温度由 105℃ 下降到 75℃，扭转牛奶过热加工乱象，显著提高牛奶中活性蛋白的含量；揭示过热加工导致牛奶活性蛋白功能下降，阐明碱性磷酸酶、乳铁蛋白、糠氨酸与牛奶品质的定量关系，创建优质乳品质评价模型和标准，集成创新"优质生乳—绿色工艺—品质评价"一体化质量提升技术体系，充分挖掘本土奶的鲜活优势，使得国产优质巴氏杀菌乳中乳铁蛋白和 β-乳球蛋白含量是进口产品的 8 倍，牢牢掌握乳品市场品质评价话语权，从根本上提升了国产奶应对进口奶冲击的核心竞争力。

以"优质生乳—绿色工艺—品质评价"一体化质量提升技术体系为核心的优质乳工程已经在全国 25 个省份 51 家乳品企业推广应用，年产优质巴氏杀菌乳 48 万吨，市场份额从 2016 年的不足 1% 增加到 2019 年的 90%。进口液态奶由年增长率 72%，到 2018 年首次出现下降，国内奶产量稳步增长。这是"三聚氰胺事件"后，国产奶首次出现生产与消费双增长的良好局面，奶业发展的理念开始转向面向人民生命健康，让国民喝上优质乳。"奶及奶制品安全控制与质量提升技术"成果，为奶业振兴和健康中国战略发挥了重要科技支撑作用。

奶牛高发病防治系列新兽药创制与应用

完成单位：中国农业科学院饲料研究所，北京市畜牧总站，中牧实业股份有限公司，河北远征药业有限公司，齐鲁动物保健品有限公司，华秦源（北京）动物药业有限公司

完成人：李秀波，路永强，刘义明，徐　飞，陈孝杰，石　波，李艳华，张正海，贾国宾，赵炳超

获奖类别：国家科学技术进步奖二等奖

成果简介：奶业是健康中国、强壮民族不可或缺的产业，是食品安全

的代表性产业，是农业现代化的标志性产业和一二三产业协调发展的战略性产业。然而，长期以来，我国奶牛疾病，如奶牛乳房炎、子宫内膜炎等发病率高、危害严重，存在病原不清、药物制备工艺落后，高效药物品种和精准施药技术匮乏等问题，严重制约了我国奶业健康发展。

在明晰了奶牛高发病主要致病菌的基础上，以开发奶牛专用安全高效新兽药为目标，自 1997 年以来，团队创制了 31 种安全高效新兽药，获国家新兽药证书 25 项，其中二类药证书 12 项，制定兽药国家标准 25 项，发表论文 128 篇，授权专利 16 项，成果达到了国际领先水平。实现了从理论创新、技术创新、方法创新到产品创新的全面突破，填补了多项技术空白，打破国外进口药物垄断，为我国奶牛安全生产与奶业可持续发展提供了强有力的技术保障。

（1）理论创新——创建病原菌库，探明药物新靶标。创建了国际最大的奶牛病原菌库，摸清了奶牛乳房炎、子宫内膜炎等高发病病原种属及分布规律，发现了 IGPD 等药物作用新靶标，为新药研发奠定了理论基础。

（2）技术创新——原料合成技术，制剂制备工艺。创新了国际领先的药物制备"共性和差异化"关键技术，研制的产品实现了"两高一低"：硫酸头孢喹肟乳房注入剂（干乳期）等达到"零弃奶"，药物安全性高；创新了盐酸沃尼妙林均相合成工艺，其对支原体的抗菌活性是泰妙菌素的 30 倍，药物活性高；发明了氟苯尼考低温催化等关键生产技术，药物成本大幅降低。多项产品通过欧盟 EDQM 认证，国际竞争力优势显著。

（3）产品创新——开发了系列安全高效新兽药。创制了安全高效系列新兽药 31 种，并实现了新兽药成果转化率和产业化率"双 100%"。创制的新兽药品种齐全，填补了多项空白，实现了"犊牛—育成牛—青年牛—成乳牛"奶牛养殖产业链"全覆盖"。

近年来，创制的奶牛高发病防治系列新兽药已在河北、黑龙江、内蒙古等地大规模推广应用，产品远销德国、日本、巴西等国家。3 年累计覆盖牛群达 1 260 万头次，为本行业培训相关技术人员 52 万人次，新增经济效益 32.6 亿元，为奶业健康可持续发展做出重要贡献。

猪圆环病毒病的免疫预防
关键技术研究及应用

完成单位：浙江大学，中国农业科学院哈尔滨兽医研究所，中国农业大学，北京市农林科学院，南京农业大学，天津瑞普生物技术股份有限公司，华派生物工程集团有限公司

完成人：周继勇，刘长明，刘　爵，杨汉春，金玉兰，顾金燕，粟硕，李守军，邢　刚，邱文英

获奖类别：国家科学技术进步奖二等奖

成果简介：猪圆环病毒病是以破坏猪免疫系统为特征的新发传染病，其临床病例 1997 年首现加拿大，2000 年我国首次报道。该病在全球养猪国家广泛流行，难有猪群能幸免感染，是危害养猪业非常严重的基础性病毒病，严重影响养猪生产，经济损失巨大，中国尤为严重。针对猪圆环病毒病防控中流行病学特征匮乏、病原基本特性不明、免疫预防技术及产品缺乏等重大问题，项目组在多项国家课题的资助下，历经 16 年的不间断深入研究，形成了覆盖防控全程的猪圆环病毒病的免疫预防关键技术研究及应用原创性技术成果，为保障养猪业的发展做出了重大贡献。

（1）发现了猪圆环病毒的进化特征及感染复制的致凋亡机制。大量的病毒分离、基因组测序及大数据分析，首次发现猪圆环病毒 2 型（PCV2）、3 型（PCV3）均起源于蝙蝠并证明圆环病毒跨宿主传播的进化模式，系统揭示了我国 1999—2017 年猪圆环病毒 2 的基因型及优势基因型不断演变的流行病学规律，首次定义了 PCV3 的分型标准；首次鉴定了 PCV2 的新编码蛋白 ORF3、ORF4，并阐明 ORF3、ORF4 借助细胞 p53、ANT3 蛋白诱导凋亡的机制，揭示了 PCV2 复制过程中 ORF3 蛋白入出细胞核的机制阐明了 PCV2 衣壳蛋白借助微管动力蛋白 IC1 调控病毒复制的机制。这些前沿性原创成果为猪重要新发病毒病安全、高效的防控技术研发提供了理论支撑。

（2）创立了猪圆环病毒病检测技术平台，创制出中国首个获国家批准上市的猪圆环病毒病检测产品。创建了覆盖猪圆环病毒 2 型、3 型编码蛋白的功能性单克隆抗体库和基因工程抗原库，精细鉴定了圆环病毒的 B 细

胞抗原识别标识，发明了猪圆环病毒 2 的基因型鉴别的免疫检测技术；以圆环病毒基因工程抗原为原料，建立工厂化制造工艺与检验规程，创制出中国首个获政府批准上市的猪圆环病毒病防控用生物制品——PCV2 抗体检测试剂盒产品，攻克了猪圆环病毒病控制技术研发的基础材料与诊断技术缺乏的难题，为猪圆环病毒病的精准防控提供了准确诊断与免疫评估技术支撑。

（3）发明了高繁殖力的猪圆环病毒 2 型疫苗毒种，拯救出全球首个猪圆环病毒 3 型毒株，创制出全球首个产生免疫保护力最快的高效疫苗。创建 PCV2、PCV3 遗传工程操作系统，获得了全球第 1 株猪圆环病毒 3 型毒株，发明了复制能力比自然毒株提高百倍的 PCV2 疫苗毒种，建立了以免疫小鼠的病毒分离为标准 PCV2 疫苗效力检验模型，创建了疫苗制造工艺与质量检验技术标准，创制出全球第一个产生免疫保护最快的猪圆环病毒 2 灭活疫苗，获批国家新兽药注册及准予产品生产的批准文号，攻克了 PCV2 疫苗制造毒种复制力差、有效抗原含量低、生产成本高的世界性技术难题，为猪圆环病毒病的防控提供了免疫预防核心关键产品。

项目获国家新兽药证书 3 件、发明专利授权 10 件、国家重点新产品 1 个，生产文号 12 个，产品在全国 28 个省（区、市）广泛应用，获含税直接销售收入 20.9314 亿元人民币。在 *Adv Sci* 等国际高水平期刊发表研究报告 81 篇，SCI 收录 53 篇。成果居国际领先水平，获省技术发明奖一等奖 1 项、中国专利优秀奖 2 项、省科技进步奖二等奖 1 项。

图解畜禽标准化规模养殖系列丛书

完成单位：中国农业出版社

完成人：朱　庆，王之盛，王继文，张红平，颜景辰，杨在宾，谢晓红，林　燕，丁雪梅，尹华东

获奖类别：国家科学技术进步奖二等奖

成果简介：针对我国畜禽标准化规模养殖水平较低、疫病多发、环境污染重、给公共卫生安全带来隐患等问题，项目组按主要畜禽分册编写，历时 3 年，创作出版《图解畜禽标准化规模养殖系列丛书》。丛书共 14

册，总计 200 余万字，原创图片共 5 000 余张，以图解方式全面解析畜禽标准化规模养殖中场地建设、良种繁育、饲养管理、疾病防控、环境控制、产品加工和经营管理等全产业链关键技术环节，系统性强，是国内第一部全程图解畜禽标准化规模养殖的系列原创作品。丛书包括：《猪标准化规模养殖图册》《蛋鸡标准化规模养殖图册》《肉鸡标准化规模养殖图册》《奶牛标准化规模养殖图册》《肉牛标准化规模养殖图册》《鸭标准化规模养殖图册》《鹅标准化规模养殖图册》《山羊标准化规模养殖图册》《绵羊标准化规模养殖图册》《兔标准化规模养殖图册》。

丛书先后入选了国家"十二五"重点出版物出版规划项目，2014 年获第三届中国科普作家协会科普作品奖金奖，2019 年荣获农业农村部神农中华农业科技奖科学普及奖，2020 年荣获国家科学技术进步奖二等奖，该丛书是目前畜牧业领域内获得最高荣誉的科普图书。

从 2012 年 12 月首次出版至今，丛书已累计发行 12 万余册，覆盖全国 31 个省（区、市），在 500 家大型龙头企业和数千个专业合作社以及上百万养殖户中推广应用，创作人员以丛书关键技术开展科技培训和指导人数超过 100 万，惠及藏族、彝族、回族等多个少数民族地区以及秦巴山区、乌蒙山区等集中连片特困地区。2019 年创作团队更是在第一版丛书的基础上，修订并增加了视频内容，以更直观的视频形式指导基层养殖户开展标准化规模养殖。

特色浆果高品质保鲜与加工关键技术及产业化

完成单位：浙江省农业科学院，沈阳农业大学，中国农业大学，江苏省农业科学院，北京汇源饮料食品集团有限公司，海通食品集团有限公司，丹东君澳食品股份有限公司

完成人：郜海燕，陈杭君，李　斌，孙　健，周剑忠，吴伟杰，穆宏磊，李绍振，孟宪军，吴晓蒙

获奖类别：国家科学技术进步奖二等奖

成果简介：浆果富含花色苷、黄酮、酚酸、萜类等多种生物活性成

分，具有显著的抗氧化、提高免疫力、缓解视力疲劳等多种生理功能。项目组针对浆果柔嫩多汁、易腐烂、不耐贮运、专用加工装备缺失、高附加值深加工产品稀少等制约浆果产业发展的瓶颈问题，自 2007 年以来，在国家科技部"十二五"科技支撑计划、农业部公益性行业（农业）科研专项、国家自然科学基金等项目的支持下，开展了围绕浆果深加工基础理论和应用技术研究，取得了多项技术突破，创立了我国特色浆果深加工关键技术与应用集成体系。主要技术内容及指标如下：

（1）建立了特色浆果速冻品质评价体系及贮藏技术规程，延长了特色浆果的加工周期。针对浆果加工品种混杂、加工适宜性不明确、采收集中、易腐烂变质、不耐贮运等问题，构建了代表性浆果速冻品质评价体系信息库；研发了低温冷藏结合 ^{60}Co-γ 射线辐照、冰温结合钙处理技术，提高了浆果货架品质；开发了浆果前处理、速冻、解冻关键技术，为浆果速冻、冻干产品及装备研发提供理论支撑。

（2）创建了特色浆果深加工及综合利用技术，实现了特色浆果资源的高值化利用。从微观分子角度揭示了单元加工操作过程对浆果典型生物活性物质的影响规律，为工艺技术开发提供理论支撑；开发了浆果食品稳态化加工、高效提取纯化、致病性病毒检测和指纹图谱掺伪检测技术，实现了浆果资源高效加工及产品控制；开发了浆果 NFC 果汁、发酵、干制、提取物等 37 种新型浆果制品。相关技术及产品已在 10 多家企业进行推广应用，推进了特色浆果加工产业的快速发展。

（3）构建了特色浆果及副产物活性物质功能评价体系，明确了其分子作用机理。研究了特色浆果中典型活性物质抗氧化、护肝、辅助降血脂、增强免疫力等功效及分子作用机制，构建了活性成分功能评价体系，为浆果活性成分应用开创了新领域。

（4）研制了特色浆果速冻、冻干、活性成分制备等专用装备。针对当前浆果加工关键设备效率低、连续性差、能耗高的问题，研制开发了浆果速冻、冻干、活性成分制备等专用装备，构建浆果高效连续加工生产线。率先将装备在我国 20 余家企业进行了推广应用，部分装备出口到美国、加拿大、韩国、德国等国家，提升了我省浆果食品加工装备的国际竞争力。

项目获授权专利 22 件，其中发明专利 9 件，实用新型 13 件，计算机软件著作权 1 件，已获受理的相关专利 27 件；制定农业行业标准 1 项、地方标准 3 项，发表论文 107 篇，其中 SCI、EI 论文 42 篇；在 14 家企业应用推广，3 年累计新增销售额 28.92 亿元，增值利润 5.02 亿元，经济社会效益显著，为浆果产业发展提供了重要的理论和技术支撑。

玉米淀粉及其深加工产品的高效生物制造关键技术与产业化

完成单位：中粮集团有限公司，山东大学，江南大学，兆光生物工程（邹平）有限公司

完成人：佟　毅，曲音波，李　义，李才明，陶　进，刘国栋，陈　博，程　力，王兆光，周　勇

获奖类别：国家科学技术进步奖二等奖

成果简介：针对玉米精深加工产业存在着玉米食用品质和加工品质差、难以主食化，深加工高值化和功能化关键技术缺乏，产业链延伸不充分等问题，历经 13 年产学研攻关，突破了鲜食玉米供应链关键技术，研发了核心装备和质量控制平台，实现了生产自动化和智能化。

揭示了鲜玉米品质劣变机理，建立了鲜玉米适时择温采收和产地预冷技术与生产规范；首创了玉米果穗在线分级关键技术与装备，分级速度 8 000 穗/h，准确率≥95%。集成了无线射频等现代信息技术，创建了鲜食玉米供应链全程质量控制与追溯体系，破解了鲜食玉米加工时限短、品质不稳定和难以自动化等难题，推动了产业由劳动密集型向自动化转型升级。

创建了玉米主食化加工与品质控制技术体系，实现了玉米主食工业化。揭示了淀粉和蛋白质影响玉米主食加工特性和食用品质的机理，攻克了玉米粉生物修饰、质构重组和老化控制关键技术。面团延展度提高了 3 倍，回生值降低了 72.7%。突破了玉米食用品质差、难以主食化的技术瓶颈。

创制了玉米专用粉、重组米等 13 种产品，推动了食用玉米由解决温饱向满足健康需求的转变。创立了玉米淀粉绿色生产及其深加工产品加工关键技术，实现了高值化和功能化。创建了糯玉米压力辅助复合酶法和普通玉米水/酶法两步浸泡技术，浸泡时间分别缩短了 53.2% 和 68.8%；取

代了传统 SO_2 浸泡工艺。

建立了物料匀散耦合低水分湿热处理技术，高效制备了 35%含量的 RS3 型抗性淀粉和 50%含量的慢消化淀粉；建立了复合酶一步水解和运动降温结晶技术，制备了高纯度结晶麦芽糖（97.7%）和麦芽糖醇（98.8%），加快了产业绿色高效发展步伐。突破了玉米蛋白生物转化关键技术，实现了资源高效利用。

创建了玉米蛋白挤压辅助高底物浓度酶解关键技术，底物浓度高达 13.5%，开发了系列活性肽产品；利用蜜环菌深层发酵技术，制备了活性蛋白食品配料，蛋白转化率达 32.7%；创制的玉米蛋白多菌种发酵饲料，蛋白高达 48%，经生猪饲养表明，可替代 24%大豆蛋白，为缓解饲料蛋白长期依赖进口大豆的局面开辟了新途径。

该项目成果在中粮集团、诸城兴贸玉米开发有限公司、保龄宝生物股份有限公司等 14 家国家重点龙头企业和地方行业知名企业进行了产业化应用，取得了显著的经济社会效益。3 年累计新增销售收入 59.8 亿元，新增利润 6.0 亿元，为我国玉米精深加工产业技术进步做出了突出贡献。

营养健康导向的亚热带果蔬设计加工关键技术及产业化

完成单位：广东省农业科学院蚕业与农产品加工研究所，华中农业大学，中国科学院华南植物园，广东生命一号药业股份有限公司，无限极（中国）有限公司，威海百合生物技术股份有限公司

完成人：张名位，张瑞芬，邓媛元，孙智达，谢海辉，刘　磊，黄菲，李文治，王丽娜，吴福培

获奖类别：国家科学技术进步奖二等奖

成果简介：项目历时 18 年，针对荔枝、龙眼亚热带果蔬长期以鲜销和干制初加工为主，鲜见精深加工的高值化产品，综合效益一直不高的突出产业问题，实现了三大创新。

创建了荔枝、龙眼和苦瓜等亚热带特色果蔬中多糖、多酚、三萜等主要活性物质的分离表征技术，解析其主要组分的化学结构，构建其主栽品

种活性成分谱数据库，筛选出一批高活性专用品种。

确证了荔枝、龙眼、苦瓜中多糖、多酚、三萜等活性物质调节肠黏膜免疫稳态、改善睡眠、保护酒精性肝损伤、改善糖代谢等健康效应，并揭示其量效构效关系与分子机制。

分别创建了实现荔枝、龙眼、苦瓜中多糖、多酚、三萜等主要活性物质活性和提取效率最大化的高效分离制备技术，兼顾食味品质和功能特性的原料全组分利用加工技术，设计创制出针对肠道损伤、免疫功能低下、睡眠障碍、长期过量饮酒等人群的保健食品和营养健康食品，在广东生命一号药业股份有限公司、广州力衡临床营养品有限公司等企业实现产业化应用，取得显著的社会和经济效益。

相关研究获 2019 年广东省科技进步奖一等奖和 2020 年国家科学技术进步奖二等奖。核心发明专利获 2018 年中国专利银奖。

粮食作物主要杂草抗药性治理关键技术与应用

完成单位：湖南省农业科学院，中国农业科学院植物保护研究所，青岛清原抗性杂草防治有限公司，湖南农业大学，全国农业技术推广服务中心，山东农业大学，湖南农大海特农化有限公司

完成人：柏连阳，王金信，陶　波，崔海兰，张　帅，连　磊，潘浪，路兴涛，刘都才，杨　霞

获奖类别：国家科学技术进步奖二等奖

成果简介：针对我国粮食作物抗药性杂草种类多、抗药性机制和田间进化规律不明确、抗药性早期快速检测技术及抗药性治理技术缺乏等问题，项目组经 20 年持续攻关，揭示了主要杂草抗药性新机制和田间进化规律，突破了杂草抗药性早期快速检测的技术瓶颈并率先建立了监测平台，研创了"快速检测—析因寻靶—对靶施药"为核心的杂草抗药性治理关键技术体系并在生产中大面积应用，治理杂草抗药性效果显著，有效延缓了我国杂草抗药性的发展，保证了我国抗药性杂草生物型数量长期居于世界低水平，为我国 20 年来未出现抗药性杂草成灾做出了重要贡献。该

项目核心技术主要在杂草生物学及安全防控湖南省重点实验室完成，该重点实验室是目前我国杂草学领域唯一的省部级重点实验室。

项目先后获省部级科技奖励 4 项，发布国家行业标准 6 项，出版专著 7 部，登记除草剂品种 12 个，授权专利 53 项（美国 1 项），发表论文 192 篇。推动了农业生产与除草剂产业的科技进步，为保障我国粮食安全、农产品质量安全和生态安全发挥了重要作用。

北方旱地农田抗旱适水种植技术及应用

完成单位：中国农业科学院农业环境与可持续发展研究所，辽宁省农业科学院，甘肃省农业科学院，山西省农业科学院农业环境与资源研究所，青岛农业大学，全国农业技术推广服务中心

完成人：梅旭荣，孙占祥，樊廷录，周怀平，赵长星，刘恩科，钟永红，龚道枝，冯良山，孙东宝

获奖类别：国家科学技术进步奖二等奖

成果简介：依托寿阳旱地国家野外试验站、作物高效用水国家工程实验室等平台，开展旱地农业长期定位观测实验，重点突破基础理论、关键技术产品和区域发展模式，支撑国家旱地农业持续发展和政府宏观决策：①首次确定了抗旱适水种植的技术适宜性和作物优先序，建立了北方旱地土壤—地表—冠层协同调控的抗旱适水种植理论和方法，创建了北方主要类型旱地抗旱适水种植主导技术，创新了集雨覆盖抗旱、秸秆适水还田、适水间作等关键技术。②建立了东北风沙半干旱区立体调控种植、西北半湿润偏旱区覆盖集雨抗旱、华北丘陵半湿润偏旱区秸秆适水还田、华北平原东部半湿润区旱地小麦"旱、深、平"和华北平原中部半湿润偏旱节水压采区半旱地等主导技术，农田降水利用率最高达 75%，旱地春玉米水分利用效率最高达到 3.64 kg/（mm·亩），产量波动下降 3~4 个百分点。30 年来布置了 10 多项长期定位观测实验，积累了 500 多万个实验数据和通量监测数据。

2017—2019 年，抗旱适水种植技术在北方旱地三个类型区应用 1.15 亿亩，增产粮食 45.9 亿 kg，增加产值 86.5 亿元，节约灌溉水 12 亿 m³，

经济、社会和生态效益显著。

自 2001 年以来，团队联合了辽宁省农业科学院、甘肃省农业科学院、山西省农业科学院、青岛农业大学和全国农业技术推广服务中心等国内优势单位协同攻关，开展了北方旱地农业多点长期定位试验，摸清了主要旱地作物干旱发生规律和适水种植优先序，阐明了旱地碳氮高效转化机制，攻克了土壤增碳扩容、地表覆盖抑蒸等关键技术，从而破解了旱地作物适水种植世界性难题。

（1）发现了新规律。揭示了北方旱地作物水分供需变化规律，首次确定了抗旱适水种植的技术适宜性和作物优先序。研究发现，30 年间北方旱地主要作物种植北移西扩 1~2 个经纬度，作物种植、生育期变化与降水减少、干旱频发重发多因素互作，作物降水满足率降低超过 5 个百分点。旱地地表覆盖、秸秆还田、深松耕等技术提高水分利用效率程度与降水密切相关，提升效应最优的降水区间为年降水量 450~550 mm 的旱农区。项目创建综合多目标的随机水文年型适水种植诊断模型，发现多种作物配置能显著增强旱地农田系统稳定性和水分生产力，据此明确了玉米、小麦、谷子、花生、大豆、马铃薯等作物在不同旱地类型区的适水配置优先序。这些结果为科学布局种植结构并匹配适宜的节水栽培技术提供了理论依据。

（2）建立了新理论新方法。探明了土壤增碳扩容、地表覆盖抑蒸、冠层塑型提效的作用机理，建立了北方旱地土壤—地表—冠层协同调控的抗旱适水种植理论和方法。研究发现，褐土和黑垆土连续全量秸秆还田，耕层土壤有机碳每增加 1.0 g/kg，生育期棵间蒸发减少 4.7 mm，0~30 cm 土壤蓄水增加 5.2 mm。产量、水氮利用和碳足迹综合效益最优时褐土和黑垆土有机碳水平为 13.7 g/kg 和 12.0 g/kg，据此建模和试验提出了 4 种"高蓄积低损耗"土壤理想构型。春玉米高留茬、秸秆覆盖和冬小麦夏闲期生物覆盖调控地表，0~50 cm 土壤蓄水增加 13.5~24.5 mm，土壤蒸发减少 5%~8%。高秆与矮秆作物间作调控冠层，高冠层光和降水截获比矮冠层分别增加 34%~45% 和 45%~69%，玉米大豆、谷子花生间作水分利用效率当量比 1.13~1.19；在 300~550 mm 降水条件下"适水定密"，每毫米降水可承载覆膜春玉米 9.9 株。这些新理论新方法整体解决了旱地土壤—植物—大气系统协同提升降水利用效率的科学问题。

（3）创新了主导技术。创建了北方主要类型旱地抗旱适水种植主导技术，研制了配套技术产品并实现了技术标准化。综合集成集雨覆盖抗旱、秸秆还田、适水种植等关键技术，配套研制了专用肥、保水剂、作业机具等技术产品，建立了东北风沙半干旱区立体调控种植、西北半湿润偏旱区覆盖集雨抗旱、华北丘陵半湿润偏旱区秸秆适水还田、华北平原东部半湿润区旱地小麦"旱、深、平"和华北平原中部半湿润偏旱节水压采区半旱地等主导技术，农田降水利用率最高达 75%，旱地春玉米水分利用效率最高达到 3.64 kg/（mm·亩），产量波动下降 3~4 个百分点。这些主导技术有力地支撑了当地旱地农业的持续稳定发展，为粮食安全和农民脱贫提供了保障。

该项目获发明专利 10 项；制订行业和地方标准 12 件；出版专著 4 部，发表论文 163 篇，被引用 4 834 次；获省部级一等奖 4 项。项目整体水平达到国际领先水平。

基于北斗的农业机械自动导航作业关键技术及应用

完成单位：华南农业大学，北京农业智能装备技术研究中心，北京农业信息技术研究中心，雷沃重工股份有限公司，首都师范大学

完成人：罗锡文，赵春江，孟志军，王桂民，张智刚，陈立平，王进，付卫强，刘　卉，朱金光

获奖类别：国家科学技术进步奖二等奖

成果简介：我国农业机械化生产正朝着全程全面高质高效方向发展。然而，作为体现农机农艺融合和农业机械化综合效益的关键指标，我国农机作业质量和效率的提升仍面临许多问题：①缺少农机作业数量和质量在线监测方法，作业数量和质量难以科学评价；②缺乏农机作业质量控制技术，农机农艺融合不充分；③管理服务手段滞后，农机化高质高效发展与作业管理服务效率低、机械化综合效益不高之间的矛盾日益突出。以卫星定位和智能测控为核心的智能农机装备能有效提高作业质量和效率，是机械化全程全面高质高效发展的物质基础。我国智能农机领域起步晚，核心技术受制于人，关键零部件和技术产品长期依赖进口；国外产品不能完全适应我国农业生产条件和管理模式，且应用成本高，难以满足现代农业生产的迫切需求。项目组经过 10 余年技术攻关和应用实践，突破了农机北

斗自动导航、全程机械化作业智能监测和大数据云服务等关键技术，创制了具有自主知识产权的农机北斗自动导航和全程机械化作业智能监测终端系列产品，攻克了农机作业大数据采集、分析处理和存储技术，构建了全程机械化作业云服务平台，并在国内率先实现业务化运行。

（1）突破了农机作业复杂工况自适应的自动导航技术瓶颈。针对农机自动导航存在转向控制装置适应性差、应急响应慢，田间复杂地形高速导航误差大、无序行走造成导航效率低等突出问题，创新性提出了手动优先农机自动转向控制方法，提升了自动转向控制精度、适应性和安全性；首次提出了基于双天线测姿测向的速度自适应农机作业路径跟踪控制方法，实现了农机全速段高精度导航作业；提出了农田全区域覆盖作业路径优化规划方法，实现了农机自动导航系统最优作业方向计算和路径自动生成；创制了具有自主知识产权的电液、电机转向两类农机北斗自动导航产品，导航作业误差≤2 cm，显著提升了作业质量和效率，降低了作业成本。

（2）建立了全程机械化作业智能监测技术体系。针对耕、种、管、收及秸秆打捆 5 大环节作业数量和质量长期依赖人工监测，效率低、误差大、一致性差等突出问题，提出了以地形变化和作业机组的姿态融合、空间信息分析为核心的作业状态、数量、质量在线监测方法；攻克了振动、多尘等田间复杂工况下作业类型自动识别与即插即用、多传感信息高频采集与处理、弱网络环境数据断点续传等技术难题，创制了 13 种智能监测终端，耕深监测误差≤2 cm、面积计量误差≤1%、播量监测误差≤3%，构建了全程机械化作业智能监测技术体系，实现了全程机械化作业状态、关键工况参数、作业量和作业质量的在线、精准监测。

（3）在国内率先大面积实现了全程机械化作业大数据与云服务平台的业务化运行。针对农机作业季节性强、数据海量且传输峰值高等问题，突破了广域集群农机作业多元异构数据高并发接入、大数据清洗与存储管理技术，实现了万台级农机监测终端实时接入、作业大数据处理秒级响应及百亿级作业数据存储管理；提出了基于深度学习的农机具自动识别方法，识别准确率为 98.8%；建立了基于流式计算的农机作业量和作业质量自动分析模型；研制了全程机械化作业大数据云平台，可提供自动导航 AB 线收发、作业质量分析、作业量统计、作业重漏区域检测、跨区作业检测等 15 项云服务，形成了"互联网+"农机作业的创新模式。

项目获得授权国家发明专利 15 件、实用新型专利 19 件、外观设计专利 2 件，登记软件著作权 47 件；发表论文 32 篇；制定团体标准 1 项、企业标准 3 项。在全国 23 个省区市、387 个县市区、2 733 个合作社、123 个国有农场累计推广农机自动导航系统 1 480 套、农机作业监测终端 30 860 台，近两年直接经济效益 1.36 亿元，服务农机作业面积 7 000 多万亩，培训用户 3.2 万人次。

优势天敌昆虫控制蔬菜重大
害虫的关键技术及应用

完成单位：浙江大学，北京市农林科学院，中国农业科学院植物保护研究所，全国农业技术推广服务中心，华南农业大学，浙江省农产品质量安全中心

完成人：陈学新，张　帆，刘万学，刘树生，郑永利，刘万才，邱宝利，王　甦，张桂芬，郭晓军

获奖类别：国家科学技术进步奖二等奖

成果简介：蔬菜是日常生活的必需食品，在我国种植面积广、需求量大。然而，蔬菜害虫危害重、损失大，多年来主要依靠化学防治，随着害虫抗药性增强，防控难度不断增大。利用天敌昆虫控制农业害虫，是环境友好、生态安全的生物防治技术，也是实现蔬菜安全绿色生产的重要保障措施之一。项目团队在这个领域耕耘了 30 年，取得了一系列理论突破与技术创新。

从 20 世纪 90 年代初，团队开展了长达 10 余年的大规模天敌昆虫调查。团队研究的天敌昆虫主要有两类：一类是捕食性天敌，例如瓢虫通过猎捕害虫为生；另一类是寄生性天敌，例如寄生蜂通过寄生方式，壮大自己致死害虫。

（1）团队定时定点开展调查，研究害虫和天敌昆虫的生长规律。通过长期系统普查、科学鉴定和分析，团队查明了我国蔬菜害虫上的天敌昆虫种类，使我国已知种类增加了 83%。

（2）团队通过天敌昆虫发生量大、捕食或寄生率高、环境适应能力强这三个条件，筛选出螟黄赤眼蜂、浅黄恩蚜小蜂等 22 种优势天敌昆虫资源，并系统阐明了它们的生长、发育、繁殖等关键生物学特性及种群消长

规律，解析了不同天敌昆虫间互作互补的控害机制，为天敌昆虫的人工化繁育、田间保护和利用提供了重要科学依据。

（3）团队先后攻克了螟黄赤眼蜂、颈双缘姬蜂等 12 种优势天敌昆虫的保种和人工繁殖方法。

（4）随着技术的成熟，团队还扭转了入侵害虫"无药可治"的局面。团队根据我国潜叶害虫已有的天敌分析及田间系统调查，找到了国内本地的天敌昆虫，成功控制了入侵斑潜蝇。

（5）团队创制了天敌昆虫的饲养、收集、包装和储运等装备，创建了规模化繁殖天敌的生产工艺，并制定了相应的质量标准和规程。目前通过他们团队技术支持的 9 家企业，年生产能力达 100 亿头。

（6）在使用天敌昆虫控制害虫上，团队创造性地提出了"天敌昆虫+"协同促增控害的关键技术，集成创建了适合不同区域、不同栽培模式下，十字花科、茄科和豆科三大类蔬菜上小菜蛾、烟粉虱、斑潜蝇等重大害虫的绿色防控技术体系，多年多点大面积应用后发现，平均防控效率达 85% 以上，减少农药使用 60% 以上，为我国重大蔬菜重大虫害的安全绿色控制提供了技术支持。

主要粮食作物养分资源高效利用关键技术

完成单位：中国农业科学院农业资源与农业区划研究所，江西省红壤研究所，河南省农业科学院植物营养与资源环境研究所，湖北省农业科学院植保土肥研究所

完成人：周　卫，何　萍，艾　超，孙建光，黄绍文，王玉军，余喜初，孙静文，张水清，乔　艳

获奖类别：国家科学技术进步奖二等奖

成果简介：我国集约化农业化肥过量施用，肥料利用率低，而丰富的有机养分资源未能充分利用，大量养分通过不同途径损失，造成资源浪费，环境污染，影响农业增产增收。为此，实行化肥减施增效，推进农业绿色发展业已成为国家重要战略和重大行动。制约肥料养分高效利用的主

要因素是作物施肥盲目，缺乏先进的养分推荐方法；有机养分资源还田率低，其碳氮转化缓慢，尤其是秸秆还田微生物与作物争氮，造成减产；新型肥料尤其是微生物肥料应用于化肥减施增效的潜力尚未完全发挥。为此，本项目以玉米、小麦、水稻等主要粮食作物为对象，以化肥减施增效为目标，在阐明作物养分需求特征基础上，创建了基于产量反应与农学效率的推荐施肥新方法，创新了有机肥、秸秆等养分资源高效利用关键技术，研创了肥料新产品，集成了主要粮食作物化肥减施增效技术模式，全面构建了主要粮食作物养分资源高效利用的理论与技术体系，大幅提高了养分资源利用效率、作物产量和综合效益。成果有以下创新：

（1）创建了作物养分推荐新方法。以田间试验数据库为基础，阐明了玉米、小麦和水稻氮磷钾需求特征，建立了土壤养分供应、肥料农学效率与作物产量反应的量化关系，首次创建了基于产量反应和农学效率的推荐施肥新方法，研发了玉米、小麦和水稻推荐施肥养分专家系统（Nutrient Expert，简称 NE），应用 NE 系统比习惯施肥平均减施氮磷分别为 27.5% 和 16.6%，氮肥和磷肥利用率分别提高 11.5 个和 6.3 个百分点。该方法解决了长期以来氮肥难以推荐的重大难题，实现了小农户不具备测试条件下的肥料推荐。

（2）研发了资源高效利用新技术。率先揭示了有机肥施用能够恢复施用化肥所改变的土壤微生物群落结构，提出了旱地和水田有机肥对化肥氮素的适宜替代率分别为 30% 和 20%；阐明秸秆分解的氮素调节机理，创建了水田秸秆粉碎翻埋/旱地灭茬还田结合氮素调控的高效还田技术；研制出基于固氮解磷功能菌的微生物肥料产品，突破了养分资源高效利用的关键瓶颈。

（3）建立了化肥减施增效新模式。集成 NE 系统推荐施肥、有机肥资源利用、秸秆高效还田、化肥机械深施等技术，结合应用创制的新型肥料产品，建立了玉米、小麦和水稻基于"NE 系统+"有机替代、"NE 系统+"秸秆还田、"NE 系统+"养分增效技术模式，并规模化应用，在大面积上实现了作物平均增产 5%~10%，减施化学氮肥 10%~30%，减施化学磷肥 10%~20%，氮肥利用率提高 10~15 个百分点，为化肥减施增效与农业绿色发展提供重大战略技术。

研究成果在粮食主产区玉米、小麦和水稻上近三年共推广应用 7 990 万亩，增产粮食 53.32 亿 kg，减施化肥氮磷养分 41.32 万 t，增收节支 122.86 亿元，新增纯收入 108.03 亿元。获授权发明专利 18 项，软件著作权 12 项；发表论文 109 篇，其中 SCI 论文 74 篇；出版著作 3 部。经第三方评价，成果达到国际领先水平，获农业农村部神农中华农业科技奖一等奖以及中国农业科学院科技成果杰出创新奖。

绿茶自动化加工与数字化品控关键技术装备及应用

完成单位：安徽农业大学，合肥美亚光电技术股份有限公司，浙江上洋机械股份有限公司，谢裕大茶叶股份有限公司

完成人：宛晓春，张正竹，江　东，夏　涛，宁井铭，李　兵，李尚庆，黄剑虹，常　宏，谢一平

获奖类别：国家科学技术进步奖二等奖

成果简介：我国是世界上第一大产茶国，绿茶为我国最重要的茶类。长期以来，绿茶品质评判依赖感官，加工依靠手工和单机，导致加工效率低、品质不稳定，严重制约了绿茶加工现代化水平。项目团队按照"品控数字化—加工自动化—技术体系化"思路，历经 14 年攻关和应用，深入揭示了茶叶主要风味成分形成机理，建立绿茶品质评价理论基础；创新绿茶数字化品控技术，创制了茶叶品质分析仪和茶叶色选机新装备；突破绿茶加工温度精准控制、连续化揉捻及做形等技术瓶颈，创建了绿茶自动化加工技术体系及生产线。

（1）通过技术和装备手段，建立茶叶品质评价体系，用客观数据说话，研发了一套茶叶原料和质量安全品控技术体系，开发出用于快速评价茶制品品质指标、产品等级的数字化品控技术和装备。只要取一些茶样放在设备上，仅需 1 min，茶多酚、咖啡因、氨基酸等衡量茶叶品质和质量等级的核心指标含量就能测定出来。

（2）品质控制是贯穿茶产业链的关键技术。想要做出好茶，从种植、管理到采摘、加工，每个环节都不能忽视。团队设计的陕西省首条颗粒形与条形绿茶联装清洁化生产线组装试车成功，能够日产 1.5 t 条形或颗粒形绿茶，效率提高了 10 多倍。

（3）团队研建了国际首条炒青绿茶清洁化生产线，从鲜叶到成品不落

地、不粘手，配合清洁能源和加工材料的选用，以及质量安全追溯系统、数字化品控技术和装备，实现了茶叶全方位、全过程清洁化加工。后来，团队又开发出了黄山毛峰、六安瓜片、黄大茶等生产线，在全国 20 个省区市推广 200 多条。

（4）从茶园管理到市场流通，团队探索建立了一套源头绿色防控、清洁化加工、品质控制、全程追溯一体化质量安全技术体系，提升了我国茶产业的核心竞争力。

（5）项目团队联合合肥美亚光电股份公司，研制了首台国产茶叶色选机，不仅使用性能好，价格仅是国外产品的 1/3，由此一步步打破了国外垄断，成功实现国产替代。合肥也因此成为全球最大的茶叶色选机产业化基地，占据全球 80% 以上的市场份额。

（6）项目团队开发了速溶黄大茶，既保留原茶风味，又便于冲泡携带，效益提升了 10 倍，实现了从"粗枝大叶"到"时尚饮品"的华丽转身。

该成果技术及装备推广至我国所有产茶省（区、市）的 1 200 多家茶叶企业，累计销售自动化加工生产线 1 270 条（套）和茶叶色选机 1 444 台套；装备出口至越南、印度和韩国等 10 个国家共 700 多台套。3 年累计新增产值 43 亿元，新增效益 10.3 亿元，显著提升我国绿茶加工现代化水平和产品国际竞争力。

2020 年度

国际科技合作奖

国际热带农业中心

国际热带农业中心（International Center for Tropical Agriculture）成立于 1967 年，总部设在哥伦比亚，是国际农业研究磋商组织下属的 15 个国际农业研究中心之一，是自主非营利性的国际热带农业研究机构。农业农村部提名。

戴尔·桑德斯

戴尔·桑德斯（Dale Sanders），男，1953 年 5 月生。植物细胞信号和植物营养研究领域专家，英国约翰·英纳斯中心教授、所长，英国皇家学会会士。中国驻英国大使馆提名。